机电设备安装与维护

（第3版）

主　编　袁晓东

主　审　谢永春

北京理工大学出版社

BEIJING INSTITUTE OF TECHNOLOGY PRESS

内 容 简 介

本教材尽量体现"宽基础、重应用、内容新"的特点，遵循循序渐进的认识规律。全书共 6 章：第 1 章机械设备维修的基本概念，第 2 章机械设备的润滑，第 3 章机械设备的维修与修复，第 4 章典型设备的维护与检修，第 5 章设备维修制度，第 6 章机械的装配与安装。

本教材为高等职业院校机电类专业规划教材之一，也可供从事机械设备设计、维修的工程技术人员参考。

图书在版编目（CIP）数据

机电设备安装与维护/袁晓东主编. —3 版. —北京：北京理工大学出版社，2019.9（2023.1 重印）

ISBN 978 – 7 – 5682 – 7669 – 6

Ⅰ. ①机…　Ⅱ. ①袁…　Ⅲ. ①机电设备 – 设备安装 – 高等学校 – 教材②机电设备 – 维修 – 高等学校 – 教材　Ⅳ. ①TH182②TH17

中国版本图书馆 CIP 数据核字（2019）第 222796 号

出版发行 / 北京理工大学出版社有限责任公司	
社　　址 / 北京市海淀区中关村南大街 5 号	
邮　　编 / 100081	
电　　话 / (010)68914775（总编室）	
(010)82562903（教材售后服务热线）	
(010)68944723（其他图书服务热线）	
网　　址 / http://www.bitpress.com.cn	
经　　销 / 全国各地新华书店	
印　　刷 / 涿州市新华印刷有限公司	
开　　本 / 787 毫米 × 1092 毫米　1/16	
印　　张 / 12.25	责任编辑 / 张旭莉
字　　数 / 288 千字	文案编辑 / 张旭莉
版　　次 / 2019 年 9 月第 3 版　2023 年 1 月第 6 次印刷	责任校对 / 周瑞红
定　　价 / 37.00 元	责任印制 / 李志强

图书出现印装质量问题，请拨打售后服务热线，本社负责调换

前　言

本书是根据教育部新制定的高等职业教育培养目标和规定的有关文件精神，本着为高等职业教育的教学质量服务的原则，同时针对高职院校机电一体化、机械制造等专业教学思路和方法的不断改革和创新，结合对机电设备维修课程的教学基本要求而编写。

现代化设备是现代科学技术的荟萃。随着现代科学技术的进步与发展，设备越来越大型化，功能越来越齐全，结构越来越复杂，自动化程度也越来越高。设备的机电一体化、高速化、微电子化等特点使设备容易操作，而设备的诊断和维修则比较困难。设备一旦发生故障，尤其是连续化生产设备，往往会导致整套设备停机，从而造成一定的经济损失，而且可能还会危及安全和环境，产生重大的社会影响。

设备的安装和维修技术是一项复杂的系统工程。"机电设备的安装与维护"课程是机制、机电专业课之一，目的是使学生系统地掌握机电设备维护修理与安装的基本理论和方法，具有分析、解决实际问题的能力。近年来，随着国家示范性高职院校和省级示范性高职院校的建设，人们对高职教育有了更深一步的理解，人才培养方案得到进一步优化，课程体系也作了适应性调整。教材中增大了实践教学的比重，取消了烦琐的理论推导。

在教材编写过程中，认真总结了兄弟院校提供的宝贵意见，注意吸收了发达国家先进的职业教育理念和方法。本教材具有如下特色：

1. 针对性强　根据机电一体化技术专业的培养目标，融合最新的国家职业标准，突出实用，做到浅显易懂，注重学生应用能力的培养。

2. 教材初呈立体化形式　运用现代信息技术，构建了本教材的课程网站，开发了补充性、更新性和延伸性教辅资料，建立了共享的课程教材资源库。

3. 行业特色鲜明　钢铁冶金产业是国家的支柱产业之一。本教材在落实机电设备通用的安装与维护知识和技能的基础上，重点突出了冶金机电设备的维修知识，所选典型案例都来自冶金工厂现场，使教材能更有效地服务经济。

4. 编写特色明显　在内容选取上以典型机电设备为对象，遵循了理论教学以应用为目的、必须、够用为度的原则，体现实用性、先进性，突出理论与实践的结合，按照"机电结合、以机为主"的思路，采用模块化结构来选取和构建知识内容。每章中针对性地安排有实验实训课题，章后有思考题，有利于教师在教学中把握重点、难点，便于学生复习和巩固所学知识。

教材内容尽量体现"宽基础、重应用、内容新"的特点，遵循循序渐进的认识规律，紧密结合《钳工国家职业标准》《机电一体化技术应用人员职业标准》和《高等职业学校机电一体化技术专业教学标准》来编写，取材适当，所选实例多来自工作现场，针对性强；每章均结合课程内容配备一定的实验实训课题，结构新颖；教材内容丰富，以实践技能的提高为目的，充分体现了职业教育的特色。

全书共6章：第1章机械设备维修的基本概念，第2章机械设备的润滑，第3章机械设

备的维护及修复，第4章典型设备的维护与检修，第5章设备维修制度，第6章机械的装配与安装。

　　本教材为高职高专机电工程类专业规划教材之一，也可供从事机械设备设计、维修工程技术人员参考。本教材依托省级精品课程的建设，配套了课程标准、电子教案、电子课件、习题集、试卷库、图片资料、视频资料等资源，能较好地满足教师教学和学生学习的需要。

　　本书由四川化工职业技术学院袁晓东任主编，攀枝花学院谢永春教授任主审。四川化工职业技术学院高朝祥教授为本书编写提供了许多宝贵意见和建议。本书的编写过程中参考了很多相关书籍、资料，得到了有关院校的大力支持与帮助，在此一并表示由衷的感谢。

　　由于我们水平所限，书中不妥之处，恳请读者和专家们给予批评指正。

编　者

目　　录

第 1 章

机械设备维修的基本概念

在设备的使用过程中，只有对设备进行合理的技术维护和及时的修理，才能保证机器正常工作，不发生任何故障。机器故障的产生，其最显著的特点是机器的各个组成部分或零件间配合的破坏，而其配合的破坏主要是由于在其配合表面上不断受到摩擦、冲击、高温和腐蚀性物质等作用而产生了过早的磨损的结果。这样就使零件的形状、尺寸、金属表面层（化学成分、机械性能、金相组织）发生了改变，从而降低了精度和应有的功能。

1.1 机器的磨损规律

在设备使用过程中，机械零件由于设计、材料、工艺及装配等各种原因，丧失规定的功能，无法继续工作的现象称为失效。当机械设备的关键零部件失效时，就意味着设备处于故障状态。机械设备越复杂，引起故障的原因越多样化，一般认为是机械设备自身的缺陷（基因）和各种环境因素的影响。机械设备自身的缺陷是由材料存在缺陷和应力、人为差错（设计、制造、检验、维修、使用、操作不当）等原因造成的。环境因素主要指灰尘、温度、有害介质等。而这两大造成故障的因素都可能引起设备的磨损。

机器的各个组成部分或零件间配合的破坏是机器故障产生的最显著表象，而这主要是由于机件过早磨损的结果。因此，研究机器故障应首先研究典型零件及其组合的磨损。磨损的定义就广义来说，系某种固体之一部分（包括从原子大小到固体粒子大小的东西）因摩擦被除掉的减量现象。

磨损的存在，对我们有有害的一面，如辊道、剪断机的剪刃、高炉的料钟等的磨损，就是有害的。但也有为我们所用的一面，如滑动轴承的铜瓦只有经过研刮才能达到配合的精度以付使用，这里说的研刮就是为我们所利用的磨损现象。

一般磨损现象常表现为由于摩擦的机械性作用致使表面受伤而有所损耗，进而摩擦面的温度因摩擦热而上升，由于热的作用会出现小小裂痕，受这个原因的影响有时表面一部分剥落，如果温度过高，也会熔化流走；在腐蚀的环境中，因腐蚀也会减量。

机械设备在运转时，零件各部位的磨损并非相同，而是随其工作条件而异，但是磨损的发展，也有其规律。如图 1-1 所示中的曲线为组合机件磨损的典型曲线。这条曲线具有三个明显的部分，分别表示不同的工作时期。

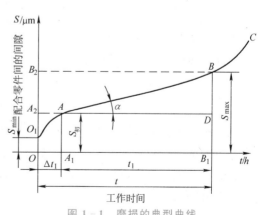

图 1-1 磨损的典型曲线

O_1A 段为初期磨损时期，即新组合机件的试运转磨合过程。在这时期内曲线急剧上升，表示组合机件在工作初期具有较大的磨损，机件在加工时所得到的最初不平度受到破坏、划伤或磨平形成新的不平度。间隙由 S_{min} 增大到 $S_初$，但曲线趋近 A 点时磨损速度逐渐降低。

AB 段为正常磨损时期（或叫稳定磨损时期），组合机件的磨损成直线均匀上升，与水平线成 α 角。当机件工人经 t 小时达到 B 点时，间隙增大为 S_{max}。

经过 B 点后，磨损重新开始急剧增长，BC 段为事故磨损时期，间隙超过最大的允许极限间隙 S_{max}。由于间隙过大增加了冲击作用，润滑油膜被破坏，磨损强烈，机件处于危险状态。这时如果继续工作，则可能发生意外的故障。

从这条曲线得知，机件在试运转以后，即为正常工作的开始。而正常工作终了时，即转入事故磨损时期，达到了允许的极限磨损量。这时，对机件必须进行修复或更换。机器的磨损可以分为两类，即自然（正常的）磨损和事故（过早的、迅速增长的或突然发生意外的）磨损。

自然磨损是机件在正常的工作条件下，由于接触表面不断受到摩擦力作用的结果。有时也是由于受到周围环境温度或腐蚀性物质作用的结果，产生了逐渐增长的磨损。这种磨损是正常的，不可避免的现象。

事故磨损是由于对机器检修不及时，或维修质量不高，或因机件结构的缺陷和材料质量的低劣以及严重地违反操作规程，所发生的剧烈磨损而形成事故的现象。

由上可知，自然磨损是不可避免的。因此，我们的任务就是要对机件采取措施，提高机件的强度和耐磨性能，改善机件的工作条件，特别是对机件进行良好的润滑和维护，从而减小磨损强度，达到延长机器使用寿命的目的。

1.2　机械零件常见磨损类型

据统计，世界上的能源消耗中约有 1/3～1/2 是由于摩擦和磨损造成的，一般机械设备中约有 80％ 的零件因磨损而失效报废。摩擦是不可避免的自然现象，磨损是摩擦的必然结果，二者均发生于材料表面。磨损是一种微观和动态的过程，在这一过程中，零件不仅发生外形和尺寸的变化，而且会发生其他各种物理、化学和机械的变化。

通常将磨损分为黏着磨损、磨料磨损、疲劳磨损、腐蚀磨损和微动磨损五种形式。

1.2.1　机械磨损

机械设备在工作过程中，因机件间不断地摩擦或因介质的冲刷，其摩擦表面逐渐产生磨损，因此引起机件几何形状改变，强度降低，破坏了机械的正常工作条件，使机器丧失了原有的精度和功能，这称为机械磨损。

1. 黏着磨损

两摩擦表面接触时，由于表面不平，发生的是点接触，在相对滑动和一定载荷作用下，在接触点发生塑性变形或剪切，使其表面膜破裂，摩擦表面温度升高，严重时表面金属会软化或熔化，此时，接触点产生黏着，然后出现黏着—剪断—再黏着—再剪断的循环过程，这就形成黏着磨损。

根据黏着程度的不同，黏着磨损的类型也不同。若剪切发生在黏着结合面上，表面转移的材料极轻微，则称轻微磨损，如缸套—活塞环的正常磨损；若剪切发生在软金属浅层里面，转移到硬金属表面上，称为涂抹，如重载蜗轮副的蜗杆的磨损；若剪切发生在软金属接近表面的地方，硬表面可能被划伤，称为擦伤，如滑动轴承的轴瓦与轴摩擦的拉伤；若剪切发生在摩擦副一方或两方金属较深的地方，称为撕脱，如滑动轴承的轴瓦与轴的焊合层在较深部位剪断时就是撕脱；若摩擦副之间咬死，不能相对运动，则称为咬死，如滑动轴承在油膜严重破坏的条件下，过热、表面流动、刮伤和撕脱不断发生时，又存在尺寸较大的异物硬粒部分嵌入在合金层中，则此异物与轴摩擦生热。上述两种作用叠加在一起，使接触面黏附力急剧增加，造成轴与滑动轴承抱合在一起，不能转动，相互咬死。

2. 磨料磨损

由于一个表面硬的凸起部分和另一表面接触，或者在两个摩擦面之间存在着硬的颗粒，或者这个颗粒嵌入两个摩擦面的一个面里，在发生相对运动后，使两个表面中某一个面的材料发生位移而造成的磨损称为磨料磨损。在农业、冶金、矿山、建筑、工程和运输等机械中许多零件与泥沙、矿物、铁屑、灰渣等直接摩擦，都会发生不同形式的磨料磨损。据统计，因磨料磨损而造成的损失，占整个工业范围内磨损损失的 50% 左右。

由于产生的条件有很大不同，磨料磨损一般可以分为如下三种类型：

（1）冶金机械的许多构件直接与灰渣、铁屑、矿石颗粒相接触，这些颗粒的硬度一般都很高，并且具有锐利的棱角，当以一定的压力或冲击力作用到金属表面上时，便会从零件表层凿下金属屑。这种磨损形式称为凿削磨料磨损。

（2）当磨料以很大压力作用于金属表面时（如破碎机工作时，矿石作用于颚板），在接触点引起很大压应力，这时，对韧性材料则引起变形和疲劳，对脆性材料则引起碎裂和剥落，从而引起表面的损伤，粗大颗粒的磨料进入摩擦副中的情况也与此相类似。零件产生这种磨损情况的条件是作用在磨料破碎点上的压应力必须大于此磨料的抗压强度。而许多磨料（如砂、石、铁屑）的抗压强度是较高的。因此把这种磨损称为高应力碾碎式磨料磨损。

（3）磨料以某种速度较自由地运动，并与摩擦表面相接触。磨料的摩擦表面的法向作用力甚小，如气（液）流携带磨料在工作表面作相对运动时，零件表面被擦伤，这种磨损称为低应力磨损。如烧结机用的抽风机叶轮、矿山用泥浆泵叶轮等的磨损都属于低应力磨料磨损。

3. 影响机械磨损的因素及降低磨损的措施

（1）润滑。在两摩擦表面间充以润滑油，可大大减小摩擦系数，从而促使摩擦阻力减小，使机械磨损降低。故机器的运转有无润滑油以及正确选择润滑材料，合理制定润滑制度以及加强润滑管理都是很重要的，它对机器的使用寿命影响很大。

（2）表面加工质量。机件经过加工后，其摩擦表面不可能得到理想的几何形状，总要留下切削工具的刀痕或砂轮磨削的痕迹而构成凹凸状的不平度。一般情况下，表面加工粗糙的，开始磨损较快。当磨到一定时间，不平度大致消除后，磨损便减慢下来。故表面加工精度的要求应根据零件工作的特点来选择，不要盲目追求过高的加工质量。实验指出，过于光滑的表面不一定具有好的耐磨性能，因为这时润滑油不能形成均匀的油膜，两接触面容易发生黏结，反而使耐磨性变坏。

（3）材料。材料的耐磨性主要取决于它的硬度和韧性。材料的硬度决定于金属对其表面变形的抵抗能力。但过高的硬度易使脆性增加，使材料表面产生磨粒的剥落。而材料的韧性可防止磨粒的产生，提高其耐磨性能。另外，增加材料的化学稳定性还可以减少腐蚀磨损。增加材料本身的孔隙度可以蓄积润滑剂，从而减少机械磨损，提高零件的耐磨性。

不同材料有不同的机械性能，相同的材料采取不同的热处理方式可使其机械性能得到改善。因此合理的选用材料和热处理方式对减少机械磨损是很有意义的。

（4）安装检修的质量。安装零件的正确性对机器寿命有很大的影响，如不正确地拧紧轴承盖与轴承座的连接螺钉、两结合面不对中、配合表面不平以及轴承间隙调整得不合适等，都能引起单位载荷在表面上不正确的分布或者产生附加载荷，因而使其磨损加快。

1.2.2 疲劳磨损

摩擦表面材料微观体积受循环接触应力作用产生重复变形，导致产生裂纹和分离出微片或颗粒的磨损称为疲劳磨损。如滚动轴承的滚动体表面、齿轮轮齿节圆附近、钢轨与轮箍接触表面等，常常出现小麻点或痘斑状凹坑，就是疲劳磨损所形成。

机件出现疲劳斑点之后，虽然设备可以运行，但是机械的振动和噪声会急剧增加，精度大幅度下降，设备失去原有的工作性能。因此，所生产的产品质量下降，机件的寿命也会迅速缩短。

出现疲劳磨损的主要原因是在滚动摩擦面上，两摩擦面接触的地方产生了接触应力，表层发生弹性变形。在表层内部产生了较大的切应力（这个薄弱区域最易产生裂纹）。由于接触应力的反复作用，在达到一定次数后，其表层内部的薄弱区开始产生裂纹，届时，在表层外部也因接触应力的反复作用而产生塑性变形，材料表面硬化，最后产生裂纹。总而言之，是在材料的表面一层产生了裂纹。因为最大切应力与压应力的方向呈45°角，所以，裂纹也都是与表面呈45°角。在裂纹形成的两个新表面之间，由于润滑油的楔入，使裂纹内壁产生巨大的内压力，迫使裂纹加深并扩展，这种裂纹的扩展延伸，就造成了麻点剥落。由此可见，接触应力才是导致疲劳磨损的主要原因。降低接触应力，就能增加抵抗疲劳磨损的强度。当然改变材质也可以提高疲劳强度。此外，润滑剂对降低接触应力有重要作用，高黏度的油不易从摩擦面挤掉，有助于接触区域压力的均匀分布，从而降低了最高接触应力值。当摩擦面有充分的油量时，油膜可以吸收一部分冲击能量，从而降低了冲击载荷产生的接触应力值。

1.2.3 腐蚀磨损

在摩擦过程中，金属同时与周围介质发生化学反应或电化学反应，使腐蚀和磨损共同作用而导致零件表面物质的损失，这种现象称为腐蚀磨损。

腐蚀磨损可分为氧化磨损和腐蚀介质磨损。大多数金属表面都有一层极薄的氧化膜，若氧化膜是脆性的或氧化速度小于磨损速度，则在摩擦过程中极易被磨掉，然后又产生新的氧化膜，然后又被磨掉，在氧化膜不断产生和磨掉的过程中，零件表面产生物质损失，此即为氧化磨损，但氧化磨损速度一般较慢。当周围介质中存在着腐蚀物质时，例如润滑油中的酸度过高等，零件的腐蚀速度就会很快。和氧化磨损一样，腐蚀产物在零件表面生成，又在磨损表面磨去，如此反复交替进行而带来比氧化磨损高得多的物质损失，由此称为腐蚀介质磨损。这种化学—机械的复合形式的磨损过程，对一般耐磨材料同样有着很大的破坏作用。

1.2.4 微动磨损

两个接触表面由于受相对低振幅振荡运动而产生的磨损叫做微动磨损。它产生于相对静止的接合零件上，因而往往易被忽视。微动磨损的最大特点是在外界变动载荷作用下，产生振幅很小（小于 $100 \ \mu m$，一般为 $2\sim20 \ \mu m$）的相对运动，由此发生摩擦磨损。例如在键连接处、过盈配合处、螺栓连接处、铆钉连接接头处等结合上产生的磨损。微动磨损使配合精度下降，使配合部件紧度下降甚至松动，连接件松动乃至分离，严重者引起事故。此外，也易引起应力集中，导致连接件疲劳断裂。

1.3 金属零件的断裂

1.3.1 断裂

断裂是零件在机械、热、磁、腐蚀等单独作用或者联合作用下，其本身连续性遭到破坏，发生局部开裂或分裂成几部分的现象。零件断裂后不仅完全丧失工作能力，而且还可造成重大的经济损失或伤亡事故。因此，尽管与磨损、变形相比，断裂所占的比例很小，但它却是一种最危险的失效形式。尤其是现代机械设备日益向着大功率、高转速的趋势发展，断裂失效的概率有所提高。因此，研究断裂成为日益紧迫的课题。

断裂的分类方法很多，这里介绍其中的延性断裂、脆性断裂、疲劳断裂和环境断裂四种。

1. 延性断裂

零件在外力作用下首先产生弹性变形，当外力引起的应力超过弹性极限时即发生塑性变形。外力继续增加，应力超过抗拉强度时发生塑性变形而后造成断裂就称为延性断裂。延性断裂的宏观特点是断裂前有明显的塑性变形，常出现缩颈，而从断口形貌微观特征上看，断面有大量微坑（也称韧窝）覆盖。延性断裂实际上是显微空洞形成、长大、连接以致最终导致断裂的一种破坏方式。

2. 脆性断裂

金属零件或构件在断裂之前无明显的塑性变形，发展速度极快的一类断裂叫脆性断裂。它通常在没有预示信号的情况下突然发生，是一种极危险的断裂。

3. 疲劳断裂

机械设备中的轴、齿轮、凸轮等许多零件，都是在交变应力作用下工作的。它们工作时所承受的应力一般都低于材料的屈服强度或抗拉强度，按静强度设计的标准应该是安全的，但实际上，在重复及交变载荷的长期作用下，机件或零件仍然会发生断裂，这种现象称为疲劳断裂，它是一种普通但严重的失效形式。在实际失效件中，疲劳断裂占了较大的比重，约 $80\%\sim90\%$。

4. 环境断裂

实际上机械零部件的断裂，除了与材料的特性、应力状态和应变速率有关外，还与周围的环境密切相关。尤其是在腐蚀环境中，材料表面或裂纹边沿由于氧化、腐蚀或其他过程使材料强度下降，促使材料发生断裂。可以看出，环境断裂是指材料与某种特殊环境相互作用而引起的具有一定环境特征的断裂方式。环境断裂主要有应力腐蚀断裂、氢脆断裂、高温蠕变断裂、腐蚀疲劳断裂及冷脆断裂等。

（1）应力腐蚀断裂。金属材料在拉应力和特定的腐蚀介质联合作用下引起的低应力脆性断裂称为应力腐蚀断裂。它的发生极为隐蔽，往往是事先无明显征兆，结果却造成灾难性的事故。

研究表明，应力腐蚀断裂通常是在一定条件下才产生的：

① 要在一定的拉应力作用下。一般情况下，产生应力腐蚀的拉应力都很低。普遍认为对于每一种材料与环境的组合，均存在一个拉应力临界值，低于这个应力临界值将不出现断裂。如果没有腐蚀介质的联合作用，机件可以在该应力下长期工作而不产生断裂。

② 腐蚀环境是特定的（包括介质种类、浓度、温度等）。对一种金属或合金材料，只有特定的腐蚀环境才会使其产生应力腐蚀断裂。

③ 金属材料本身对应力腐蚀断裂的敏感性，它取决于金属材料的化学成分和组织结构。有许多理论试图解释应力腐蚀裂纹扩展机理，如机械化学效应理论、闭塞电池腐蚀理论、表面膜破裂理论、氢蚀理论等，但尚无统一的看法。这主要是应力腐蚀断裂体系太大，影响因素复杂多样的缘故，以至于机理可以转变，用某一种理论模型是难以全面解释清楚的。

防止金属材料应力腐蚀的主要措施是合理选用材料，尽量使用对工作环境条件不敏感的材料；在金属结构设计上要合理，尽可能减少应力集中，消减残余应力；采取改善腐蚀环境的措施。

（2）氢脆断裂。由于氢渗入钢件内部而在应力作用下导致的脆性断裂称为氢脆断裂。氢气的主要作用是其所产生的压力，它往往有助于某种断裂机制如解理断裂、晶界断裂等的进行。由于氢脆断裂也是裂纹萌生和扩展的过程，而裂纹的扩展速率受钢中的含氢量以及氢在钢中的扩散速度影响很大。氢在钢中的溶解度越小，其扩散系数越大，氢脆裂纹的扩展速率也就越大，即越容易发生氢脆断裂。

氢脆断裂在工程上是一种比较普通的现象，因而人们对氢脆机理进行了大量的研究，提出了多种理论。如其中的晶格脆化模型理论认为，高浓度的固溶氢可以降低晶界上或相界上金属晶体的原子间结合力，当局部应力等于已被氢降低了的原子间结合力时，原子间的键合就发生破坏，材料便产生脆性断裂。

（3）高温蠕变断裂。金属材料在长时间恒温、恒应力作用下，即使应力小于屈服强度，也会缓慢地产生塑性变形的现象称为蠕变。由于蠕变变形而导致断裂的现象称为蠕变断裂。蠕变在低温下也会产生，但只有当温度高于 $0.3\,T_m$（T_m 为热力学温度表示的熔点）时才较显著，故这种断裂又称为高温蠕变断裂。如高温高压工况下的螺栓紧固件，常因蠕变导致断裂破坏。

蠕变断裂宏观断口有明显氧化色或黑色，有时还能见到蠕变孔洞。蠕变微观断口多为沿晶断裂，无疲劳条痕。

由于致使金属零件蠕变断裂失效的主要原因是应力、温度、时间和材料的耐热性等，因此，必须从设计、制造及使用维修中采取措施以提高蠕变断裂的抗力。例如，设计上避免应力集中和早期微裂纹产生；采用隔热涂层，避免局部工作温度过高，降低零件实际温度；制造中严格控制热加工工艺；制造和修理中采用表面强化或预防措施消除表面的缺陷。

（4）腐蚀疲劳断裂。金属材料在腐蚀介质环境中，在低于抗拉强度的交变应力的反复作用下所产生的断裂称为腐蚀疲劳断裂。这种断裂破坏在化工、石油和冶金工业中尤为常见。

腐蚀疲劳断裂和纯机械疲劳断裂都是在交变应力作用下引起的疲劳断裂，但纯机械疲劳裂纹的萌生（生核）时间在整个的疲劳寿命中占很大的比例，而且交变应力小于或等于某一数值时，疲劳裂纹不能萌生，此时疲劳寿命无限长。而腐蚀疲劳断裂可以在很低的循环（或脉冲）应力下发生断裂破坏，并且往往没有明显的疲劳极限值，因而具有更大的危害性。

腐蚀疲劳断裂和应力腐蚀断裂都是应力与腐蚀介质共同作用下引起的断裂。但由于腐蚀疲劳的应力是交变的，其产生的滑移具有累积作用，金属表面的保护膜也更容易遭到破坏。因此，绝大多数金属都会发生腐蚀疲劳，对介质也没有选择性，即只要在具有腐蚀性的介质中就能引起腐蚀疲劳甚至断裂，而且在容易产生孔蚀的介质下更容易发生，介质的腐蚀性越强，腐蚀疲劳也越容易发生。

防止腐蚀疲劳断裂的主要方法是首先要防止腐蚀介质的作用。若必须在腐蚀介质下工作，则采用耐腐蚀材料，或根据不同的介质条件分别采用阴极保护或阳极保护。也可采取表面防腐涂层等表面处理方法。

（5）冷脆断裂。当金属材料所处的温度低于某一温度 T_k 时，材料将转变为脆性状态，其冲击韧度明显下降，这种现象称为冷脆。由于材料的冷脆而造成的断裂现象称为冷脆断裂。温度 T_k 为材料屈服点 σ_s 和断裂强度 σ_f 相等时的温度，即由延性断裂向脆性断裂转变的温度，称为冷脆温度。

1.3.2　腐蚀

1. 腐蚀的概念

腐蚀是金属受周围介质的作用而引起损坏的现象。金属的腐蚀损坏总是从金属表面开始，然后或快或慢地往里深入，同时常常伴随发生金属表面的外形变化。首先在金属表面上出现不规则形状的凹洞、斑点、溃疡等破坏区域，其次破坏的金属变为化合物（通常是氧化物和氢氧化物），形成腐蚀产物并部分地附着在金属表面上，例如铁生锈。

2. 腐蚀的分类

金属的腐蚀按其机理可分为化学腐蚀和电化学腐蚀两种。

（1）化学腐蚀。金属与介质直接发生化学作用而引起的损坏叫化学腐蚀。腐蚀的产物在金属表面形成表面膜，如金属在高温干燥气体中的腐蚀，金属在非电解质溶液（如润滑油）中的腐蚀。

（2）电化学腐蚀。金属表面与周围介质发生电化学作用的腐蚀称为电化学腐蚀，属于这类腐蚀的有金属在酸、碱、盐溶液及海水、潮湿空气中的腐蚀，地下金属管线的腐蚀、埋在地下的机器底座被腐蚀等。引起电化学腐蚀的原因是宏观电池作用（如金属与电解质接触或不同金属相接触），微观电池作用（如同种金属中存在杂质），氧浓差电池作用（如铁经过水插入砂中）和电解作用。电化学腐蚀的特点是腐蚀过程中有电流产生。

以上两种腐蚀，电化学腐蚀比化学腐蚀强烈得多，金属的蚀损大多数是电化学腐蚀所造成的。

3. 防止腐蚀的方法

防止腐蚀的方法包括两个方面，首先是合理选材和设计，其次是选择合理的操作工艺规程。这两方面都不可忽视，目前生产中具体采用如下防腐措施：

（1）合理选材。根据环境介质和使用条件，选择合适的耐腐蚀材料，如选用含有镍、铬、铝、硅、钛等元素的合金钢；或在条件许可的情况下，尽量选用尼龙、塑料、陶瓷等材料。

（2）合理设计。通用的设计规范是避免不均匀和多相性，即力求避免形成腐蚀电池的作用。不同的金属、不同的气相空间、热和应力分布不均以及体系中各部位间的其他差别都会引起腐蚀破坏。因此，设计时应努力使整个体系的所有条件尽可能地均匀一致，做到结构合理、外形简化、表面粗糙度合适。

（3）覆盖保护层。这种方法是在金属表面覆盖一层不同材料，改变零件表面结构，使金属与介质隔离开来，以防止腐蚀。具体方法有金属保护层和非金属保护层。

① 金属保护层采用电镀、喷镀、熔镀、气相镀和化学镀等方法，在金属表面覆盖一层如镍、铬、锡、锌等金属或合金作为保护层。

② 非金属保护层是设备防腐蚀的发展方向，常用的办法有如下几种。

a. 涂料。将油基漆（成膜物质，如干性油类）或树脂基漆（成膜物质，如合成脂）通过一定的方法将其涂覆在物体表面，经过固化而形成薄涂层，从而保护设备免受高温气体及酸碱等介质的腐蚀作用。采用涂料防腐的特点是涂料品种多，适应性强，不受机械设备或金属结构的形状及大小的限制，使用方便，在现场亦可施工。常用的涂料品种有防腐漆、底漆、生漆、沥青漆、环氧树脂涂料、聚乙烯涂料、聚氯乙烯涂料以及工业凡士林等。

b. 砖、板衬里。常用的是水玻璃胶泥衬辉绿岩板。辉绿岩板是由辉绿岩石熔铸而成，它的主要成分是二氧化硅，胶泥即是黏合剂。它的耐酸碱性及耐腐蚀性较好，但性脆不能受冲击，在有色冶炼厂用来做储酸槽壁，槽底则衬瓷砖。

c. 硬（软）聚氯乙烯。它具有良好的耐腐蚀性和一定的机械强度，加工成形方便，焊接性能良好，可做成储槽、电除尘器、文氏管、尾气烟囱、管道阀门和离心风机、离心泵的壳体及叶轮。它已逐步取代了不锈钢、铅等贵重金属材料。

d. 玻璃钢。它是采用合成树脂为黏结材料，以玻璃纤维及其制品（如玻璃布、玻璃带、玻璃丝等）为增强材料，按照各种成形方法（如手糊法、模压法、缠绕法等）制成。它具有优良的耐腐蚀性，比强度（强度与质量之比）高，但耐磨性差，有老化现象。实践证明，玻璃钢在中等浓度以下的硫酸、盐酸和温度在 90 ℃ 以内作防腐衬里，使用情况是较理想的。

e. 耐酸酚醛塑料。它是以热固性酚醛树脂作黏结剂，以耐酸材料（玻璃纤维、石棉等）作填料的一种热固性塑料，易于成形和机械加工，但成本较高，目前主要用做各种管道和管件。

（4）添加缓蚀剂。在腐蚀介质中加入少量缓蚀剂，能使金属的腐蚀速度大大降低。例如，在设备的冷却水系统采用磷酸盐、偏磷酸钠进行处理，可以防止系统腐蚀和锈垢存积。

（5）电化学保护。电化学保护就是对被保护的金属设备通以直流电流进行极化，以消除电位差，使之达到某一电位时，被保护金属可以达到腐蚀很小甚至无腐蚀状态。它是一项较新的防腐蚀方法，但要求介质必须是导电的、连续的。电化学保护又可分为阴极保护和阳极保护。

① 阴极保护主要是在被保护金属表面通以阴极直流电流，可以消除或减少被保护金属表面的腐蚀电池作用。

② 阳极保护主要是在被保护金属表面通以阳极直流电流，使其金属表面生成钝化膜，

从而增大了腐蚀过程的阻力。

（6）改变环境条件。这种方法是将环境中的腐蚀介质去掉，减轻其腐蚀作用，如采用通风、除湿及去掉二氧化硫气体等方法。对常用金属材料来说，把相对湿度控制在临界湿度（50%～70%）以下，可以显著减缓大气腐蚀。在酸洗车间和电解车间里要合理设计地面坡度和排水沟，做好地面防腐蚀隔离层，以防酸液渗透地面后，地面起凸而损坏储槽及机器基础。

1.4　机械零件的变形

机械零件或构件在外力的作用下，产生形状或尺寸变化的现象叫做变形。过量的变形是机械失效的重要类型，也是判断韧性断裂的明显征兆。例如，起重机主梁在变形下挠曲或扭曲，汽车大梁的扭曲变形，内燃机曲轴的弯曲和扭曲等。变形量随着时间的不断增加，逐渐改变了产品的初始参数，当超过允许极限时，将丧失规定的功能。有的机械零件因变形引起结合零件出现附加载荷、相互关系失常或加速磨损，甚至造成断裂等灾难性后果。因此，对于因变形引起的失效应给予足够重视。

根据外力去除后变形能否恢复，机械零件或构件可分弹性变形和塑性变形。

1. 弹性变形

金属零件在作用力小于材料屈服强度时产生的变形称为弹性变形。

金属零件在使用过程中，若产生超过设计允许的弹性变形（称为超量弹性变形），则会影响零件正常工作。例如内燃机曲轴超量弹性弯曲将引起连杆、活塞与气缸相互配合位置关系变化，导致正常工况破坏，加剧磨损损坏。因此，在机械设备运行中，防止超量弹性变形是十分必要的。

2. 塑性变形

机械零件在外载荷去除后留下来的一部分不可恢复的变形称为塑性变形或永久变形。

塑性变形导致机械零件各部分尺寸和外形的变化，将引起一系列不良后果。例如，像内燃机气缸体这样复杂的箱体零件，由于永久变形，致使箱体上各配合孔轴线位置发生变化，不能保证装在它上面的各零部件的装配精度，甚至不能顺利装配。

金属零件的塑性变形从宏观形貌特征上看主要有翘曲变形、体积变形和时效变形等。

（1）翘曲变形。当金属零件本身受到某种应力（如机械应力、热应力等）的作用，其实际应力值超过了金属在该状态下的抗拉强度或抗压强度后，就会产生呈翘曲、椭圆和歪扭的塑性变形。因此，金属零件产生翘曲变形是它自身受复杂应力综合作用的结果。此种变形常见于细长轴类、薄板状零件以及薄壁的环形和套类零件。

（2）体积变形。金属零件在受热与冷却过程中，由于金相组织转变引起质量体积变化，导致金属零件体积胀缩的现象称为体积变形。如钢件淬火相变时，奥氏体转变为马氏体或下贝氏体时质量体积增大，体积膨胀，淬火相变后残留奥氏体的质量体积减小，体积收缩。马氏体形成时的体积变化程度，与淬火相变时马氏体中的含碳量有关。钢件中含碳量越多，形成马氏体时的质量体积变化越大，膨胀量也越大。此外，钢中碳化物不均匀分布往往能够增大变形程度。

必须指出，由于金相组织转变引起质量体积变化而出现的体积变形，如果发生在金属零件的局部范围内，则往往是在该区域产生微裂纹的原因。

（3）时效变形。钢件热处理后产生不稳定组织，由此引起的内应力是不稳定的应力状态，在常温或零下温度较长时间的放置或使用，不稳定状态的应力会逐渐发生转变，并趋于稳定，由此伴随产生的变形称为时效变形。

3. 减少变形的措施

变形是不可避免的，我们只能根据它的规律，针对变形产生的原因，采取相应的对策来减少变形。特别是在机械设备大修时，不能只检查配合的磨损情况，对于相互位置精度必须认真检查。

（1）设计。设计时不仅要考虑零件的强度，还要重视零件的刚度、制造、装配、使用、拆卸和修理等问题。在设计中注意应用新技术、新工艺和新材料，减少制造时的内应力和变形。

（2）加工。在加工中要采取一系列工艺措施来防止和减少变形。如对毛坯要进行时效处理以消除其残余内应力；高精度零件在精加工过程中必须安排人工时效。

在制定零件机械加工工艺规程中，均要在工序、工步安排上、工艺装备和操作上采取减小变形的工艺措施。

在加工和修理中要减少基准的转换，保留加工基准留给维修时使用，减少维修加工中因基准不一而造成的误差。注意预留加工余量、调整加工尺寸和预加变形，这对于经过热处理的零件来说非常必要。也可预加应力或控制应力的产生和变化，使最终变形量符合要求，达到减少变形的目的。

（3）修理。在修理中，应制定出与变形有关的标准和修理规范；设计简单可靠、好用的专用量具和工夹具；推广三新技术，特别是新的修复技术，如刷镀、黏接等，用来代替传统的焊接，尽量减少零件在修理中产生的应力和变形。

（4）使用。加强设备管理，制定并严格执行操作规程，不超负荷运行，避免局部超载或过热，加强机械设备的检查和维护。

思　考　题

1-1　磨损形式主要有哪几种？每一种磨损的产生条件和发展过程各有什么特点？

1-2　如图1-1所示的机械磨损过程曲线对机械设备的维护使用有什么指导意义？

1-3　机械零件常见的断裂形式有哪些？实际工作中常采用哪些方法来减少断裂的发生？

1-4　金属零件腐蚀损伤的形式有哪几种？如何防止和减轻机械设备中零件的腐蚀？

1-5　对于机械设备中零件的变形，应从哪些方面进行控制？

第 2 章

机械设备的润滑

现代机械设备日益向大型化、高速化、连续化、自动化方向发展。为了延长机器寿命，合理地进行润滑，对于减少机件的摩擦和磨损起着重要的作用。

润滑，就是在机械相对运动的接触面间加入润滑介质，使接触面间形成一层润滑膜，从而把两摩擦面分隔开，减小摩擦，降低磨损，延长机械设备的使用寿命。合理的润滑必须根据摩擦机件构造的特点及其工作条件，周密考虑和正确选择所需的润滑材料、润滑方法、润滑的装置和系统，严格按照规程所规定的润滑部位、周期、润滑材料的质量和数量进行润滑，妥善保管润滑材料以便保证其使用时的质量。

机器的润滑有下列的主要作用和目的：

① 减少摩擦和磨损。在机器或机构的摩擦表面之间加入润滑材料，使相对运动的机件摩擦表面不发生或尽量少直接接触，从而降低摩擦系数，减少磨损。这是机器润滑最主要的目的。

② 冷却作用。机器在运转中，因摩擦而消耗的功全部转化为热量，引起摩擦部件温度的升高。当采用润滑油进行润滑时，不断从摩擦表面吸取热量加以散发，或供给一定的油量将热量带走，使摩擦表面的温度降低。

③ 防止锈蚀。摩擦表面的润滑油层使金属表面和空气隔开，保护金属不发生锈蚀。

④ 冲洗作用。润滑油的流动油膜，将金属表面由于摩擦或氧化而形成的碎屑和其他杂质冲洗掉，以保证摩擦表面的清洁。

此外，润滑油还有密封、减少振动和噪声的效能。

2.1 润滑原理及润滑材料

2.1.1 润滑原理

摩擦副在全膜润滑状态下运行，这是一种理想的状况。但是，如何创造条件，采取措施来形成和满足全膜润滑状态则是比较复杂的工作。人们在长期生产实践中不断地对润滑原理进行了探索和研究，有的比较成熟，有的还正在研究。

1. 流体动压润滑原理

（1）曲面接触。如图 2-1 所示为滑动轴承摩擦副建立流体动压润滑的过程。如图 2-1（a）所示是轴承静止状态时轴承的接触状态。轴的下部正中与轴承接触，轴的两侧形成了楔形间隙。开始启动时，轴滚向一侧如图 2-1（b）所示，具有一定黏度的润滑油黏附在轴颈表面，随着轴的转动被不断带入楔形间隙，油在楔形间隙中只能沿轴向溢出，但轴颈有一定长度，而油的黏度使其沿轴向的流动受到阻力而流动不畅，这样，油就聚积在楔形间隙的尖端互相挤压，从而使油的压力升高，随着轴的转速不断上升，楔形间隙尖端处的油压也越升越高，形成一个压力油楔逐渐把轴抬起，如图2-1（c）所示。但此时轴处于一种不稳定状态，轴心位置随着轴被抬起的过程而逐渐向轴承中心另一侧移动，当达到一定转速后轴就趋于稳定状态，如图2-1（d）所示。此时油楔作用于轴上的压力总和与轴上负载（包括轴的自重）相平衡，轴与轴承的表面完全被一层油膜隔开，实现了液体润滑。这就是动压液体润滑的油楔效应。由于动压流体润滑的油膜是借助于轴的运动而建立的，一旦轴的速度降低（如启动和制动的过程中）油膜就不足以把轴和轴承隔开。而且，可以看出，如载荷过重或轴的转速低都有可能建立不起足够厚度的油膜，从而不能实现动压润滑。

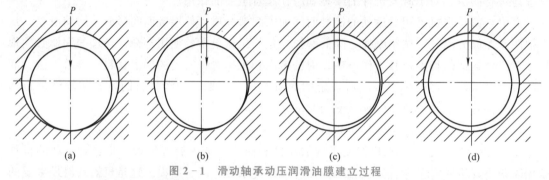

图2-1 滑动轴承动压润滑油膜建立过程

（a）静止状态；（b）开始转动；（c）不稳定状态；（d）平衡状态

通过轴承副轴颈的旋转将润滑油带入摩擦表面，由于润滑油的黏性和油在轴承副中的楔形间隙形成的流体动力作用而产生油压，即形成承载油膜，称为流体动压润滑。

流体动压润滑轴承径向及轴向的油膜压力分布如图2-2（a）、图2-2（b）所示。

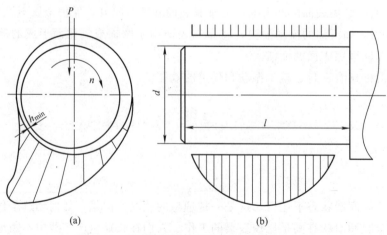

图2-2 滑动轴承流体动压润滑油膜压力分布

如图2-2（a）所示，在楔形间隙出口处油膜厚度最小。根据雷诺方程经一定简化导出流体动压润滑径向轴承的最小油膜厚度公式：

$$h_{\min} = \frac{d^2 n \eta}{18.36 qsc} \tag{2-1}$$

式中　η ——润滑油的运动黏度（Pa·s）；

　　　n ——轴的转速（r/min）；

　　　d ——轴的名义直径（m）；

　　　q ——轴承在与载荷垂直的投影面上的单位载荷（Pa）；

　　　s ——轴承的顶间隙（m）；

　　　c ——考虑轴颈长度对漏油的影响系数，$c = \dfrac{d+l}{l}$；

　　　l ——轴颈的有效长度（m）。

实现动压润滑的条件是动压油膜必须将两摩擦表面可靠地隔开：

$$h_{\min} > \delta_1 + \delta_2 \tag{2-2}$$

式中　δ_1、δ_2 ——轴颈与轴承表面的最大粗糙度（m）。

　　流体动压润滑理论的假设条件是润滑剂的黏性（即润滑油的黏度）在一定的温度下，不随压力的变化而改变；其次是假定发生相对摩擦运动的表面是刚性的，即在受载及油膜压力作用下，不考虑其弹性变形。在上述假定条件下，对一般非重载（接触压力在 15 MPa）的滑动轴承，这种假设条件接近实际情况。但是，在滚动轴承和齿轮表面接触压力增大至 400～1 500 MPa 时，上述假定条件就与实际情况不同了。这时摩擦表面的变形可达油膜厚度的数倍，而且润滑油的黏度也会成几何倍数增加。因此在流体动压润滑理论的基础上，应考虑由压力引起的金属摩擦表面的弹性变形和润滑油黏度随压力改变这两个因素，来研究和计算油膜形成的规律及厚度、油膜截面形状和油膜内的压力分布更为切合实际，这种润滑就称为弹性流体动压润滑。

　　（2）平面接触。在两块平行平板Ⅰ与Ⅱ之间充满润滑油，如图 2-3（a）所示，若平板Ⅱ固定不动，平板Ⅰ以速度 v 作平行移动，在未受载时，由于平板间的润滑油具有一定的黏度和油性，与平板Ⅱ接触的油层能较牢固地吸附在平板Ⅱ的表面，所以随着平板Ⅱ一起的这层油层的流速为零；与平板Ⅰ接触的油层流速和平板Ⅰ的速度相等，即流速为 v。而在油膜中各油层的流速，随着与平板Ⅰ距离的增加而逐渐递减，呈线性规律分布。如图 2-3（b）所示为不考虑相对运动时，在载荷 P 作用下油从两平面间被挤出的流动速度分布。如图 2-3（c）所示是图 2-3（a）和图 2-3（b）叠加后在出口和入口处油液流速分布。如用单位时间的流量来代替流速，则可以看出，对于平面来说，在载荷和相对运动的联合作用下，单位时间流入平面间的流量低于流出的流量。根据前面分析的曲面接触动压润滑的原理可知，这种情况下不可能出现油楔效应，也就不可能实现流体动压润滑。

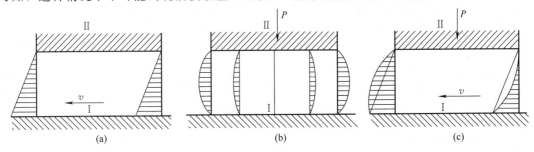

图 2-3　两平行平面间油液流动情况

如果将上述情况改为由曲面板Ⅱ和平板Ⅰ组成具有收敛楔形间隙的形式，如图 2-4 所示。若曲面板Ⅱ固定不动，平面平板Ⅰ以滑动速度 u 沿箭头所示方向相对曲面板Ⅱ移动，同时将润滑油从楔形间隙的大口带向小口，即沿着运动方向，间隙逐渐变窄。这时，如果油膜中各个截面的流速沿油膜厚度方向的分布和上述的图 2-3（a）所示速度流动一样，仍依三角形变化，则截面口 $a—a$、$b—b$、$c—c$ 等处三角形的面积不相等，也就是在各截面处，单位时间内的流量不相等。油进入截面 $c—c$ 的流量将大于通过截面 $a—a$ 的流量，油在流动中受到挤压，楔形间隙中油压逐渐增高，使平面平板向上抬起。但平面平板本身的质量和承受的载荷又阻止平面平板抬起，与此同时楔形间隙中的油向两端挤压，从而产生压力流动，把 $c—c$ 截面的流速减弱，$a—a$ 截面的流速增加。

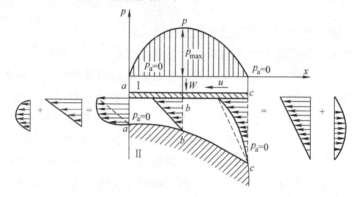

图 2-4　动压润滑油膜承载

若油膜进出口处的压力与外界压力相等，即 $P_a = 0$，则在油膜中间部分产生高压，其压力变化情况如图 2-4 所示。由于油膜中间有压力存在，所以具有承受载荷的能力。

如果平板以图 2-4 所示的相反方向移动，将润滑油从小口带向大口。这样带入的油量少于流出的油量，则不能建立起任何可以承载的油膜压力。但在轴承副中不存在这个问题，因为它具有两个楔形间隙，正反转都能形成油楔。

由上面有分析可知，实现流体动压润滑必须具备以下条件：

① 两相对运动的摩擦表面，必须沿运动的方向形成收敛楔形间隙。

② 两摩擦面应具有足够的相对速度。相对运动速度越高带入油楔的油量越多，因而油膜压力、油膜厚度以及承载能力也都相应增加。

③ 润滑油具有适当的黏度，并且供油充足。黏度增加，润滑油端泄阻力就提高，因而油膜压力和油膜厚度就增加，有利于造成液体润滑。但是过高的黏度使得油膜内部分子间的摩擦阻力增加，消耗过大的摩擦功率和增加热量。过低的黏度则不易形成油楔压力和达不到足够的油膜厚度。

④ 外载荷必须小于油膜所能承受的最大载荷极限值，否则将把油膜压破，不能形成液体润滑。

⑤ 摩擦表面的加工精度应较高，使表面具有较小的粗糙度，这样可以在较小的油膜厚度下实现流体动压润滑。

还应注意，进油口不能开在油膜的高压区，否则进油压力低于油膜压力，油就不能连续供入，会破坏油膜的连续性。

2. 流体静压润滑原理

通过一套高压的液压供油系统，将具有一定压力的润滑油经过节流阻尼器，强行供到运动副摩擦表面的间隙中（如在静压滑动轴承的间隙中、平面静压滑动导轨的间隙中、静压丝杆的间隙中等）。摩擦表面在尚未开始运动之前，就被高压油分隔开，强制形成油膜，从而保证了运动副能在承受一定工作载荷条件下，完全处于液体润滑状态，这种润滑称为液体静压润滑。

如图 2-5 所示为静压轴承的原理图，由图中可以看出，油泵供出的油经过滤器过滤后，分别送至与轴承的各个油腔相串联的节流阻尼器（R_1、R_2、R_3、R_4）进入轴承的各个油腔，把轴浮起在轴承的中央。在轴没有受到径向载荷时，轴与轴承四周有一个厚度相同的油膜，各个油腔内的压力相同。如果轴受到一个径向载荷 W（包括轴的质量）作用，则轴将顺着 W 载荷的方向偏向一边，即与载荷 W 的方向相同的一边的轴承间隙（即图 2-5 中所示轴承上面油腔的轴承间隙）增大。由于轴承每个油腔串联有节流阻尼器，在轴承间隙减小的地方，相应油腔（即图 2-5 中所示轴承下面的油腔）的压力 p_{b3} 便增大。在轴承间隙增大的地方，相应油腔的压力 p_{b1} 便减小。这样，轴在载荷方向的上下两个方向所受到的液体压力就不平衡，也就是出现了压力差。正是这个压力差与轴所受的径向载荷形成平衡，使轴受到载荷 W 后仍能处于平衡，而保持液体润滑状态。

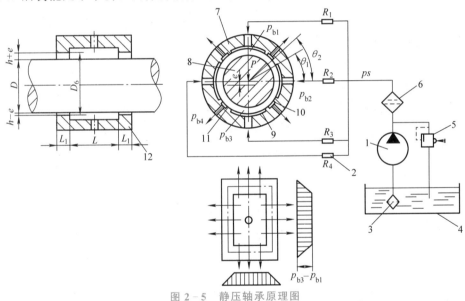

图 2-5 静压轴承原理图

1—油泵；2—节流器；3—粗过滤器；4—油箱；5—溢流阀；6—精过滤；
7—轴承套；8—轴颈；9—油腔；10—回油槽；11—周向封油面；12—轴向封油面

由上述可知，静压轴承是靠高压油液经节流阻尼器输入到油腔的油压力（静压力）来承受载荷的，其工作注意点是必须有足够的流量和压力供油系统。轴承要有微小的封油间隙，使油腔内可能形成油液的压力。油腔必须与起调压作用的节流阻尼器连接。当轴受载后，在载荷上下方向油腔出现压力差来抵抗所承受的载荷，使轴颈能悬浮在油液中保持平衡，以形成液体静压润滑。

静压润滑油膜形成的特点与动压润滑不同。静压轴承的承载能力与供油压力大小有关，而与轴的转速、间隙、载荷大小关系不大。

3. 流体动、静压润滑原理

流体静压润滑的优点很多，但是油泵长期工作要耗费大量能源，流体动压润滑在启动、制动过程中，由于速度低不能形成足够厚度的流体动压油膜，使轴承的磨损增大，严重地影响动压轴承的使用寿命。如果采用液体动、静压联合轴承，则可充分发挥液体动压轴承和液体静压轴承两者的优点，克服两者的不足。主要工作原理是当轴承副在启动或制动过程中，采用静压液体润滑的办法，将高压润滑油压入轴承承载区，把轴颈浮起，保证了液体润滑条件，从而避免了在启动或制动过程中因速度变化不能形成动压油膜而使金属摩擦表面（轴颈表面与轴瓦表面）直接接触产生的摩擦与磨损。当轴承副进入全速稳定运转时，可将静压供油系统停止，利用动压润滑供油形成动压油膜，仍能保持住轴颈在轴承中的液体润滑条件。

这样的方法从理论上来讲，在轴承副启动、运转、制动、正反转的整个过程中，完全避免了半液体润滑和边界润滑，成为液体润滑。因此，摩擦系数很低，只要克服润滑油的黏性所具有的液体内部分子间的摩擦阻力即可。此外，摩擦表面完全被静压油膜和动压油膜分隔开，若情况正常，则几乎没有磨损产生，从而大大地延长了轴承的工作寿命，减少了动能消耗。

4. 边界润滑原理

除了干摩擦和流体润滑外，几乎各种摩擦副在相对运动时都存在着边界润滑状态。边界润滑是从摩擦面间的润滑剂分子与分子间的内摩擦（即液体润滑）过渡到摩擦表面直接接触之前的临界状态。这时摩擦界面上存在着一层吸附的薄膜，厚度通常为 $0.1\ \mu m$ 左右，具有一定的润滑性能，我们称这层薄膜为边界膜。

在边界润滑状态下，如果温度过高、负载过大、受到振动冲击，或者润滑剂选用不当、加入量不足、润滑剂失效等原因，均会使边界润滑膜遭到破坏，导致磨损加剧，使机械寿命大大缩短，甚至马上导致设备损坏。良好的边界润滑虽然比不上流体润滑，但是比干摩擦的摩擦系数低得多，相对来说可以有效地降低机械的磨损，使机械的寿命大大提高。一般来说，机械的许多故障多是由于边界润滑解决不当引起的。

在润滑油中，某些有机物的分子在分子引力和静电引力作用下能够牢固地附着在摩擦副的金属表面上，这种现象称为润滑油的油性。边界润滑的油膜，就是由这种牢固地吸附在摩擦副表面的有机物分子构成的。边界膜的润滑性能主要取决于摩擦表面的性质，取决于润滑剂中的油性添加剂、极压添加剂对金属摩擦表面形成的边界膜的结构形式，而与润滑油品的黏度关系不大。

一般动物脂肪的油性最好，植物油次之，矿物油最差。所以，矿物油用于边界润滑是不好的，必须加入油性添加剂以改善其油性。

靠油性起润滑作用的边界油膜只能在摩擦副处于较低或中等温度以下的载荷时才能保持。在温度较高时，润滑油中的油性分子在金属表面附着的牢度下降，油膜容易破裂，称为脱附现象；另一种情况是在低速重载或有冲击载荷的条件下，摩擦副中的边界油膜不能承受这样高的压力，油膜易被压破而产生瞬时局部高温。上述这种高温、低速重载或有冲击振动的恶劣工作条件，称为极压状态。在极压状态下，靠润滑油的油性已不能维持正常的边界润滑。但是，对含硫、磷、氯等元素的添加剂的润滑油，进入到摩擦副之间，能与金属摩擦表面起化学反应生成一层边界膜，称为化学反应膜（或极压润滑膜）。这层膜具有较低的摩擦系数和较高的抗压性能。如果在过高的载荷下局部反应膜被压破，又能立即再生成新的反应膜，因而能在极压状态下有效地防止摩擦副的金属直接接触。

改善边界润滑的措施是：

① 减小表面粗糙度。金属表面各处边界膜承受真实压强的大小与金属表面状态有关。摩擦副表面粗糙度越大，则真实接触面积越小，同样的载荷作用下，接触处的压强就越大，边界膜易被压破。减小粗糙度可以增大真实接触面积，降低负载对油膜的压强，使边界膜不易被压破。

② 合理选用润滑剂。根据边界膜工作温度高低、负载大小以及是否工作在极压状态，应选择合适的润滑油品种和添加剂，以改善边界膜的润滑特性。

③ 改用固体润滑材料等新型润滑材料，改变润滑方式。如对某些冲击振动大、有重载荷的摩擦副，可考虑采用添加固体润滑剂的新型半流体润滑脂进行干油喷溅润滑。

5. 固体润滑原理

在摩擦面之间放入固体粉状物质的润滑剂，同样也能起到良好的润滑效果。由于在两摩擦面之间加入了固体润滑剂，它的剪切阻力很小，稍有外力，分子间就会产生滑移，从而把两摩擦面之间的外摩擦转变为固体润滑剂分子间的内摩擦。固体润滑有两个必要条件：首先是固体润滑剂分子间应具有低的剪切强度，很容易产生滑移；其次是固体润滑剂要能与摩擦面有较强的亲和力，在摩擦过程中，使摩擦面上始终保持着一层固体润滑剂，而且这一层固体润滑剂不腐蚀摩擦表面。一般在金属表面上是机械附着，但也有形成化学结合的。具有上述性质的固体物质很多，例如石墨、二硫化铝、滑石粉等。

6. 自润滑原理

前面的几种润滑，在摩擦运动过程中，都需要向摩擦表面间加入润滑剂。而自润滑则是将具有润滑性能的固体润滑剂粉末与其他固体材料相混合并经压制、烧结成材；或是在多孔性材料中浸入固体润滑剂；或是用固体润滑剂直接压制成材，作为摩擦表面。这样在整个摩擦过程中，不需要再加入润滑剂，仍能具有良好的润滑作用。自润滑的机理包括固体润滑、边界润滑，或两者皆有的情况。如用聚四氟乙烯制品做成的压缩机活塞环、轴瓦、轴套等都属于自润滑，因此在这类零件的工作过程中，不需要再加任何润滑剂也能保持良好的润滑作用。

2.1.2　润滑材料

凡是能够在作相对运动的摩擦表面间起到抑制摩擦、减少磨损的物质，都可称为润滑材料。润滑材料通常可划分为四类：

① 液体润滑材料。主要是矿物油和各种植物油、乳化液和水等。近年来性能优异的合成润滑油发展很快，得到广泛的应用，如聚醚、二烷基苯、硅油、聚全氟烷基醚等。

② 塑性体及半流体润滑材料。这类材料主要是由矿物油及合成润滑油通过稠化而成的各种润滑脂和动物脂，以及近年来试制的半流体润滑脂等。

③ 固体润滑材料。如石墨、二硫化铝、聚四氟乙烯等。

④ 气体润滑材料。如气体轴承中使用的空气、氮气和二氧化碳等气体。

气体润滑材料目前主要用于航空、航天及某些精密仪表的气体静压轴承。矿物油和由矿物油稠化而得的润滑脂是目前使用最广泛、使用量最大的两类润滑材料，主要是因为来源稳定且价格相对低廉。动、植物油脂主要用作润滑油脂的添加剂和某些有特殊要求的润滑部位。乳化液主要用作机械加工和冷轧带钢时的冷却润滑液。而水只用于某些塑料轴瓦（如胶木）的冷却润滑。固体润滑材料是一种新型的很有发展前途的润滑材料，可以单独使用或作润滑油脂的添加剂。

1. 润滑油

矿物润滑油是目前最重要的一种润滑材料，占润滑剂总量的 90％以上。它是利用从原油提炼过程中蒸馏出来的高沸点物质再经过精制而成的石油产品。矿物润滑油往往作为基础油，通过加入添加剂而成为我们常用的润滑剂，按所有润滑剂的质量平均计算，基础油占润滑剂配方的 95％以上。

除矿物润滑油以外，还有以软蜡、石蜡等为原料用人工方法生产的合成润滑油。植物油如蓖麻子油用于制取某些特种用途的高级润滑油。

近年来我国的石油工业迅速发展，润滑油的质量不断提高，品种亦不断扩大，达 200 种以上。在一般工矿企业中所采用的润滑油，根据不同的使用要求，有以下几种类别：

机械油——如高速机械油、机械油、轧钢机油，称为通用机械油，主要用于各种机械设备及其轴承的润滑。近年发展的精密机床润滑油，如主轴油、导轨油等，主要用于各种精密机床。

齿轮油——具有抗磨、抗氧化、抗腐蚀、抗泡等性能，主要用于齿轮传动装置。

汽轮机油（透平油）——具有良好的抗氧化稳定性、抗乳化性和防锈性，主要用于汽轮机轴承、透平泵、透平鼓风机、透平压缩机等的润滑，也可用作风动工具油。

蒸汽机油——具有高的抗乳化性、黏度和闪点，在高温和高压蒸汽下能保持足够的油膜强度，分为汽缸油、过热汽缸油和合成汽缸油三种。

内燃机油——具有高的抗氧化、抗腐蚀性能和一定的低温流动性，分为汽油机油和柴油机油两种。

压缩机油——具有良好的抗氧化稳定性和油性，高的黏度和闪点，主要用于空气压缩机、鼓风机的气缸、阀和活塞杆的润滑。

电器用油——具有高的抗氧化稳定性和绝缘性能，低的凝固点，要求油中的胶质、沥青质、酸性氧化物、机械杂质和水分的含量少，有变压器油、电器开关油、电缆油等。

除了上述各种润滑油类外，尚有防锈油、工艺油、仪表油以及其他用途的润滑油。

（1）润滑油的主要质量指标。

① 黏度。黏度是润滑油的一项重要质量指标，在选择润滑油时，通常以黏度为主要依据。黏度通常按动力黏度、运动黏度和相对黏度三种方法表示。

动力黏度实质上反映了流体内摩擦力的大小，是指面积为 1 cm² 和相距 1 cm 的两层平行液体，当其中一层液体以 1 cm/s 的速度和另一层液体作相对运动时，产生的阻力为 1 达因即为动力黏度，其单位为 Pa·s（帕·秒）。

运动黏度是在相同温度下液体的动力黏度和液体密度的比值，用符号 ν 表示。

$$\nu = \eta / \rho \qquad (2-3)$$

式中　ρ ——液体的密度（t/m³）；

　　　η ——动力黏度（Pa·s）；

　　　ν ——运动黏度（m²/s）。

运动黏度工程实用单位为 mm²/s，1 mm²/s＝10^{-6} m²/s。过去规定测定运动黏度的标准温度是 50 ℃ 和 100 ℃。现在采用 ISO 标准，规定为 40 ℃。运动黏度的测定按照国家标准 GB/T 265 - 1988，用毛细管黏度计在恒温浴中，测量油样在毛细管中的流动时间再乘以毛细管的校正值。通常用运动黏度表示润滑油的牌号。

相对黏度也称为条件黏度。各国采用的测定相对黏度的黏度计不同，因而相对黏度有恩氏、赛氏和雷氏黏度等几种。我国采用恩氏黏度，代表符号为°E，测定方法按照 GB/T 266—1988。

$$°E = t_1/t_2 \tag{2-4}$$

式中　t_1——200 mL 蒸馏水在 20 ℃ 时从恩氏黏度计流出所需要的时间，s，一般为 51 s；

　　　t_2——200 mL 实验油在规定的温度下从恩氏黏度计流出所需要的时间，s。

赛氏的代表符号为 $S.U.S$ 或者 SSU，雷氏的代表符号为 $"R$。在商业上世界各国采用的相对黏度不完全相同，但现在世界各国都统一用运动黏度来标注润滑油的牌号，以表示其黏度范围。各种黏度之间的数值可以互换，最简单的方法就是查表，也可以用表 2-1 中的公式换算。

表 2 - 1　各种黏度单位以及换算公式

黏度名称		符号	单位	采用国家	与运动黏度 ν 的换算公式
绝对黏度	动力黏度	η	Pa·s	苏	$\eta = \nu\rho$
	运动黏度	ν	mm²/s	中、苏、美、英、日	$\nu = \eta/\rho$
相对黏度	恩氏黏度	°E	(°)	中、欧洲	$\nu = 7.3°E - \dfrac{6.31}{°E}$
	赛氏黏度	SSU	s	美、日	$\nu = 0.22(SSU) - \dfrac{180}{SSU}$
	雷氏黏度	$"R$	s	英	$\nu = 0.26"R - \dfrac{172}{"R}$
	巴氏度	°B	(°)	法	$\nu = \dfrac{4\ 580}{°B}$

润滑油对温度的变化是很敏感的，当温度升高时，黏度就减小。但是机器的润滑要求黏度随温度的变化不要太大。润滑油的黏度随温度而变化的特性称为黏温特性。润滑油的黏温特性常用黏度比或黏度指数来表示。

黏度比是指润滑油在 50 ℃ 和 100 ℃ 时黏度的比值，黏度比越小，黏温特性越好。黏度指数表示该润滑油的黏度随温度变化的程度同标准油黏度随温度变化程度比较的相对值。黏度指数大，表示黏温曲线平缓，黏温特性较好。

② 凝固点（凝点）。润滑油失去流动性变为可塑性时的温度称为凝点。凝点决定润滑油在低温条件下工作的适应性。在寒冷季节，机器在开动前或停车时，因温度降低会使润滑油凝固失去流动性，当再开动机器时，即失去润滑作用，使摩擦表面处于干摩擦状态，增加机器的磨损和动力消耗。或润滑系统的输送管道由于润滑油凝固而使润滑中断发生设备事故。因此应该根据最低环境温度适当选择润滑油的凝点。

③ 闪点。润滑油加热至一定温度即蒸发产生油蒸气，当油蒸气和空气形成的混合气体和火焰接触时，即发生闪光现象，这时润滑油的温度称为闪点。如果闪光时间长达 5 s，则这个温度称为燃点。闪点的高低表示润滑油在高温下的安定性。一般润滑油的闪点在 130 ℃ ~

325 ℃之间，在高温下工作所采用的润滑油应该选取较高的闪点，并且闪点要比最高工作温度大 20 ℃～30 ℃。

④ 抗乳化性。润滑油和水混合时呈现一种乳化状态，在一定温度下静止后，使润滑油和水完全分离所需的时间（min），称为抗乳化度。在工作环境潮湿，与水或水蒸气接触的润滑部位，应该注意润滑油的抗乳化性能。

此外还有抗氧化安定性、抗磨性、酸值、机械杂质、残炭、灰粉、水分等多项性能指标。

（2）常用润滑油的性能和用途。过去国产的润滑油均按 50 ℃和 100 ℃时的运动黏度划分油的标号，现在采用 ISO 标准，一律按 40 ℃时的运动黏度划分油的标号。标号的数值就是润滑油在 40 ℃时的运动黏度的中心值。例如新标号 N32 在 40 ℃时的运动黏度中心值就是 32 mm²/s，其误差范围为±10%，即 28.8～35.2 mm²/s。为了与旧标号相区别，新标号前都加 "N" 作为一种过渡。

① 机械油。机械油广泛用于各种机械传动的润滑。在冶金机械中，大量采用的是机械油和轧钢机油，并用于一般闭式齿轮传动装置的润滑，称为非极压性的工业齿轮油。机械油共有 7 个牌号，高温抗氧化的工作性能较差，负载能力亦较小，只适用于轻负荷和无冲击的机械设备的润滑。28 号轧钢机油具有较好的氧化安定性和一定的抗磨性能，常用于重负荷减速机和轧钢机支承辊的油膜轴承，亦用于稀油循环润滑系统。机械油和轧钢机油为通用机械油，此外尚有专用的机械油，有精密机床主轴油、精密机床导轨油等，因为加入了各种添加剂，使性能提高。精密机床主轴油适用于精密机床的轴承和主轴箱等的润滑，精密机床导轨油适用于各种精密机床导轨、冲击振动或高负荷摩擦点的润滑。

② 齿轮润滑油。齿轮油分为两大类，即闭式齿轮润滑油和开式齿轮润滑油。

a. 闭式齿轮油。其黏度等级按 GB/T 3141—1994 分级，质量分级如下：

CKB 齿轮油：是精制矿油，加有抗氧防腐和抗泡添加剂，用于轻负荷运转的齿轮。

CKC 齿轮油：是在 CKB 油中加有极压抗磨添加剂，用于保持在正常或中等恒定油温和重负荷下运转的齿轮。

CKD 齿轮油：是在 CKC 油中加有提高热氧化安定性的添加剂，用于较高的温度和重负荷下运转的齿轮。

CKE 齿轮油：是具有低摩擦系数的，用于蜗轮蜗杆传动的润滑油。

CKS 齿轮油：是用在极低和极高温度条件下并有抗氧防腐、抗磨性能的齿轮油，用于更低的或者更高温度下轻负荷运转的齿轮。

CKT 齿轮油：是在 CKS 油中加有极压添加剂，用于更低的或更高的温度下重负荷运转的齿轮。

CKG 齿轮润滑剂：是具有极压抗磨性能的半液体润滑脂。

b. 开式齿轮油。我国制定出行业标准 3H/T 0363—92 普通开式齿轮油，它是由矿物油馏分油为基础油，加有防锈剂及适量的沥青制成的非稀释型开式齿轮油。这种油也可以用于链条、钢丝绳及联轴节，其具体的质量分级如下。

CKH 齿轮油：含有沥青的抗腐蚀性产品，用于中等环境温度和轻负荷下运转的齿轮。

CKJ 齿轮油：是在 CKH 油中加有极压抗磨剂，用于重负荷下运转的齿轮。

CKL 齿轮润滑剂：是具有极压抗磨、抗腐并且耐温性好的润滑脂，用于更高环境温度和重负荷下运转的齿轮。

CKM 齿轮润滑剂：是加有改善抗擦伤性的添加剂，允许在极压条件下使用，用于特殊重负荷下运转的齿轮，间断涂抹。

c. CKE 蜗轮蜗杆油。CKE 蜗轮蜗杆油是一种特殊的齿轮油，它不同一般工业齿轮油。因为蜗杆摩擦副是全滑动摩擦，没有滚动，摩擦条件很苛刻，又不利于油膜的楔入形成，蜗轮的材质是铜质有色金属，油中加入活性太大的添加剂，容易引起腐蚀，加速蜗轮的磨损。因此，只能加入油性添加剂以改善摩擦副的摩擦条件，降低摩擦系数，这是蜗轮蜗杆油的特点。

③ 汽轮机油。汽轮机油又叫透平油，主要用于透平机的轴承润滑系统，它是用高精制的矿物作基础油，添加抗氧防锈剂调配而成，我国已制定出国家标准 GB 11120-1989，TSA 汽轮机油，共有 4 个牌号，常用的有 32 号及 46 号两种。68 号及 46 号汽轮机油常用高速线材机的油膜轴承。46 号常用于大型电机轴承。因为加入了抗氧化、抗泡沫、防锈等添加剂，具有良好抗乳化性、防锈性和氧化安定性。除用于蒸气和燃气轮机外，常用于电机轴承，亦用于各种液压系统。

④ 电气绝缘油。电气绝缘油用于变压器、容电器及断路器。这类油品黏度较低，40 ℃ 时为 $110\sim130 \ mm^2/s$，断路器油的黏度最低，40 ℃ 时只有 $50 \ mm^2/s$，这类油品的绝缘性能最好，该油外观接近于无色，有荧光反应。变压器油是以石油馏分为原料，经精制，加入抗氧剂而制成，具有良好的绝缘性、氧化安定性和冷却性。变压器油是以凝固点作牌号，而不是黏度为牌号。

⑤ 液压油。液压设备在钢铁企业中得到了广泛应用。随着液压技术的不断发展，要求具有不同性能的液压油来满足各种液压系统在不同操作条件下的使用要求。

HH：精制矿油，无（或加有少量）抗氧剂，适用对润滑无特殊要求的一般液压系统，工作压力较低，黏度等级从 $15\sim150$。

HL：精制矿油，加有抗氧防锈剂，用于一般低压液压系统，有较长的使用寿命，黏度等级从 $15\sim100$。

HM：在 HL 中加有抗磨添加剂，是一种抗磨液压油。液压系统的工作压力在 14 MPa 以上时，必须使用 HM 油。特别是叶片泵系统，如果不使用 HM 油，油泵寿命大为减短。HM 油对抗磨性能有一定的要求，都要通过叶片泵试验，要求叶片和定子环的总磨损量不超过规定值。黏度等级从 $15\sim150$。

HR：在 HL 中加黏度指数改善剂，用于环境温度变化较大的轻负荷液压系统，工作压力较低，以及含有银的元件液压系统。黏度等级只有 15、32、46 三种。

HA 和 HN：是液力传动液，主要用于汽车的自动变速和液力联轴器，国外叫 ATF 油（汽车自动传动液）。这种油的主要特点是馏分窄，抗氧化安定性好，凝固点低，黏度指数高，还加有摩擦缓和剂等多种添加剂。用质量较好的油可使摩擦动力损失减少 1% 左右。

液压油除上述品种外，还有 HS、HG、HFAE、HFAS、HFB、HFC、HFDR 等品种，参见我国国家标准 GB/T 7631.2-1987 和国际标准 ISO 6743/4-7982。

2. 润滑脂

润滑脂俗称黄油或干油，是在润滑油（基础油）里加入起稠化作用的稠化剂，把润滑油稠化成具有塑性膏状的润滑剂。

基础油通常采用矿物润滑油，例如 30 号或 40 号机械油、11 号或 24 号汽缸油等，也有采用合成油的，例如合成烃油、硅油、酯类油等。为了改善润滑脂的性能，亦可加入抗氧化、极压抗磨、防锈等添加剂。

稠化剂分为皂基和非皂基两种。由天然脂肪酸（动物脂或植物油）或合成脂肪酸和碱土金属进行中和（皂化）反应生成的脂肪酸金属盐即为皂，用皂稠化的润滑脂称为皂基润滑脂。由非皂物质（石蜡、地蜡、膨润土、二硫化钼、碳黑等）稠化的润滑脂称为非皂基润滑脂。

用一种皂作为稠化剂制成的润滑脂称为单皂基脂，如以钙皂（脂肪酸钙）作为稠化剂制成的润滑脂称为钙基润滑脂。同样用其他皂的有钠基润滑脂、锂基润滑脂、铝基润滑脂、钡基润滑脂等。用两种皂作为稠化剂以提高性能所制成的润滑脂称为混合皂基脂，如以钙皂和钠皂稠化制成的润滑脂称为钙钠基润滑脂，用其他混合皂基的有钙铝基润滑脂、铝钡基润滑脂等。除用皂外再加入复合剂以提高性能经稠化制成的润滑脂称为复合皂基脂，如以醋酸为复合剂和钙皂稠化制成的润滑脂称为复合钙基润滑脂，以苯甲酸和铝皂稠化制成的润滑脂称为复合铝基润滑脂。用非金属作为稠化剂的润滑脂，称为非皂基润滑脂，例如用石蜡和地蜡为稠化剂制成的凡士林，用无机化合物为稠化剂制成的二硫化钼脂、碳黑脂、膨润土脂，也有用有机化合物为稠化剂制成的阴丹士林蓝脂等。

（1）润滑脂的主要理化性能。

① 滴点。国家标准 GB/T4929 是测量滴点的标准，即润滑脂在测定器中受热后，滴下第一滴时的温度，单位为℃。滴点越高，耐温性越好。通常选用润滑脂时，滴点应该比工作温度高 20 ℃～30 ℃。

② 针入度。表示润滑脂的软硬程度。用重量为 150 g 的标准圆锥体，从针入度计上释放，在 5 s 内插入到温度为 25 ℃润滑脂试样的深度（以 0.1 mm 为单位）称为针入度。针入度越大，表示润滑脂的稠度越小，压送性越好，但在重负荷下容易从摩擦表面间被挤出来。应该根据摩擦机件的工作条件选择针入度，而润滑脂针入度的数值，是选用润滑脂的一项重要质量指标。

③ 水分。润滑脂中水的含量。润滑脂中游离水的含量过多时，会降低润滑脂的工作性和加大金属表面的腐蚀。但是润滑脂含有的结合水，可以作为较好的结构改善剂，如钙基脂、钙钠基脂。

④ 氧化安定性。指润滑脂抗空气氧化的能力。氧化安定性差的润滑脂，易于和空气氧化生成各种有机酸，腐蚀金属表面或使润滑脂变质。

此外，反映润滑脂理化性能的还有机械杂质、含皂量、灰分、游离酸和碱、胶体安定性等多项指标。

（2）机械设备常用润滑脂的性能和用途（见表 2-2）。

表 2-2　常用润滑脂的性能和用途

润滑脂种类	外观	主要性能	用途
钙基润滑脂	淡黄色到暗褐色的均匀无块状油膏	不易溶于水，抗水性强，在高温时使水分蒸发，在高速时受离心力作用将水分离出去，使结构破坏	常用于潮湿环境和工作温度较低（温度不高于 55 ℃～60 ℃）的轻、中负荷低中速机械的摩擦部件；不适用于高温和高速机械的润滑
石墨钙基润滑脂	黑色均匀非纤维状油膏	不耐温，容易甩失	适用于开式齿轮、汽车弹簧钢板、钢绳以及其他粗糙的重负荷摩擦部件的润滑

润滑脂种类	外观	主要性能	用　途
合成钙基润滑脂	深黄到暗褐色均匀油膏	具有良好的润滑性能和抗水性，但是氧化安定性和低温性能较差，对温度的变化较敏感，使用温度不高于 60 ℃	适用于潮湿环境、低温、中等速度和中等负荷的轴承和机构
钠基润滑脂	深黄色到暗褐色均匀油膏	亲水性很强，耐高温下工作	适用于温度不高于 120 ℃～135 ℃摩擦部件的润滑，但是不能用于潮湿和有水的环境
合成钠基润滑脂	暗褐色均匀无块状油膏	能耐较高的温度和具有耐振的性能，抗水性较差	不适用于潮湿的环境；适用于工作温度不高于 100 ℃摩擦部件的润滑
锂基润滑脂	淡黄色到暗褐色的均匀油膏	具有滴点高、抗水性和抗压性，低温性能好，为多效长寿润滑脂	适用于潮湿环境、低高温（−20 ℃～+120 ℃）、高速、高负荷摩擦部件的润滑
合成锂基润滑脂	浅褐色到暗褐色均匀软膏	具有一定的抗水性和耐温性	适用于−20 ℃～+120 ℃范围内各种机械设备的滚动和滑动摩擦部件的润滑
钡基润滑脂	黄褐色到暗褐色均质软膏	具有耐水、耐温和耐高压性能	适用于潮湿环境和有水的摩擦部件的润滑
钙钠基润滑脂（轴承润滑脂）	黄色到深棕色的软膏	性能介于钙基和钠基润滑脂之间，抗水性比钠基润滑脂好，在干燥环境下耐热性比钙基润滑脂好，并有一定的耐压和耐高速性能	适用于工作温度不高于 90 ℃～100 ℃环境不太潮湿的滚动轴承润滑
压延机润滑脂	黄色到深褐色的均匀软膏	具有良好的耐压性，能承受较大的负荷，在外界温度波动范围较大时，有良好的输送性	适用于轧钢机械轴承的润滑、干油集中润滑系统
钡铅基润滑脂	浅黄色到深棕色的油膏	具有良好的耐寒性、抗水性和抗极压性，工作温度可在−60 ℃～+80 ℃之间	适用于低温、潮湿环境和较高负荷等条件下工作的摩擦机件的润滑
复合钙基润滑脂	淡黄色到暗褐色，均匀无块状油膏	具有耐热性和一定抗水性。机械安定性和氧化安定性较好，工作温度不高于 120 ℃，短时工作温度可达 150 ℃	适用潮湿环境、高温、较高速度等条件工作的滚动轴承和摩擦部件的润滑

续表

润滑脂种类	外观	主要性能	用　　途
合成复合钙基润滑脂	深褐色均匀软膏	具有耐温和一定的抗水性能，机械安定性亦较好	适用于潮湿环境和较高的工作温度（不高于120 ℃）条件下摩擦部件的润滑
合成复合铝基润滑脂	浅褐色到暗褐色均匀软膏	具有耐温和良好的抗水性能，机械安定性亦较好	适用于潮湿条件下和较高温度（不高于120 ℃）的和摩擦部件的润滑；可以用于干油集中润滑系统
二硫化钼润滑脂	灰黑色均匀油膏	具有耐温（80 ℃～180 ℃）、抗水和抗极压性能	用于高温和高负荷的滚动轴承和摩擦部件的润滑
膨润土润滑脂	黄色或黑褐色均匀软膏	具有耐高温（达200 ℃）、抗水、抗极压、热稳定良好等特点	用于高温、环境潮湿、温度和速度变化较大的大、中、小负荷以及工作条件较恶劣的机械

3. 固体润滑材料

两个具有负载作用的相互滑动表面间，采用粉末状或薄膜状固体材料作为润滑剂，用以减小摩擦、降低磨损，这种润滑材料称为固体润滑材料。

固体润滑材料的优点是可以在高负荷和低速度下工作；使用温度范围较广，能够用于低温和高温下的润滑；可以在无封闭有尘土的环境中使用；可以简化润滑系统和润滑设备，使维护工作简单；和环境介质不起反应。缺点是摩擦系数稍高，不易散热，在防锈、排除磨屑等方面不如润滑油、脂润滑。

固体润滑材料的种类很多，但是理想而又优良的并不多。我国常用的有：无机物质（石墨、氮化硼、玻璃粉）、金属硫化物（二硫化钼 MoS_2、二硫化钨 WS_2）、有机物质（酚醛、尼龙、聚四氟乙烯）等。

（1）常用固体润滑材料的性能和用途。

① 二硫化钼（MoS_2）。二硫化钼是辉钼矿提炼获得的蓝灰色至黑色的固体粉末，有滑腻感，具有良好的黏附性、抗压性能和减磨性能。摩擦系数为 0.03～0.15，能在高温(350 ℃)和低温（−180 ℃或更低）进行使用，对酸、碱、石油和水等不溶解，与金属表面不产生化学反应，也不侵蚀橡胶料，为良好的固体润滑材料。用于国防和轻重工业的各种润滑方面，成功地解决了许多润滑难题，特别是对于重载、高温、高速的冶金、矿山机械设备的润滑也取得了很好的效果。

② 石墨。石墨为呈黑色鳞片状晶体物质，有脂肪质滑腻感，在常压、高温（达400 ℃）下可长期使用，是一种较好的固体润滑材料。石墨在干燥时摩擦系数较大，当吸收一定量的潮湿气（7％～13％），摩擦系数就显著降低（0.05～0.19），石墨在真空中的润滑性极低，这与真空中水汽的蒸发消失有关。

③ 聚四氟乙烯。聚四氟乙烯是一种工程塑料，也是氟化乙烯的聚合物，它本身具有自润滑性、耐温性能（可达250 ℃）和自润滑性能在目前一般塑料中是最好的一种誉为"塑料之王"。因此可以代替金属制成某些机械零件或作为密封材料，也可以用各种金属或金属的氧化物或硫化物等作为填料掺入到聚四氟乙烯中，用以改善其机械性能、导热率和线膨胀系数等指标。

④ 氮化硼。氮化硼是新型润滑材料之一，有白石墨之称。氮化硼是有良好的绝缘体，可用在 900 ℃ 左右的高温，它在一般温度条件下使用时不与任何金属反应，具有良好的加工性、耐腐蚀性、良好的热传导性和自润滑性等。高温时氮化硼仍能保持良好的润滑性能，因此被认为是唯一耐高温的润滑材料。

（2）固体润滑材料的使用方法。

① 固体粉末润滑剂。这种方法是固体润滑材料简单的直接应用，可以将粉末用涂擦或机械加压等方法固定在摩擦表面上，或将粉末和挥发性溶剂混合后，喷在摩擦表面上。也可以在机器运转中将粉末随气体输送到摩擦表面上进行润滑。如果将粉剂和润滑油配成油剂，例如石墨油剂、二硫化钼油剂或与润滑脂配成脂剂，如二硫化钼润滑脂、二硫化钼油膏等，都可用于机械设备的稀油和干油润滑。

② 黏结固体润滑膜。由于无黏结剂的固体粉末润滑膜的耐磨寿命不能完全满足润滑的要求，因此发展了有黏结剂的固体润滑膜。常用的黏结剂有环氧树脂、酚醛树脂、硅酸钠等。黏结固体润滑膜的成膜配方工艺很多，主要根据具体条件和试验的总结选择确定。其中以环氧-酚醛树脂和淡金水膜在使用中比较能够耐高温、耐高负荷以及在高速下有较好的润滑性能。涂膜工艺主要包括零件处理，成膜喷涂、保膜等。

③ 自润滑复合材料。由两种或多种物质形成的复合材料所制成的具有自润滑作用的机件，在没有外部润滑剂供给下，具有低的摩擦和磨损的性能。这种自润滑复合材料有金属基、石墨基和塑料基三类，例如由粉末冶金制成的铁—铜—石墨复合材料轴承，有较高的抗磨性能。聚四氟乙烯是已应用的塑料自润滑材料中摩擦性能最好的一种，只是它的机械性能太差，限制了它的应用。近年来采用加入适量的填充剂（石墨、二硫化钼、石英砂、青铜粉等），以改善其性能。

4. 润滑材料的选用

（1）润滑材料种类的选择。在各种润滑材料中，由于润滑油内摩擦较小，形成油膜均匀，兼有冷却和冲洗作用。清洗、换油和补充加油都比较方便，所以除了部分滚动轴承，由于机器的结构特点和特殊工作条件要求必须采用润滑脂外，一般多采用润滑油。

对长期工作而又不易经常换油、加油的部位或不易密封的部位，应尽可能优先选用润滑脂。摩擦面处于垂直或非水平方向要选用高黏度润滑油或润滑脂；摩擦表面粗糙，特别是冶金和矿山的开式齿轮传动应优先选用润滑脂。

对不适于采用润滑脂的地方，如负荷过重或有剧烈的冲击、振动，工作温度范围较宽或极高、极低，相对运动速度低而又需要减少爬行现象，真空或有强烈辐射等这些极端、苛刻的条件下，最适合采用固体润滑材料。近年来的经验证明，在许多设备上都可以采用固体润滑材料来代替润滑油而取得更好的润滑效果。

（2）润滑材料选择的一般原则。

① 负荷大小。各种润滑材料都具有一定的承载能力，负荷较小，可以选取黏度小的润滑油；负荷越大，润滑油的黏度也应该越大；重负荷的条件下，应该考虑润滑油的极压性能；如果在重负荷下润滑油膜不易形成，则选用针入度小的润滑脂。

② 运动速度。机构转动或滑动的速度较高的时候，应该选用黏度较小的润滑油或针入度较大的润滑脂；在低速时，应该选用黏度较大的润滑油或针入度较小的润滑脂。

③ 运动状态。当承受冲击负荷、交变负荷、振动、往复和间歇运动时，不利于油膜的形成，应该采用黏度较大的润滑油；有时也可以采用润滑脂或固体润滑材料。

④ 工作温度。工作温度较高时，应该选用黏度较大、闪点较高、油性和氧化安定性较好的润滑油，或选用滴点较高的润滑脂；工作温度较低时，则采用黏度较小和凝点低的润滑

油，要使油的凝点低于工作温度 10 ℃ 左右，或选用针入度较大润滑脂；当温度的变化较大时，则采用黏温性能较好的润滑油。

⑤ 摩擦部件的间隙、加工精度和润滑装置的特点。摩擦部件的间隙越小，选用润滑油的黏度越低；摩擦表面的精度越高，选用润滑油的黏度应越低；粗糙表面应该采用黏度较大的润滑油；循环润滑系统要求采用精制、杂质少和具有良好氧化安定性的润滑油；在飞溅和油雾润滑中多选用有抗氧化添加剂的润滑油；在干油集中润滑系统中，要求采用机械安定性和输送性好的润滑脂；对垂直润滑面、导轨、丝杠、开式齿轮、钢丝绳等不易密封的表面，应该采用黏度较大的润滑油或润滑脂，从而减少流失，保证润滑。

⑥ 环境条件。在潮湿环境下，应该采用抗乳化和防锈性能良好的润滑油，或采用抗水性较好的润滑脂；在尘土较多和密封困难时，多采用润滑脂润滑；对有腐蚀气体时，应该选用非皂基润滑脂；环境温度很高时，则要考虑选择耐高温的润滑脂。

（3）润滑油的代用原则。在某种油品供应偶尔短缺而又必须保证生产正常进行的情况下才临时采用代用油，同时应尽快恢复原来的油品。润滑油的代用原则如下：

① 代用油的黏度应与原用油的黏度相等或稍高。

② 代用油的性能应与原用油的性能相近。

高温代用油要求有足够高的闪点、良好的氧化安定性与油性；低温代用油应有足够低的凝点；宽温度范围代用油应有良好的黏温性能；含有动植物油的复合油不允许用在循环系统或有显著氧化倾向的地方；对极压润滑油的摩擦副，代用油应具有相同或更高的极压性能。

（4）润滑脂的代用原则。通常，代用润滑脂主要考虑针入度和滴点，应使代用脂的针入度与原用脂相等或稍小，滴点更高；对潮湿的环境，应考虑代用脂的抗水性；代用脂最好是性能更好的润滑脂，如用锂基脂代替钙基脂和钠基脂，用加入了极压添加剂的脂代替未加极压添加剂的脂，而不宜反过来代用。如果原来的脂具有抗极压性而又暂时找不到这样的润滑脂，可考虑在低性能的脂中加入极压添加剂。

2.2　润滑的方法和装置

各种机器和机构中摩擦部件的润滑，都是依靠专门的润滑装置来完成的。凡实现润滑材料的进给、分配和引向润滑点的机械和装置都称为润滑装置。

润滑装置根据润滑材料的分类，通常有两种形式，一种是向摩擦副供给润滑油的稀油装置，另一种是供给润滑脂的干油装置。

根据将润滑材料送入机器中润滑点的方式，可以分为单独润滑和集中润滑两种。如果在润滑点附近设置独立的润滑装置对临近的摩擦副进行润滑，称为单独润滑；由一个润滑装置同时供给几个或许多润滑点进行润滑，称为集中润滑。

根据对摩擦副供油的不同，可分为无压润滑和压力润滑、间歇润滑和连续润滑以及流出润滑和循环润滑等方式。无压润滑时，油的进给是靠润滑油自身的重力或毛细管的作用来实现，而压力润滑则利用压注或油泵实现油的进给。在经过一定的间隔时间才进行一次润滑称为间歇润滑；当机器在整个工作期间连续供油，称为连续润滑。如果供给的润滑材料进行润滑后即排出消耗，称为流出润滑；当供给的润滑油经过润滑后又能不断送到摩擦表面重复循环使用时，称为循环润滑。

2.2.1 润滑油润滑装置

1. 流出润滑

流出润滑有旋套注油杯润滑、球阀注油杯润滑、油芯润滑（油芯油杯和填料油杯）、滴油润滑（针阀油杯）等，常用油环如图 2 - 6 所示。旋套和球阀油杯属于单独式间歇无压润滑，油芯润滑和滴油润滑为单独式无压连续润滑，主要应用于不重要的摩擦部件。

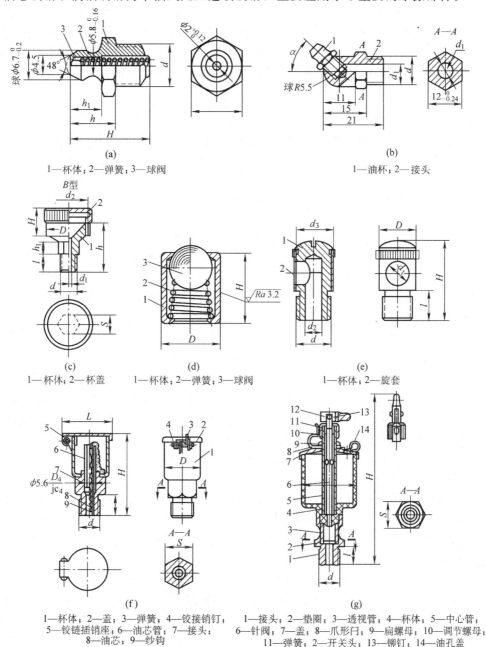

图 2 - 6　油杯

（a）直通式压注油杯；（b）接头式压注油杯；（c）旋盖式油杯；（d）压配式压注油杯；
（e）旋套式注油杯；（f）弹簧盖油杯；（g）针阀式油杯

2. 循环润滑

包括油环、油链和油轮润滑、油池润滑（浴油润滑和飞溅润滑）和压力循环润滑。图 2-7（a）为油环润滑，图 2-7（b）为油轮润滑，图 2-7（c）为油链润滑。油环润滑是靠油环随轴转动把润滑油带到轴上，并被导入轴承中。这种装置适用于直径为 $\phi25\sim\phi50$ mm 的轴，转速不超过 3 000 r/min；对直径超过 50 mm 的轴，转速应更低，但不得低于 50 r/min，因为油环的圆周速度过高会因离心力而使油甩不到轴上，而圆周速度过低又可能带不起油来。油链的作用原理与油环相同，由于链的结构特点，带起的油比油环多。油链只能用于低速轴，否则由于离心力和搅拌作用可能造成摩擦副断油。油轮是前两种方式的结合，油轮固定在轴上与轴一起转动，由刮板将油刮下并导入轴承中。油池润滑是由装置在密闭箱体中的机械零件（齿轮传动、轴承等）浸入油池中进行润滑，属于单独式循环润滑。

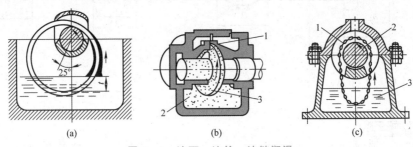

图 2-7 油环、油轮、油链润滑

(a) 油环润滑；(b) 油轮润滑；(c) 油链润滑

1—刮油器；2—油池；3—油轮 1—油链；2—旋转轴；3—油池

压力循环润滑是一种比较完善和可靠的润滑，它可以润滑具有多个摩擦部件的复杂机械，或集中润滑具有大量润滑点的多台机器和机组。润滑系统是一个闭合的回路，润滑油沿着回路输送至各摩擦部件进行润滑，并且进行冲洗和冷却。在不断循环的过程中，润滑油经过沉淀、过滤和冷却，使润滑油很大程度上恢复原来的润滑性能。

压力循环润滑分为下列三种类型：

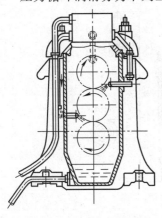

（1）导入式循环润滑系统。润滑油引入机构的摩擦部件是由于油箱和摩擦部件位置差别所产生的压力，润滑油由油箱直接导入润滑点，然后流回机构底部的储油槽中，经过沉淀，再用油泵将润滑油压送高置的油箱中，循环进行润滑（如图 2-8 所示）。

（2）流油式循环润滑系统。摩擦部件的润滑采用油池润滑，压油管（进油管）1 和压力循环润滑系统相连接，使油池中的润滑油不断地得到更新和排散热量。为保证油池润滑，回油管（排油管）2 的位置必须保持一定的油位，或采用绕行管3，排污油管 5 排污时将截止阀 4 打开（如图 2-9 所示）。

图 2-8 导入式循环润滑

（3）喷油式循环润滑系统。喷油润滑利用油泵产生的压力，保证不断将所需的、净化过的润滑油输送到摩擦表面上，向润滑点供油采用强制喷油的方法，并不断地将由于摩擦损失发生的热量随同润滑油一起带走。如图 2-10 所示，由压油管引入传动装置的壳体中连接喷油器 1，引入处装有压力表 2 和截止阀 3，喷油器用管子制成，上面有一排小孔。要求润滑油量大时，可以采用喷嘴，喷嘴的构造形状是出口压扁的无缝钢管。

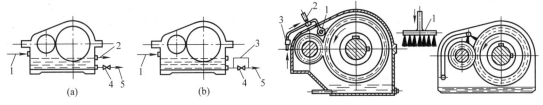

图 2-9　流油式循环润滑　　　　图 2-10　喷油式循环润滑

喷油压力润滑的优点是简单可靠，润滑油的使用期较长，缺点是在喷油中可能使润滑油汽化和产生凝结水。当采用油池润滑而速度过大时，由于离心力的作用，油就要从轮齿的表面甩出，不能保证轮齿表面形成油膜，所以必须以喷油润滑代替油池润滑。

循环润滑系统有小型的、中型的和大型的，也有非标准的和标准的各种类型。

小型的循环润滑系统用于润滑一个机构或一台机器，一般是将润滑系统的装置附属于机器之中，也可以单独设立一个润滑站。如图 2-11 所示为大型减速机的循环润滑系统示意图。油泵 2 从油箱 1 中将润滑油吸出，通过冷却过滤器 4 将油分别送入齿轮啮合处和轴承中。溢油阀3 调定供油压力，多余的润滑油流回油箱。供给摩擦部件的油量由给油指示器 5 调节，三通旋阀 6 和截止阀 7 用来控制油路，箱体下部用过的润滑油由排油管输送返回油箱。

钢铁企业的许多机组、机械制造业的某些金属切削机床，普遍采用齿轮泵供油的循环润滑系统。目前这套系统已经逐步标准化、系列化。

如图 2-12 所示是带有齿轮泵，供油能力较小（16～125 L/min）、整体组装式的标准稀油润滑站（XYZ-16 型～XYZ-125 型）系统图。如果稀油润滑站和所润滑的机组供油管路和回油管路相连接，就组成了稀油集中循环润滑系统。如图 2-13 所示是供油能力较大（250～1 000 L/min）、分散安装式标准稀油站（XYZ-250 型～XYZ-1000 型）系统图。

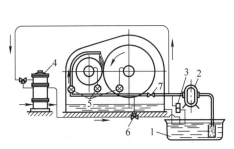

图 2-11　大型减速机的循环润滑示意图

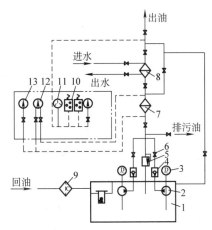

图 2-12　XYZ-16 型～XYZ-125 型稀油站系统图
1—油箱；2—齿轮泵；3—电机；4—单向阀；5—安全阀；
6—截止阀；7—网式过滤器；8—板式冷却器；
9—磁性过滤器；10—压力调节器；11—接触式温度计；
12—差式压力计；13—压力计

带齿轮泵的稀油润滑站，其技术性能如表 2-3 所示。各种规格的稀油润滑站工作原理都是一样的，由齿轮泵把润滑油从油箱吸出，经单向阀、双筒网式过滤器及冷却器送到机械设备的各润滑点。油泵的公称压力为 0.6 MPa，稀油站的公称压力为 0.4 MPa（出口压力）。当稀油站的公称压力超过 0.4 MPa 时，安全阀自动开启，多余的润滑油经安全阀流回油箱。

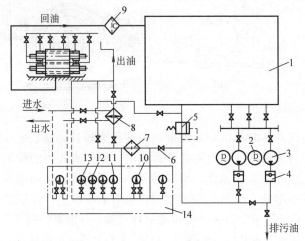

图 2 – 13　XYZ – 250 型～XYZ – 1000 型稀油站系统图

1—油箱；2—电机；3—齿轮泵；4—单向阀；5—安全阀；6—截止阀；7—网式过滤器；8—板式冷却器；
9—磁性过滤器；10—差式压力计；11—压力计；12—电接触压力计；13—接触式温度计；14—仪表盘

表 2 – 3　XYZ 型标准稀油站技术性能表（Q/ZB 355－77）

型号	公称油量 /(L·min⁻¹)	油箱容积 /m³	过滤面积 /m²	换热面积 /m²	冷却水耗量 /(m³·h⁻¹)	电热器功率 /kW	蒸汽耗量 /(kg·h⁻¹)	电动机 型号	电动机 功率/转速 kW/(r·min⁻¹)	质量 kg
XYZ – 16	16	0.63	0.08	3	1.2	18		JO₂ – 12 – 4－T₂	0.8/1 380	880
XYZ – 25	25									
XYZ – 40	40	1	0.08	5	3	18		JO₂ – 22 – 4 – T₂	1.5/1 410	1 130
XYZ – 63	63									
XYZ – 100	100	1.6	0.2	7	6	36		JO₂ – 32 – 4 – T₂	3/1 430	1 507
XYZ – 125	125									1 600
XYZ – 250	250	6.3	0.52	24	12	100		JO₂ – 42 – 4	5.5/1 440	4 143
XYZ – 250A										3 296
XYZ – 400	400	10	0.83	35	20	160		JO₂ – 51 – 4	7.5/1 450	5 736
XYZ – 400A										4 393
XYZ – 630	630	16	1.26	32×2	30	250		JO₂ – 61 – 4	13/1 460	9 592
XYZ – 630A										7 121
XYZ – 1000	1 000	25	1.93	35×2	50	400		JO₂ – 71 – 4	22/1 470	12 155
XYZ – 1000A										9 338

注：① A 为不带冷却器的稀油站；
　　② 本标准稀油站不带压力箱，用户自行设计。

　　在润滑重要机器的稀油循环润滑系统中，为了保证可靠的工作，通常使用两台油泵，其中一台工作，而另一台为备用。润滑站在正常工作情况下，油泵输出润滑油的压力约为 $(3～6)×10^5$ Pa（压力大小决定于输油管路和润滑元件的液压损失）。为了控制压力，设有溢油阀（安全阀），或带溢油阀的油泵。当输油压力超过调定的压力时，溢油阀自动打开，多余的润滑油流回油箱，直至压力恢复到调定压力。由压力表指示输油压力，并设有两个电接触压力表（或压力继电器），控制油泵的电动机，保证正常输油和安全。设在滤油器处的差式压力表，指示滤油器工作的压力差。

为了观察油箱中的油温和液面高度，装有普通的或电控制的温度计和液面计。

2.2.2　润滑脂润滑装置

在工程习惯上，通常称润滑脂润滑为干油润滑。干油润滑密封简单，不易泄漏和流失，在稀油容易泄漏和不宜稀油润滑的地方，特别具有优越性。金属压力加工机械设备许多摩擦副中采用干油润滑。干油润滑的润滑装置均属流出润滑，润滑脂在润滑摩擦表面之后就流出消耗，一般润滑脂在使用熔化后即失去其基本性能，所以目前还不能在润滑脂润滑系统中使润滑脂连续循环使用。按润滑方式干油润滑可分为分散润滑和集中润滑。

1. 分散润滑

将润滑脂压注到摩擦表面上，采用压力脂杯或罩形脂杯，均属单独间歇压力润滑，常用于润滑点很少的机构中，或用于移动和旋转零件上的不重要的润滑点。填充润滑是将润滑脂填充于机壳中而实现，适用于不经常工作的开式齿轮和齿条传动装置、闭式低速齿轮和蜗杆传动装置、开式滑动平面等。密封的滚动轴承转速不超过 3 000 r/min 时，广泛采用润滑脂填充润滑，属于单独连续无压润滑。

2. 集中润滑

干油集中润滑系统就是以润滑脂作为摩擦副的润滑介质，通过干油站向润滑点供送润滑脂的一套设备。这种润滑系统是比较完善的润滑装置，主要的优点是从润滑站一次可以供应数量较多的、分布较广的润滑点，保证每隔预定的时间向许多摩擦表面供给一定分量的润滑脂。特别是可以润滑采用人工难以润滑的点，同时，因为润滑脂由润滑站输向润滑点的过程都在密闭的条件下进行，从而能可靠地保护润滑脂不被机械杂质所污染。

干油集中润滑系统按管路的分布和给油器的结构特点可以分为下列两种类型：

（1）环式干油集中润滑系统，如图 2-14 所示。该系统由带液压换向阀的电动干油站、输脂主管及给油器等组成。工作时，润滑脂通过液压换向阀压入主油管 I 或 II，通过主油管 I 或 II 向给油器压送润滑脂，供给各润滑点，当沿主油管 I 或 II 的各给油器都动作完毕后，压力升高并传至换向阀处，使换向阀换向，润滑脂即沿另一主油管通过给油器向润滑点供给润滑脂。各给油器又动作完毕，保证全部润滑点的润滑，压力升高，又使换向阀换向，并使油泵电机断电。经一定间隔时间后，下一个供给润滑脂的周期同样按上述顺序工作。

国产 SGQ 型双线给油器的结构及工作原理如图 2-15 所示。从主油管 I 来的润滑脂由 A 口进入给油器，在油压的作用下使滑阀 6 移动到下极限位置，打开了 A 口与油缸上腔的通道 b，润脂通过 b 进入油缸上腔，如图 2-15（a）所示。进入油缸上腔的润滑脂推动活塞 5 向下运动，将活塞下腔中的润滑脂经通道 a 与滑阀 6 中部空腔压向出油口 7 并送润滑点，如图 2-15（b）所示。活塞 5 运动到最下端位置时压油停止，给油器完成了一次给油动作后停止工作。当液压换向阀换向后，主油管 I 与油站储油筒连通而泄压，这时主油管 II 压油，压力油脂从给油器 B 口进入，推动滑阀 6 向上运动，从而把油缸下腔与 B 口的通道 a 打开，同时滑阀 6 把 A 口封闭，并使活塞上腔的通道 b 经滑阀 6 中部空腔与另一出油口连通，如图 2-15（c）所示。在油脂压力推动下，活塞 5 向上运动，把活塞上腔的润滑脂压入另一出油口，如图 2-15（d）所示。

旋动限位器体上的调节螺钉 1 可以限制活塞杆 2 的行程，也就是限制了活塞 5 的行程，从而调节了给油量。把两个出油口连通，即可增大给油脂量一倍。

给油器的技术性能见表2-4。

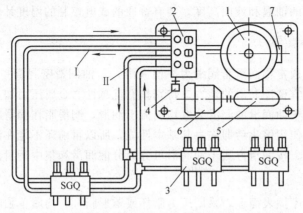

图2-14　环式干油集中润滑

1—储油筒；2—液压换向阀；3—给油器；4—极限开关；5—蜗杆减速机；6—电动机；7—柱塞泵；Ⅰ，Ⅱ—输脂主管

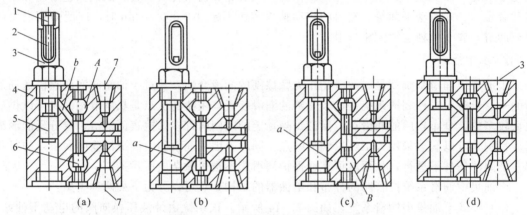

图2-15　SGQ双线给油器工作原理图

1—调节螺丝；2—活塞杆；3—限位器体；4—壳体；5—活塞；6—滑阀；7—出油口；a，b—通道；A，B—进油口

表2-4　国产SGQ型双线给油器的技术性能

型号	给油孔数	公称压力/MPa	每孔每次给油量			质量/kg	型号	给油孔数	公称压力/MPa	每孔每次给油量			质量/kg
			系列	最小/mL	最大/mL					系列	最小/mL	最大/mL	
SGQ-11	1					1.0	SGQ-13	1					1.4
SGQ-21	2					1.3	SGQ-23	2					2.0
SGQ-31	3					1.8	SGQ-33	3					2.7
SGQ-41	4	10	1	0.1	0.5	2.3	SGQ-43	4	10	3	1.5	5.0	3.4
SGQ-21S	2					1.0	SGQ-23S	2					1.4
SGQ-41S	4					1.3	SGQ-43S	4					2.0
SGQ-61S	6					1.7	SGQ-63S	6					2.7
SGQ-81S	8					2.3	SGQ-83S	8					3.3

型号	给油孔数	公称压力/MPa	每孔每次给油量			质量/kg	型号	给油孔数	公称压力/MPa	每孔每次给油量			质量/kg
			系列	最小/mL	最大/mL					系列	最小/mL	最大/mL	
SGQ-12	1					1.1	SGQ-14	1					1.0
SGQ-22	2					1.7	SGQ-24	2					2.9
SGQ-32	3					2.3							
SGQ-42	4	10	2	0.5	2.0	2.8	SGQ-24S	2	10	4	3	10	1.8
SGQ-22S	2					1.1							
SGQ-42S	4					1.7	SGQ-44S	4					2.9
SGQ-62S	6					2.2	SGQ-15	1	10	5	6	20	2.9
SGQ-82S	8					2.8							

　　单线给油器用于单线输送润滑脂的干油集中润滑系统。它是在双线给油器的基础上发展起来的一种定量供脂元件。单线给油器的优点是结构紧凑、体积小、质量轻；采用单管线输送润滑脂，简化线路、节约管材，对于某些润滑点不多而又比较集中的单机设备（如剪切机、矫直机等）采用单线干油集中润滑系统供送润滑脂更为适宜。目前世界各国都在研究设计各种形式的单线给油器。如图 2-16 所示 PSQ 型片式给油器是具有代表性的单线给油器。PSQ 型片式给油器最少由 3 片（上片、中片、下片）组成。中片可以在组合时根据系统中润滑点数量的不同而增加，但最多不能超过 4 片，连同上片与下片，最多由 6 片组成。PSQ 型给油器是我国的新产品标准。

　　PSQ 型片式给油器的工作原理如图 2-16 （a）所示。压力润滑脂从输油管进入后，首先将柱塞Ⅱ推向左端，然后再将柱塞Ⅲ推向左端，并分别依次将左腔内的润滑脂从出油口1、2排送到润滑点。待活塞Ⅲ动作完毕后（指示杆同时向左伸出，表示给油器正常工作），在柱塞Ⅲ左腔的压力润滑脂从内部通道进入柱塞Ⅰ的左腔内，并推动活塞Ⅰ到右端，同时将右腔内的润滑脂从出油口3排至润滑点。柱塞Ⅰ向右动作完毕，如图 2-16 （b）所示，柱塞又按照上述相反的方向依次动作，将润滑脂又从右边的 3 个出油口 4、5、6 顺序压出送往润滑点。只要油泵连续供脂，该给油器就连续往复动作，不断地把润滑脂从各出油口送出。

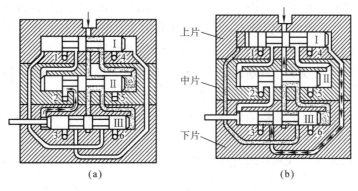

图 2-16　PSQ 型片式给油器工作原理图

（2）流出式干油集中润滑系统，如图 2－17 所示。采用与双线环式干油集中润滑系统同样的给油器，只是管路的布置不同。系统工作时，润滑站通过换向阀将润滑脂从一条给油主管压送到各给油器，在管路内的润滑脂压力作用下，给油器开始动作，将一定分量的润滑脂供给各润滑点。当所有给油器都动作完毕，位于管路最远支管末端的压力操纵阀内的压力升高，达到一定数值时，压力操纵阀触杆即触动行程开关，使换向阀换向。这时润滑站压送的润滑脂沿另一条给油主管通过给油器向各润滑点供给润滑脂，各给油器动作完毕，保证全部润滑点的润滑。当压力操纵阀内的压力又升高到一定数值时，换向阀又换向，同时润滑站的电机切断，油泵停止工作。经过一定间隔时间后，润滑站又按上述顺序工作。

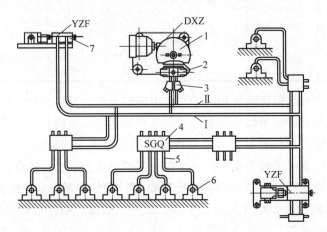

图 2－17　流出式干油集中润滑系统

1—电动干油站；2—电磁换向阀；3—干油过滤器；4—给油器；5—输脂支管；

6—轴承副；7—压力操纵阀；Ⅰ，Ⅱ—输脂主管

2.2.3　向摩擦表面引油的方法和润滑油沟

为了使机械各摩擦表面达到完善和有效的润滑，必须使用完善的润滑装置，正确布置向摩擦表面引油的进、排油孔和具有适当的润滑油沟以及合理地选择润滑材料。

润滑材料应该在油膜上负荷最小的地方引入摩擦表面。例如滑动轴承（下半部承受负荷）引入润滑油的最佳位置（如图 2－18 所示）是轴承的最大间隙区（远离最大负荷区）。1是允许的引油点，2是最好的引油点，3是不允许的引油点，4是不建议采用的引油点。因为润滑脂不具有润滑油那样的流动性，因此在比较靠近负荷区将其引入滑动轴承。负荷交替向上或向下作用的滑动轴承，由轴瓦的结合面处引入润滑油。当负荷方向随轴的转动而变化时，应该在轴中钻孔引入润滑油。平面滑块或导轨的引油位置如图 2－19 所示，可以在平面的上部中央引入，也可以从下部侧面引入，一般在活动零件上设一个或两个进油孔，有的设在固定零件上。

为了将引入的润滑材料分布到全部摩擦表面上，以达到有效的润滑，在被润滑的零件上需开设润滑油沟。

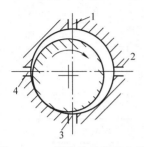

图 2 - 18　滑动轴承引油位置

1—允许引油点；2—最好的引油点；

3—不允许的引油点；4—不建议采用的引油点

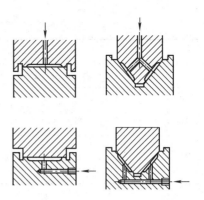

图 2 - 19　平面滑块或导轨的引油位置

　　开设润滑油沟应该考虑下列的条件：油沟不应开在油膜承载区内，否则就会破坏油膜的承载能力；润滑油应该平缓地沿油沟进入摩擦表面；油沟一般不应当有尖锐的边缘，因为尖锐的边缘会将摩擦表面的润滑油刮走，使润滑零件的工作条件恶化；为了避免润滑油的泄漏，纵向油沟不要太接近边端。

　　在水平轴的轴套中，最合理的是采用沿轴套长度的纵向润滑油沟 1（如图 2 - 20（a）所示）。油沟的形状如图 2 - 20（b）所示，其尺寸见表 2 - 5。作往复运动的拉杆用的导向轴套中，润滑油沟 1（如图 2 - 20（c）所示）常做成环状的，并位于轴套的中部。为了润滑立轴的轴套，润滑油沟也常做成环状的，但是油沟的位置则在轴套的上部（如图 2 - 20（d）所示）。

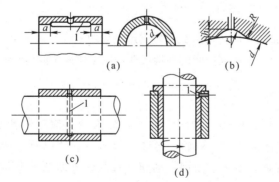

图 2 - 20　轴套的润滑油沟

表 2 - 5　润滑油沟的尺寸　　　　　　　　　　　　　　　　mm

轴承直径 d	尺　　寸						
	h	r、k	b	f	R	a	e
小于 60	1.5	3	7	1.5	9	8	
60～80	2	4	8	1.5	12	8	8
80～90	2.5	5	10	2	15	10	10

续表

轴承直径 d	尺　寸						
	h	r、k	b	f	R	a	e
90～110	3	6	13	2	18	10	12
110～140	3.5	7	16	2.5	21	12	14
140～180	4	8	20	2.5	24	12	16
180～260	5	10	30	2.5	30	15	20
260～380	6	12	40	3	36	18	24
380～500	8	16	50	4	48	20	32

对开式滑动轴承通常采用半环形润滑油沟和纵向润滑油沟。半环形润滑油沟如图2-21（a）所示，润滑油从上轴瓦小孔送入，沿半环形润滑油沟1进入上下轴瓦剖分面的斜棱2中，斜棱即为由上下轴瓦构成的纵向闭合润滑油沟。当轴转动时，由斜棱取得润滑油，保证连续把润滑油吸入轴承受负荷部分。纵向润滑油沟1如图2-21（b）所示。半环形润滑油沟、纵向润滑油沟和斜棱的形状和尺寸见表2-5。

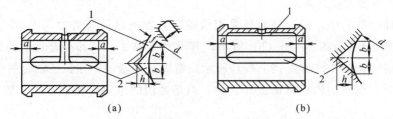

图2-21　对开式滑动轴承的润滑油沟

采用润滑脂的润滑油沟，除了要求在直接靠近负荷的地区引入润滑脂到摩擦表面上，同时考虑到润滑脂的流动性较差，采用润滑脂的油沟尺寸，应该比采用润滑油的油沟尺寸要大一些。

2.2.4　油雾润滑和油气润滑

油雾润滑是近年来新发展的一种润滑方式，分为油雾润滑装置和干油喷雾润滑装置两类。油雾润滑适用于封闭的齿轮、蜗轮、链轮、滑板、导轨以及各种轴承的润滑。目前在冶金企业中，油雾润滑装置大多用于大型、高速、重载的滚动轴承等的润滑。

油雾润滑的优点是：

① 油雾能弥散到所有需要润滑的部位，可以获得良好而均匀的润滑效果。

② 压缩空气质量热容小、流速高，很容易带走摩擦产生的热量，对摩擦副的散热效果好，因而可以提高高速滚动轴承的极限转速，延长其使用寿命。

③ 大幅度降低润滑油的消耗。

④ 由于油雾具有一定的压力，对摩擦副起到良好的密封作用，避免了外界杂质、水分的侵入。

⑤ 较稀油集中润滑系统结构简单，动力消耗少，维护管理方便，易于实现自动控制。

油雾润滑的缺点是：

① 在排出的压缩空气中，含有少量的浮悬油粒，污染环境，对操作人员健康不利，所以需增设抽风排雾装置。

② 不宜用在电动机轴承上。因为油雾侵入电动绕组将会降低其绝缘性能，缩短电机使用寿命。

③ 油雾的输送距离不宜太长，一般在 30 m 以内为可靠，最长不得超过 80 m。

④ 必须具有一套压缩空气系统。

由于油雾润滑的上述缺点，在一定程度上限制了它的使用范围。但它的独特优点，则是其他润滑方式所无法比拟的，所以在金属压力加工设备上，将会获得越来越广泛的应用。

1. 油雾润滑装置

(1) 油雾润滑的工作原理和结构组成。稀油油雾润滑是把压缩空气接入油雾发生器，将润滑油雾化成为粒度十分细小雾状的干燥油雾，并通过管路输送至摩擦部件上进行润滑。

如图 2-22 所示，一个完整的油雾润滑系统应包括分水滤气器 1、电磁阀 2、调压阀 3、油雾发生器 4、油雾输送管道 5、凝缩嘴 6 以及控制检测仪表等。分水滤气器是为了过滤压缩空气中的杂质和排除空气中的水分，使能得到纯净和干燥的压缩空气。电磁阀用以控制输送压缩空气的管路的接通和断开，而调压阀则使压缩空气保持恒定的压力，并根据需要可以进行调节。油雾发生器为油雾润滑装置的主要部分，压缩空气通过文氏管时产生压差，使油池中的润滑油沿管路上升进入文氏管中，被压缩空气气流雾化成各种油粒，较大的油粒在重力作用下返回油池，微小的油粒形成油雾随压缩空气送往润滑点。由于当油雾发生器产生的油雾直接输送至润滑点时，尚不能产生润滑油膜，因此在润滑点前必须装置凝缩嘴，通过它破坏油雾粒子的表面张力，使其结合成较大的油滴，在润滑表面形成必需的油膜而实现良好的润滑。凝缩嘴中具有一个或几个有一定直径和长度的小孔，成为各种规格（不同供油能力）的凝缩嘴。

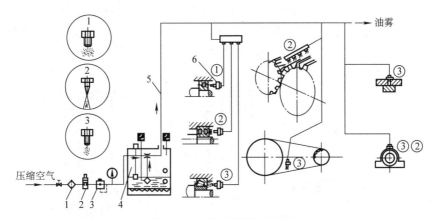

图 2-22　油雾润滑系统图

1—分水滤气器；2—电磁阀；3—调压阀；4—油雾发生器；5—油雾输送管道；6—凝缩嘴

(2) 油雾发生器。油雾发生器是油雾润滑装置的核心部分，其工作原理如图 2-23 所示。压缩空气由阀体 2 上部输入后，迅速充满阀体与喷油嘴 3 之间的环形间隙，并经喷油嘴 3 圆周方向的 4 个均布小孔 a 进入喷嘴内室，压缩空气沿喷嘴中部与文氏管 4 之间狭窄的环形间隙向左流动（喷油嘴内室右端不通），由于间隙小，气流流速很高，使喷油嘴中心孔的静压降至最低而形成真空度，即文氏管效应。此时罐内的油液在大气压力和输入压缩空气的压力的共同作用下，便通过过滤器5沿油管压入油室b内。接着进入喷油嘴中心孔，在文氏管4的中部（雾化室）与压缩空气汇合。油液即被压缩空气击碎形成不均匀的油粒，一起经喷雾头1的斜孔喷入油罐。其中较大的油粒在重力的作用下降入油池中，细微的（2 μm以下）油粒随压缩空气送至润滑部位。为了加强雾化作用，在文氏管的前端还有4个小孔c，一部分压缩空气经小孔c喷出时再次将油液雾化，使输出的油雾更加细微均匀。

　　油室b的前端装有密封而透明的有机玻璃罩，以供操作人员随时观察润滑油的流动情况。进入玻璃罩的油液量并不等于油雾管道输出的油量，实际上只有可见油流的5％～10％变成了油雾输出。

图 2 - 23　油雾发生器的结构及工作原理图
1—喷雾头；2—阀体；3—喷油嘴；
4—文氏管；5—过滤器

2. 干油喷雾润滑装置

　　干油喷雾润滑于60年代问世，具有润滑均匀、耗油量少和易于形成油膜等优点。是目前较为理想的一种干油润滑方式，成功地用于冶金、矿山和重型机械设备的大型开式齿轮传动润滑中。

　　干油喷雾润滑的工作原理是由手动干油润滑站供给的干油，利用压缩空气通过喷嘴将干油雾化，定时、定量地喷射到承载轮齿表面上，形成细致而均匀的干油层，保证齿轮啮合面可靠的润滑。

　　干油喷雾润滑系统的结构一般由供油装置（手动润滑站和给油器）、控制阀和喷嘴等组成。GWZ型干油喷雾润滑系统如图2-24所示，手动干油润滑站1将润滑脂压送至双线给油器2，并将润滑脂定点、定量地供给各控制阀3，控制压缩空气和润滑脂通过管路同时分别进入喷嘴4中，从压力表可以观察压缩空气的压力。

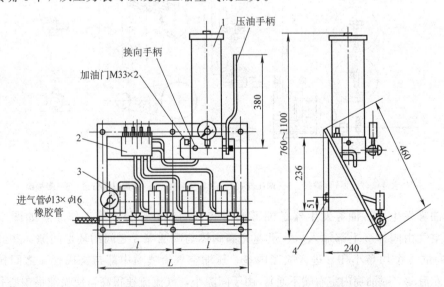

图 2 - 24　GWZ型干油喷雾润滑装置图
1—手动干油润滑站；2—双线给油器；3—控制阀；4—喷嘴

控制阀和喷嘴的结构如图 2-25 所示。当润滑脂进入控制阀时，推动工作活塞 2 向上移动，使润滑脂进入和喷嘴相通的孔 5 中，同时顶开钢球 1，使压缩空气由孔 3 进入环形槽 4 中，该环形槽和喷嘴上的三个沿周向均布的孔相通，润滑脂从喷嘴的中间孔流出，在喷嘴的出口处和压缩空气相遇。润滑脂在压缩空气的冲击下被破碎为微细的颗粒，成为雾化，喷向被润滑机件的表面上，形成细致而均匀的干油层进行润滑。

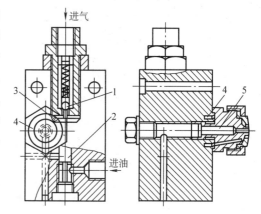

图 2-25　控制阀和喷嘴

1—钢球；2—活塞；3，5—孔；4—环形槽

干油喷雾润滑装置所采用的润滑剂，常用复合铝基润滑脂加 20% 轧钢机油或 10 号汽油机油，稀释后效果较好；也可以采用二硫化钼油膏或 40% 二硫化钼粉剂和 60% 52 号汽缸油（或 62 号汽缸油）的混合物。根据试验，凡是针入度不小于 250 的润滑脂均能适用于干油喷雾润滑。

3. 油气润滑装置

油气润滑与油雾润滑相似，都是以压缩空气为动力将稀油输送到润滑点。与油雾润滑不同的是它利用压缩空气把油直接压送到润滑点，不需要凝缩，凡是能流动的液体都可以输送，不受黏度的限制。空气输送的压力较高，在 0.3 MPa 左右。适用于润滑滚动轴承，尤其是重负荷的轧机轧辊轴承。

油气润滑具有如下优点：

① 不产生油雾，不污染周围环境。

② 计量精确。油和空气可分别精确计量，按照不同的需要输送到每一个润滑点，因而非常经济。

③ 与油的黏度无关。凡是能流动的油都可以输送，不存在高黏度油雾化困难的问题。

④ 可以监控。系统的工作状况很容易实现电子监控。

⑤ 特别适用于滚动轴承，尤其是重负荷的轧机轧辊轴承，气冷效果好，可降低轴承的运行温度，从而延长轴承的使用寿命。

⑥ 耗油量微小。

（1）油气润滑的工作原理。油气润滑的原理，如图 2-26 所示，压缩空气由进气管 1，润滑油由进油管 2 同时进入油气混合器 3，将润滑油吹成油滴，附着在管壁上形成油膜，油膜随着气流的方向沿管壁流动，在流动过程中油膜层的厚度逐渐减薄，并不凝聚，如图 2-27 所示，进入特波油路分配阀 4，将油气混合体分配到几个输出管道，并通过管道输送至润滑点。压缩空气以恒定的压力（0.3～0.4 MPa）连续不断地供给，而润滑油则是根据各个不同润滑点的消耗量由供油系统定量供给，供油是间断的，间隔时间和每次的给油量都可以根据实际消耗的需要量进行调节。

（2）油气润滑系统。油气润滑系统大体可划分为供油、供气、油气混合三大部分。如图 2-28 所示是四辊轧机轴承（均为四列圆锥轴承）的油气润滑系统图。

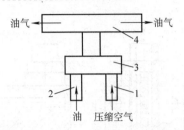

图 2-26　油气润滑原理

1—进气管；2—进油管；3—油气混合器；4—特波油路分配阀

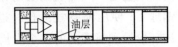

图 2-27　油层流动示意图

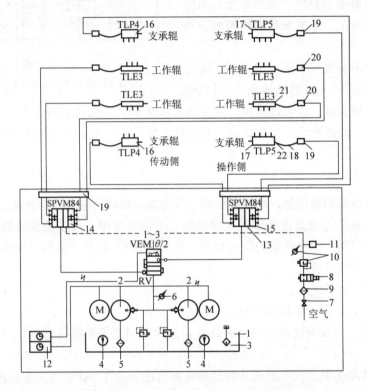

图 2-28　四辊轧机轴承油气润滑系统

1—油箱；2—油泵；3—油位控制器；4—油位镜；5—过滤器；6—压力计；7—阀；8—电磁阀；9—过滤器；

10—减压阀；11—压力监测器；12—电子监控装置；13—步进式给油器；14，15—油气混合器；

16，17—油气分配器；18—软管；19，20—阀；21，22—软管接头

① 供油部分。这部分由油箱、油泵、步进式给油器等组成，都是根据系统的供油量选定的。油泵两台，一台工作，一台备用，通过电子监控装置启动或停止。油泵的排量一般都较低，而压力较高。步进式给油器由片式给油器组合而成，其工作压力一般在 2～4 MPa，有多种排油量规格。步进式给油器排出的油输送到油气混合器去，如果其中有一个排油口堵塞，则整个步进式给油器停止工作。可以通过检测装置发出警报信号，同时给油器每工作一个循环也可通过电子控制装置使油泵停歇一定时间后再次启动。

② 供气部分。供给的压缩空气应该是清洁而干燥的，必须先经过油水分离及过滤。当油气润滑启动时，压缩空气由电磁阀接通，经过减压，使排出的气压为 0.3～0.4 MPa，并在排气管线上装有压力监测器，以保证工作中有足够的气压。

③ 油气混合部分。油气混合部分是使油和气在混合器中能很好地吹散成油滴，均匀地分散在管道内表面。油气混合器亦有多种规格的供给量可供选用。如果供给的润滑点在两个以上，油气混合物还必须经油气分配阀适量地供给每个润滑点。

2.3　典型零部件的润滑

2.3.1　滑动轴承的润滑

滑动轴承的润滑，主要是正确选择轴承的润滑方式、润滑材料、耗油量及润滑周期等。

1. 润滑方式

润滑轴承的润滑方式与轴承的载荷、速度、温度、轴承的间隙及结构有关，通常用下列经验公式估算：

$$k = \sqrt{10^{-5} p_{\mathrm{m}} \cdot v^3} \tag{2-5}$$

式中　　p_{m}——轴颈投影面上的平均单位压力（Pa），$p_{\mathrm{m}} = P/(d \cdot L)$；

　　　　P——轴承载荷（N）；

　　　　d——轴颈直径（m）；

　　　　L——轴颈长度（m）；

　　　　v——轴颈圆周速度（m/s）。

当 $k \leqslant 6$ 时，可用润滑脂，一般油杯脂润滑；

当 $6 < k \leqslant 50$ 时，用润滑油，针阀油杯润滑；

当 $50 < k \leqslant 100$ 时，用润滑油，油浴或飞溅润滑，需用水或循环油冷却；

当 $k > 100$ 时，用润滑油，集中压力循环润滑。

2. 滑动轴承用润滑油的选择

一般滑动轴承，虽然设计时也考虑了动压润滑原理，但是，由于转速较低、载荷较大、轴承加工精度低，通常都处于边界润滑或半液体润滑状态。特别是在启动、制动、正反转、停车等过程中，完全处于边界润滑状态。所以，在选择润滑油时，除了选择合适的黏度外，还应特别注意油性和抗极压性这两项指标。

由于液体摩擦轴承对润滑油的抗氧及热氧化安定性、油的抗腐蚀及黏温性能要求高，故应采用专用的油膜轴承油。油的牌号及黏度应根据设备说明书的规定选用。

润滑油的黏度高低是影响滑动轴承工作性能的重要因素之一。因此，选择润滑油时要确定润滑油的黏度，根据黏度选用合适的润滑油。根据滑动轴的轴颈直径、转速、单位负荷、工作温度等，再根据轴承的工作转速、载荷大小以及工作温度直接由图 2-29 查得所需润滑油的品种，图中右边一组曲线分别代表不同的载荷，左边一组曲线代表不同黏度润滑油的黏温曲线。也可以查阅其他一些手册的经验表格，直接选用一些优质专用润滑油品。

例　转速 750 r/min，载荷 2 MPa，工作温度 55 ℃，由图上 750 r/min 处作垂线与 2 MPa 的载荷曲线的交点作水平线，再从工作温度 55 ℃处作垂线，垂线与水平线的交点正好落在 35 mm²/s 这条黏温曲线附近，因此所选的润滑油黏度（37.8 ℃）为 35 mm²/s。

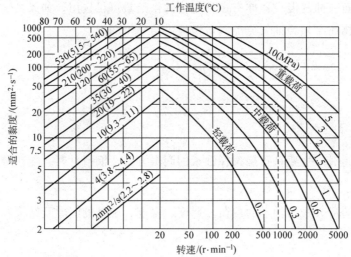

图 2-29　径向轴承适用润滑油的黏度选择

注：图中左边一组黏温曲线上标的黏度值为 37.8 ℃时的黏度值。

由图 2-29 查出适用黏度后，就可以按黏度选择润滑油的牌号。建议对低、中载荷的滑动轴承采用油性较好的通用性机床工业用润滑油代替普通机械油，对中、重载荷的滑动轴承采用中极压工业齿轮油，对低速重载的滑动轴承采用高黏度极压工业齿轮油、合成 28 号轧钢机油、多级普通车辆齿轮油等油品。

3. 滑动轴承耗油量

（1）集中循环润滑系统的供油量。对于高速机械（例如涡轮鼓风机、高速电动机的轴承等），每个润滑点的供油量可由经验公式（2-6）确定：

$$Q_i = (0.06 \sim 0.15)DL \tag{2-6}$$

式中　Q_i——给油量（L/min）；

　　　D——轴承孔直径（cm）；

　　　L——轴承长度（cm）。

对于低速机械，每个润滑点的供油量可由经验公式（2-7）确定：

$$Q_i = (0.003 \sim 0.006)DL \tag{2-7}$$

当润滑油主要用作冷却作用时，每个润滑点的供油量则由经验公式（2-8）确定：

$$Q_i = \frac{A \times 2\pi n \times M_J}{c \times \rho \times \Delta T} \tag{2-8}$$

式中　A——热功当量 1/427(J/(N·m))；

　　　n——主轴转速（r/min）；

　　　M_J——主轴的摩擦转矩（N·m）；

　　　ρ——润滑油的密度（kg/m³）；

　　　c——润滑油的比热容(J/(kg·K))；

　　　ΔT——油通过轴承的实际温升（℃）。

在计算出每个润滑点需要的耗油量后，可以计算出系统总需要的润滑油量（式（2-9））：

$$Q = \sum Q_i \qquad (2-9)$$

由 Q 值可以选择相应的油泵、过滤装置、冷却器以及相应的安全阀、单向阀等。

（2）人工加油、滴油和线芯润滑的滑动轴承的耗油量。主要根据轴颈直径、转速、轴承长度 L 和轴颈直径 d 比值而定。当 $L/d = 1$ 时，每班（8 h）的耗油量可参考表 2-6。若 $L/d \neq 1$ 时，则耗油量应将表 2-6 上所查得数值再乘上 L/d 的实际数值。

表 2-6　滑动轴承滴油和线芯润滑的耗油量

轴颈直径/mm	轴的转速/（r·min⁻¹）							
	50	100	150	250	350	500	700	1 000
	每班（8 h）的消耗量/g							
30	1	1	3	6	7	10	14	20
40	1	2	6	9	12	18	24	34
50	3	5	9	14	20	29	40	68
60	5	10	14	22	31	45	62	90
70	7	13	19	32	44	63	88	127
80	9	17	26	42	59	84	118	168
90	11	22	33	54	76	108	152	216
100	14	28	42	72	96	140	196	280
110	18	34	52	88	120	172	240	344
120	22	42	62	104	144	208	288	—
130	26	51	77	128	180	256	360	—
140	30	61	94	152	212	304	—	—
150	35	70	106	176	248	352	—	—

油绳油杯根据油线厚度不同其供油能力可参考表 2-7。

表 2-7　油绳油杯每条油线进油参考数据

油线厚度/mm	每 8 h 进油量/g	油线厚度/mm	每 8 h 进油量/g
3	15	6～8	20
4～5	17	9～12	30

采用油环润滑的滑动轴承，根据轴颈直径及油槽容积来确定其耗油量和加油量，可参考表 2-8。

表 2-8　滑动轴承油环润滑的耗油量

轴径/mm	油槽容积/kg	8 h 工作的耗油量/g	一次添加油量/g
≤40	0.2	3	45
40～50	0.25	4	60
50～60	0.5	6	90
60～70	0.8	9	135
70～80	1.2	11	165
80～90	1.6	14	210
90～100	2.0	16	240
100～120	3.0	20	300
120～135	4.0	24	360
135～150	5.0	28	420

　　针阀油杯（GB 1159—1974）最小流量为每分钟不超过 5 滴。如果观察到轴承流出来的油量非常少，说明供油量不足，将会造成轴承温度上升，加剧轴颈和轴瓦的磨损，因此要适当加大给油量；若流出的油都是新油，则说明给油量太多，这样又会造成浪费。

　　4. 滑动轴承的润滑制度

　　根据轴承的工作条件和润滑方式来确定滑动轴承的润滑制度，可参考表 2-9 选定。液体润滑轴承的润滑制度应根据液体摩擦轴承所在的机组的生产工艺要求，在设计集中循环润滑系统时按具体情况确定。

表 2-9　滑动轴承润滑制度

润滑方法或装置	工作条件	润滑制度
滴油或线芯润滑	连续工作 40 ℃以上	2 h 1 次
	连续工作 20 ℃～25 ℃	8 h 2～3 次
	间歇工作	8 h 1 次
	不经常工作、载荷不大	24 h 1 次
油环润滑	正常工作条件下	5 天 1 次，全部换油 3 个月
	繁重工作条件下	2～3 天 1 次，全部换油 1～2 个月

　　5. 滑动轴承用润滑脂的选择

　　滑动轴承较少采用润滑脂润滑。一般仅在 $k \leqslant 6$ 而且不宜或不便采用润滑油润滑的地方才采用润滑脂润滑。

　　滑动轴承用润滑脂的选择应考虑针入度、滴点、工作环境以及载荷情况等。滑动轴承用润滑脂的牌号可参考表 2-10。

　　滑动轴承用润滑脂的耗量可参考表 2-11。表中所列数值为 $L/d = 1$ 时，每 8 h 的耗脂量，如果 $L/d \neq 1$，则从表中查得的耗量值应乘上 L/d 进行修正。对于各种性能不同的润滑脂，耗量并不完全相同，在使用中应根据具体情况，从实践中积累经验数据。

滑动轴承的干油润滑制度可参考表 2-12、表 2-13 制定。

表 2-10　滑动轴承润滑脂的选用

单位负荷/MPa	圆周速度/（m·s⁻¹）	最高工作温度/℃	选用润滑脂牌号
≤1	≤1	75	3 号钙基脂
1～6.5	0.5～5	55	2 号钙基脂
≥6.5	≤0.5	75	3 号、4 号钙基脂
1～6.5	0.5～5	120	1 号、2 号钠基脂
≥6.5	≤0.5	110	1 号钙钠基脂
1～6.5	≤1	50～100	2 号锂基脂
≥6.5	约 0.5	60	2 号压延脂

表 2-11　滑动轴承用润滑脂的消耗量

轴颈直径/mm	转速/（r·min⁻¹）							
	≤100		100～200		200～300		300～400	
	当 L/d=1 时，每 8 h 的消耗量/g							
	正常工作条件	繁重工作条件	正常工作条件	繁重工作条件	正常工作条件	繁重工作条件	正常工作条件	繁重工作条件
40	0.5	0.6	0.8	0.9	1	1.1	1.2	1.5
50	0.8	0.9	1.1	1.4	1.5	1.8	2.0	2.5
60	1.2	1.4	1.6	2.0	2.1	2.5	2.8	3.5
70	1.5	2	2.5	3	3.1	3.5	3.8	4.5
80	2	2.5	3	3.5	3.6	4	4.5	5.5
90	2.5	3	4	4.5	4.6	5	6	6.5
100	3.5	4	5	5.5	6	7	8	9
110	5	5.5	7	8	9	10	12	13
120	6	7	10	11	13	15	17	18
130	8	9	14	15	17	19	21	23
140	10	11	18	19	21	23	26	28
150	12	13	21	23	25	28	31	33
160	15	16	25	27	29	33	36	39
170	17	19	28	31	33	38	41	45
180	19	21	32	35	38	43	46	51
190	22	24	35	38	42	48	51	57
200	25	27	38	41	47	53	57	63

表 2－12　滑动轴承干油润滑制度

润滑方式或装置	工作条件	润滑制度
旋盖干油杯压力球阀油杯集中润滑系统	重载荷、间歇工作	8 h 给脂 1 次
	正常温度、经常运转	8 h 给脂 1～2 次
	重载荷、高温下经常运转	8 h 给脂 2～3 次
	小载荷、间歇工作	1～2 天给脂 1 次
	偶尔运转不经常工作	4～6 天给脂 1 次

表 2－13　滑动轴承用润滑脂的润滑周期参考表

工作条件	轴的转速/（r·min^{-1}）	润滑周期
偶然工作，不重要的零件	＜200	5 天一次
	＞200	3 天一次
间断工作	＜200	2 天一次
	＞200	1 天一次
连续工作，其工作温度＜40 ℃	＜200	1 天一次
	＞200	8 h 一次
连续工作，其工作温度为 40 ℃～100 ℃	＜200	8 h 一次
	＞200	8 h 两次

2.3.2　滚动轴承的润滑

滚动轴承是使用十分广泛的一种重要的支承部件，属于高副接触。由于滚动轴承中的滚动体与外滚道间的接触面积十分狭小，接触区的内压力很高，因而对油膜的抗压强度要求很高。在滚动轴承的损坏形式中，往往由于润滑不良而引起辐承发热、异常的噪声、滚道烧伤及保持架损坏等。因此，必须十分注意选择滚动轴承的润滑方式和润滑剂。

1. 滚动轴承的润滑方式及选择

（1）润滑方式。滚动轴承的润滑方式有灌注式润滑、集中加脂润滑、油雾、油气润滑等。灌注式润滑又分为稀油润滑、脂润滑、空壳润滑等。

（2）润滑方式的选择。选择滚动轴承的润滑方式与轴承的类型、尺寸和运转条件有关。一般滚动轴承的润滑既可采用润滑油也可采用润滑脂，在某些特殊情况下还可采用固体润滑剂。从润滑的作用来看，油具有很多优点，在高速下使用非常好。但从使用的角度，脂具有使用方便、不易泄漏、有阻止外来杂质进入摩擦副的作用等优点。目前，在滚动轴承中有80%是采用润滑脂来润滑的。而且，随着润滑脂和轴承的改进，特别是一批高性能的合成润滑脂及其他新品种润滑脂的问世，滚动轴承使用润滑脂润滑的比例还会上升。当然，近年来油雾润滑、油气润滑等新的润滑方式的发展，使润滑油润滑产生了新的前景。

一般来说，润滑点分散、运行速度较低时应用灌注式润滑；润滑点较多，加脂周期短，难以用手工加脂的部位，采用集中加脂润滑；滚动轴承高速、重载时宜选用油雾或油气润滑。表 2-14 对润滑油和润滑脂用于滚动轴承润滑的性能做了比较。

表 2-14　润滑油与润滑脂使用性能的比较

特性	润滑油	润滑脂
转速	各种转速都适用	只适用于低中转速
润滑性能	良好	良好
密封	要求严格	简单
冷却性能	良好	差
更换	容易	比较麻烦

2. 滚动轴承用润滑油、润滑脂的选择

滚动轴承用润滑油，不但要求有合适的黏度，而且要有良好的氧化安定性和热氧化安定性，不含机械杂质和水分；滚动轴承用润滑脂的选择主要是确定针入度、稠化剂和添加剂的类型。选择滚动轴承用润滑油、脂的一般原则可参考表 2-15。

表 2-15　选择滚动轴承润滑油、脂的一般原则

影响选择的因素	润滑油	润滑脂
温度	当油池温度超过 90 ℃或轴承温度超过 200 ℃时，可采用特殊的润滑油	当温度超过 120 ℃时，要用特殊润滑脂。当温度升高到 200 ℃～220 ℃时，润滑的时间间隔要缩短
速度因数[①]（$d \cdot n$ 值）	$d \cdot n$ 值<450 000～500 000	$d \cdot n$ 值<300 000～350 000
载荷	各种载荷直到最大	低到中等
轴承类型	各种轴承	不能用于不对称的球面滚子止推轴承
壳体设计	需要较复杂的密封和供油装置	较简单
长时间不维修	不可以用	可用。根据操作条件，特别要考虑温度
集中供给（同时供给其他零部件）	可用	选用泵送性能好的润滑脂，但不能有效地传热，也不能作为液压介质
最低的扭矩损失	为了获得最低功率损失，应采用有清洗泵或油雾装置的循环系统	如填装适当，比采用油的损失还要低
污染条件	可用，但要采用有过滤装置的循环系统	可用，正确设计，防止污染物的侵入

注：①$d \cdot n$ 值＝轴承内径（mm）×转速（r·min^{-1}），对于大轴承（直径大于 65 mm）用 $n \cdot d_m$ 值（d_m＝内外径的平均值）。

（1）滚动轴承用润滑油的选择。根据速度因数、工作温度、工作条件可以查表 2-16 选用润滑油。

表 2-16　滚动轴承润滑油选用表

轴承工作温度/℃	速度因数 $(d \times n)$ /(mm·r·min⁻¹)	工作条件			
		普通负荷		重负荷或冲击负荷	
		适用黏度 /(mm²·s⁻¹)	适用油名称牌号	适用黏度 /(mm²·s⁻¹)	适用油名称牌号
−30～0	—	12～20（50 ℃）	32 号轴承油	12～25（50 ℃）	32 号抗磨液压油
0～60	15 000 以下	24～40（50 ℃）	46 号轴承油 46 号汽轮机油	40～95（50 ℃）	46 号抗磨液压油
	15 000～75 000	12～20（50 ℃）	32 号轴承油 32 号汽轮机油	25～50（50 ℃）	32 号 HM 油
	75 000～150 000	12～20（50 ℃）	32 号轴承油 32 号汽轮机油	20～25（50 ℃）	32 号 HM 油
	150 000～300 000	5～9（50 ℃）	7～9 号轴承油	12～20（50 ℃）	10 号轴承油
60～100	15 000 以下	60～95（50 ℃）	100 号轴承油	100～150（50 ℃） 15～24（100 ℃）	100 号齿轮油
	15 000～75 000	40～65（50 ℃）	68～100 号轴承油	60～95（50 ℃）	68～100 号齿轮油
	75 000～150 000	30～50（50 ℃）	46 号轴承油	40～65（50 ℃）	46～68 号齿轮油
	150 000～300 000	20～40（50 ℃）	32 号轴承油 22、30 汽轮机油	30～50（50 ℃）	46 号齿轮油
100～150	—	13～16（100 ℃）	150 号轴承油	15～25（100 ℃）	220 号齿轮油

在重负荷和高温（或因重负荷而形成高温）条件下工作的滚动轴承，为保证良好的润滑，常采用有极压添加剂的高黏度耐高温润滑油。因油在高温下的蒸发，不宜采用两种不同黏度掺和的润滑油。掺和油在高温时将析出其中的轻馏分使残留部分变稠，这样影响润滑效果。某些特重负荷的机械，如轧钢机上的滚动轴承，在使用高黏度的润滑油时，还应加入极压添加剂，用以增加油膜强度，提高耐极压性能。

（2）滚动轴承用润滑脂的选择。一般来说，各种类型的通用润滑脂都可用于滚动轴承的润滑。低性能的钙基脂和钠基脂价格便利，但润滑效果不好，轴承寿命和换脂周期都短，耗量大。对于一般转速、低负荷、工作温度低的不重要的机械的滚动轴承可以采用钙基或复合钙基脂；工作温度稍高又无水湿环境，可采用钠基脂；有水湿环境采用钙钠基脂；对一般转速、工作负荷较重的轴承，可采用滚动轴承脂，它的机械安定性、胶体安定性都比钙钠基脂好，特别推荐采用锂基脂。在低速重载甚至有冲击负荷的条件下，可采用二硫化钼锂基脂。采用干油集中润滑系统的，应采用泵送性较好的压延机脂、合成复合铝基脂、0 号或 1号锂基脂等；对高温下工作的滚动轴承可采用 7017、7019-1 高温润滑脂或 7020 窑车轴承润滑脂；7018 高转速润滑脂可用于转速超过 5 000 r/min 的高速轴承；对轧钢机的轴承润滑可采用合成高温压延机脂、高温极压轧钢机润滑脂等。

根据速度因数、工作温度和环境条件可以查表 2-17 选用润滑脂。

表 2-17　滚动轴承润滑脂的选择

轴承工作温度 /℃	速度因数（$d \times n$） /（mm·r·min^{-1}）	干燥环境	潮湿环境
0～40	80 000 以下	2 号、3 号钠基润滑脂 2 号、3 号钙基润滑脂	2 号、3 号钙基润滑脂
0～40	80 000 以上	1 号、2 号钠基润滑脂 1 号、2 号钙基润滑脂	1 号、2 号钙基润滑脂
40～80	80 000 以下	3 号钠基润滑脂	3 号锂基润滑脂 钡基润滑脂
40～80	80 000 以上	2 号钠基润滑脂	2 号合成复合铝基润滑脂
80 以上 0 以下	—	锂基润滑脂，合成锂基润滑脂	锂基润滑脂，合成锂基润滑脂

3. 滚动轴承用润滑油的消耗量及工作制度

滚动轴承工作时，用油量不要太多，能保持一层薄油膜即可。如加油过多，反而会引起润滑油的温度升高，加速润滑油的氧化变质。对高速运转（1 000 r/min 以上）的滚动轴承，为了保证散热的需要，则应供送足够的润滑油，并设置循环润滑系统进行润滑和冷却。

滚动轴承每班（8 h）润滑油的消耗量可参考表 2-18。

表 2-18　滚动轴承每班（8 h）润滑油消耗量参考表

轴承号 最后两 位数字	轴承内径 /mm	轴 承 系 列					
		轻型 200	轻宽型 500	中型 300	中宽型 600	重型 400	
		油槽容积 /kg	8 h 的耗油 量/g	油槽容积 /kg	8 h 的耗油 量/g	油槽容积 /kg	8 h 的耗油 量/g
04	20	0.01	0.8	0.02	0.9	0.03	1.1
05	25	0.01	1.1	0.02	1.3	0.04	1.5
06	30	0.02	1.5	0.03	1.7	0.05	2.0
07	35	0.02	1.7	0.04	2.2	0.06	2.7
08	40	0.03	2.2	0.05	2.7	0.06	3.2
09	45	0.04	2.5	0.07	3.5	0.10	4.0
10	50	0.05	3.0	0.08	4.0	0.12	4.5

续表

轴承号 最后两 位数字	轴承内径 /mm	轴承系列					
		轻型200		轻宽型500	中型300	中宽型600	重型400
		油槽容积 /kg	8 h的耗油 量/g	油槽容积 /kg	8 h的耗油 量/g	油槽容积 /kg	8 h的耗油 量/g
11	55	0.08	3.5	0.09	5.0	0.13	5.5
12	60	0.09	4.0	0.13	5.5	0.19	6.5
13	65	0.10	4.5	0.15	6.5	0.21	7.5
14	70	0.11	5.0	0.19	7.5	0.30	9.0
15	75	0.13	5.5	0.22	8.5	0.33	10
16	80	0.15	6.0	0.25	9.5	0.37	11.5
17	85	0.20	7.0	0.33	10.5	0.48	13.5
18	90	0.23	8.0	0.36	11	0.55	14
19	95	0.29	9.0	0.40	13	0.63	15
20	100	0.29	10	0.47	14	0.68	17
22	110	0.39	12	0.64	16	0.93	21
24	120	0.46	14	0.74	20	1.14	26
26	130	0.49	15	0.86	22	1.38	30
28	140	0.60	17	0.99	26	1.54	34

　　滚动轴承的润滑制度，对较小的滚动轴承根据其工作的连续程度1至2天加油一次；较大的轴承每3至5天加油一次；对较轻负荷、不连续运转的滚动轴承加油周期可适当延长。

4. 滚动轴承用润滑脂的消耗量及工作制度

　　对于钙、钠基等低性能的润滑脂，根据经验，滚动轴承内润滑脂的填充量为：

　　对于转速在1 500 r/min以上的滚动轴承，润滑脂的装入量为其空间的30%～50%；

　　对于转速在1 500 r/min以下的滚动轴承，润滑脂的装入量为其空间的60%～70%；

　　对于易污染的环境中工作的低速轴承，可以把轴承座内的空间全部填满，以使污染介质不易进入轴承内。

　　实践证明，由于润滑脂新品种的研制和推广应用，延长了加脂周期，同时又大大减小了装入量。现在有一种装填润滑脂的新方法叫做空毂润滑，即只将滚动轴承内的空间填满润滑脂，而滚动轴承两边端盖内则不填充润滑脂。这种方法被证明是可行的，节约了大量润滑脂。但是注意，采用空毂润滑时，要求用机械安定性和胶体安定性都好的高性能润滑脂，否则运转中脂易流失，难以保证良好的润滑。

　　滚动轴承的润滑制度主要是轴承的加脂周期和换脂周期，即清除轴承内残存的旧脂，清洗后重新加脂。

通常先按设计的加脂量和加脂周期加脂，在经过试验取得经验后再修订加脂量和加脂周期。对于内径小于 130 mm 的滚动轴承，可根据内径和工作转速根据图 2 - 30 和表 2 - 19 来确定加脂周期。

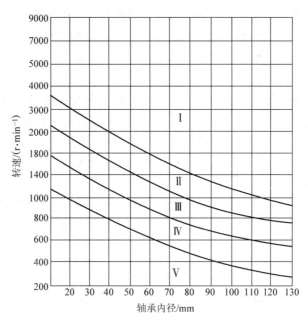

图 2 - 30　滚动轴承添加润滑脂间隔期用图

表 2 - 19　滚动轴承加脂间隔表

如图 2 - 29 所示的区域号	添脂间隔期	
	天	次
I	1	1
II	2	1
III	5	1
IV	7	1
V	10	1

对于特殊情况下工作的轴承，可以根据具体的情况适当增加或减少加脂周期（或间隔时间）。

2.3.3　齿轮及蜗轮传动的润滑

机械设备中齿轮传动的类型多、数量大，润滑材料的消耗量大。冶金设备齿轮传动装置的工作特点是传动功率大，工作时冲击大、速度低和工作环境恶劣（温度高、灰尘、铁末、水汽等），一般采用润滑油润滑。选择齿轮传动用润滑油时，应该根据温度因素、环境条件、负荷和速度因素，考虑润滑油的黏度、抗磨极压性能、氧化安定性、防锈性及抗乳化性和防腐蚀性等。例如轻负荷的正、斜齿轮传动，容易实现液体摩擦，常采用非极压型齿轮润滑油；在中等负荷和一般冲击条件下，常处半液体摩擦状态，可以采用中等极压型齿轮润滑油；而重负荷和冲击较大时，常处于边界润滑和润滑条件比较苛刻的情况下，则应该采用中等极压型或极压型齿轮润滑油。

1. 润滑方式

（1）开式齿轮传动。开式齿轮的润滑主要方法是人工涂抹润滑脂。采用的润滑脂有石墨钙基脂、二硫化钼钙基脂。目前采用二硫化钼半干膜润滑再用干油喷溅方式保膜是较好的润滑方式，但不适宜用于有水溅入摩擦副的场所。对不适于采用半干膜润滑的地方可以用耐水湿的润滑脂作干油喷溅润滑。

（2）闭式齿轮及蜗轮传动。在圆柱齿轮变速箱内，齿轮圆周速度小于 $12\sim15$ m/s、蜗轮传动的圆周速度小于 $12\sim15$ m/s 时，采用油浴润滑；当大于上述圆周速度时，则应采用压力喷淋循环润滑；对于低速重载齿轮传动，如果摩擦副发热值高或工作现场温度高时，也要采用压力喷淋循环润滑；对于传动精度要求高，传动功率不是太大的齿轮，可选用油雾润滑；某些低速重载的齿轮，用 0 号或 1 号压延基脂装入齿轮箱内，实践证明润滑效果良好，既可减低磨损，又可避免漏油；干油喷溅润滑对大型齿轮和一般减速机改用二硫化钼半干膜润滑是很有利的，有的企业在闭式齿轮上作过二硫化钼半干膜润滑试验，取得了满意的润滑效果。

2. 渐开线齿轮及蜗轮传动用润滑油的选择

（1）利用经验公式计算黏度。对一般齿轮可用下式计算：

$$°E_{50}=\frac{kp}{20} \qquad\qquad (2-10)$$

式中　k——速度系数，可由表 2-20 确定；

　　　p——单位齿宽上所承受的负荷（kN/m），$p=N/vL$；

　　　N——传动功率（kW）；

　　　L——齿宽（m）；

　　　v——齿轮节圆的圆周速度（m/s）。

式 2-10 是计算 50 ℃时的恩氏黏度值，应将其换算为 40 ℃时的运动黏度后再作为选油的依据。

表 2-20　速度系数 k 选取表

齿轮圆周速度/（m·s⁻¹）	8	8～16	16～25
k 值	1.6	1.2	0.85

应当注意的是，式（2-10）中单位齿宽上的压力计算式是按电动机的额定功率计算的，所以只适用于不带飞轮的系统。如果带有飞轮，还应考虑飞轮释放出来的能量在轮齿上增加的压力。如果计算飞轮释放的能量比较复杂，可以直接按工作执行部分所受的额定作用力和运转速度算出功率值来代替电动功率计算黏度值。

（2）渐开线齿轮传动用润滑油的选择。选用润滑油牌的方法除了按经验公式计算黏度后选取外，还可用查图表的方法选择。密闭式齿轮箱及减速器（包括圆柱直齿轮、圆锥齿轮、人字齿轮、斜齿圆柱齿轮）可按表 2-21 选出适用的润滑油。

表 2-21　一般减速机润滑油适用黏度（40 ℃，mm²/s）

小齿轮转速/(r·min⁻¹)	负荷条件、工作系数			无论主动齿轮或被动齿轮，都因齿面上产生冲击负荷，而致油膜破裂倾向增加，因而把左表系数和输入功率相乘，则得近似实际的负荷。（正齿轮、螺旋齿轮、伞齿轮、螺旋人字齿轮等适用）				
	驱动装置	负荷	系数					
	电动机 汽轮机	均匀	1.00					
		中等冲击	1.25					
		重冲击	1.75					
	发动机	均匀	1.00	减速比				
		中等冲击	1.25	一级减速（约10:1以下）			二级减速（约10:1以上）	
		重冲击	1.75	润滑油温度控制范围（启动最低温度～运转最高温度）/℃				

小齿轮转速	校正功率(kW ×负荷系数)	润滑方式	一级减速（约10:1以下）			二级减速（约10:1以上）		
			−30～5	5～40	40～65	−30～5	5～40	40～65
5 000 以上	1 以下	飞溅、喷射或循环润滑	6～10	6～10	30～40	6～10	6～10	30～40
	1～8		6～10	20～30	60～70	6～10	30～40	60～70
	8 以上		6～10	20～30	60～70	6～10	30～40	90～100
2 000～5 000	4 以下	飞溅、喷射或循环润滑	10～20	20～30	60～70	10～20	30～40	90～100
	4～15		10～20	30～40	90～100	20～30	60～70	150～170
	15 以上		20～30	60～70	150～170	20～30	60～70	250～280
1 000～2 000	8 以下	飞溅、喷射或循环润滑	10～20	30～40	90～100	20～30	60～70	150～170
	8～40		20～30	60～70	150～170	20～30	60～70	250～280
	40 以上		20～30	90～100	400～500	30～40	150～170	400～500
300～1 000	15 以下	循环润滑	10～20	30～40	90～100	20～30	60～70	150～170
		飞溅润滑	20～30	60～70	150～170	20～30	60～70	250～280
	15～56	循环润滑	20～30	60～70	250～280	20～30	90～100	400～500
		飞溅润滑	20～30	90～100	400～500	20～30	150～170	400～500
	56 以上	循环润滑	20～30	90～100	400～500	30～40	150～170	600～700
		飞溅润滑	30～40	150～170	600～700	40～50	250～280	600～700
300～1 000	25 以下	循环润滑	20～30	60～70	250～280	20～30	90～100	400～500
		飞溅润滑	20～30	90～100	400～500	30～40	150～170	600～700
	25～75	循环润滑	20～30	90～100	400～500	30～40	150～170	600～700
		飞溅润滑	30～40	150～170	600～700	40～50	220～240	600～700
	75 以上	循环润滑	30～40	150～170	600～700	40～50	250～280	600～700
		飞溅润滑	30～40	250～280	600～700	40～50	250～280	600～700

（3）蜗杆蜗轮传动用润滑油的选择。蜗杆传动的特点是低速、重负荷，要求润滑油具有较高的黏度、良好的润滑和抗磨性能。一般采用油池润滑，表 2-22 列出蜗杆传动润滑油的选择参考。当蜗杆圆周速度大于 12 m/s 时，则采用喷油润滑，可选用列表中较小值的黏度。

表 2-22　蜗杆传动润滑油的选择

工作温度 /℃	运动黏度，100 ℃ /(mm²·s⁻¹)	适用润滑油
30～80	12～20	70 号、90 号工业齿轮油，24 号汽缸油
0～30	10～15	50 号、70 号工业齿轮油，70 号机械油，11 号汽缸油

（4）开式齿轮传动用润滑油、脂的选择。

开式齿轮采用易于黏附的高黏度润滑油或采用润滑脂，按表2-23选用。

表2-23 开式齿轮润滑油、脂的选择

工作温度/℃	滴油润滑时适用润滑油	涂抹润滑时适用润滑脂
0～30	40号、50号机械油	1号、2号、3号钙基脂，2号铝基脂
30～60	50号机械油，50号工业齿轮油	3号、4号钙基脂，2号铝基脂，石墨钙基脂
60以上	90号机械油，90号工业齿轮油，11号汽缸油	4号、5号钙基脂，2号铝基脂，石墨钙基脂

2.3.4 冶金工厂主要设备的润滑

冶金工厂中具有大量的专门机器，必须按其工作特点和要求来选择润滑方式和润滑材料。在润滑油产品中，有许多专门用途的润滑油品种，例如一般的机器采用机械油，机床主轴采用主轴油，其他专门用途的润滑油如汽轮机油、变压器油、冷冻机油、工业齿轮油等。选择润滑材料时应该尽量采用专门的品种，或根据运动副的结构特点和工作条件，选用用途接近的润滑材料。

1. 冶金机械设备的润滑

根据冶金工厂的工作特点（高负荷、温度范围大、环境条件恶劣），广泛趋向采用稀油循环润滑系统和干油集中润滑系统。冶金设备各种机构润滑材料的选择可参考表2-24。

表2-24 冶金设备润滑材料的选择

设备名称			适用润滑材料
高炉汽轮鼓风机			22号汽轮机油
炼铁设备	电动泥炮	齿轮传动	24号汽缸油
		干油集中润滑系统	压延机润滑脂，1号合成复合铝基脂
		打泥丝杠和推力轴承	2号钠基润滑脂
	高炉上料卷扬机减速机		24号汽缸油，120号工业齿轮油
	旋转布料器和大、小钟拉杆密封装置		11号、24号汽缸油
	斜桥干油集中润滑系统		压延机润滑脂，1号合成复合铝基脂
	钢丝绳		钢绳脂
	称量车	走行轴瓦	车轴油
		空气压缩机	13号压缩机油
		减速机	70号工业齿轮油
	热风炉	各种阀门减速机	50号工业齿轮油
		干油集中润滑系统	压延机润滑脂，1号合成复合铝基脂
		开式齿轮	石墨钙基润滑脂

续表

设备名称			适用润滑材料
炼钢设备	转炉传动机构	耳轴轴承	钠基脂、膨润土脂
		蜗轮箱	28 号轧钢机油，200 号工业齿轮油
		开式齿轮	石墨钙基润滑脂
	冶金吊车	减速机	28 号轧钢机油，200 号工业齿轮油
		钢丝绳	钢绳脂
		开式齿轮	石墨钙基润滑脂
	混铁炉	减速机	28 号轧钢机油，200 号工业齿轮油
		干油集中润滑系统	压延机润滑脂，1 号合成复合铝基脂
轧钢设备	循环润滑系统		28 号轧钢机油
	干油集中润滑系统		压延机润滑脂，1 号合成复合铝基脂
	液压系统		20 号、30 号机械油，20 号、30 号液压油
	主电机轴承	循环润滑系统	30 号汽轮机油
	开式齿轮		石墨钙基润滑脂

2. 起重设备的润滑

冶金工厂的起重运输设备，有桥式、梁式、悬臂式起重机，卷扬机和各种运输机械等。起重设备的减速机常在重负荷、冲击和时开时停的条件下工作，故应采用比一般减速箱用油黏度大一些、油性较好一些的润滑油。表 2 - 25 给出起重设备润滑材料的选择。

表 2 - 25　起重设备润滑材料的选择

设备名称			适用润滑材料
桥式起重机的大车和小车（蜗轮减速机除外）	减速机	起重量<10 t（<50 ℃）	40 号、50 号机械油，50 号工业齿轮油
		起重量 10~15 t（<50 ℃）	70 号机械油，70 号工业齿轮油，11 号汽缸油
		起重量>15 t（<50 ℃）	70 号、90 号机械油，70 号、90 号工业齿轮油，24 号汽缸油
		各种起重量（冬天<0 ℃）	50 号机械油，车轴油
		各种起重量（>50 ℃）	38 号、52 号过热汽缸油
	滚动轴承	正常温度下	2 号、3 号钙基润滑脂
		高温下	锂基润滑脂，二硫化钼润滑脂
电动、手动起重机，链式起重机，提升机		人工润滑	40 号、50 号机械油
		滚动轴承	2 号、3 号钙基润滑脂

续表

设备名称		适用润滑材料
带式、链式、斗式等各种运输机	人工润滑	40号、50号机械油
	滚动轴承	2号、3号钙基润滑脂
	链索	40号、50号机械油
	开式齿轮	石墨钙基润滑脂
卷扬机	滚动轴承	2号、3号钙基润滑脂
	滑动轴承	30～70号机械油

2.4　实验实训课题

2.4.1　基本实训

1. 滚动轴承的润滑
2. 常用单体润滑装置的使用

2.4.2　选做实训

1. 小型稀油集中润滑系统的操作
2. 手动干油集中润滑装置的操作

思　考　题

2-1　什么叫润滑，常用的润滑材料有哪几类，分别用在什么场合？

2-2　润滑的主要作用有哪些？

2-3　简述静压润滑、动压润滑、动静压润滑、固体润滑、边界润滑的润滑原理。

2-4　油的黏度是怎样定义的，常用黏度的表示是哪一种，单位是什么？

2-5　润滑油有哪些主要理化指标？

2-6　润滑脂有哪些主要理化指标，其中最重要的是哪个？

2-7　润滑油、脂添加剂有哪几种？

2-8　有哪些常用固体润滑材料？

2-9　润滑材料种类的选择要考虑哪些因素？

2-10　说明润滑油、脂的选择原则。

2-11　稀油集中润滑装置主要由哪几部分组成？

2-12　干油集中润滑装置主要由哪几部分组成？简述干油润滑站的工作原理。

2-13　简述油雾润滑、油气润滑的工作原理，两者有何不同？

2-14　为什么滑动轴承常用油润滑，而滚动轴承常用脂润滑？

2-15　为什么滚动轴承内润滑脂的填充量不能太满？

第 3 章

机械设备的维护及修复

可以给维修下这样一个定义：维修是判定和评价机器的实际状态以及保护和恢复其原始状态而采取的全部必要步骤的总称。所有的维修都包括三方面的工作：①保养是保护机器或设备原始状态所需的一切措施。包括诸如清洁、润滑、补给、交换和日常护理等工作；②检查是判定和评价机器、组件或零件的实际状态所需的一切手段。检查纯粹是一种获取信息的方法，其中包括测量、试验、收集和外观观察等工作；③修理是恢复原始状态所需的一切手段，包括更换、重制和调整等。

机器在使用过程中，其性能总是要不断劣化的，只有通过系统的维修，才能实现保护及恢复其原始性能，保护投资、避免不可预见的停机及生产损失、节约资源、节约能源、改进安全、保护环境、提高产品质量和创造效益的目的。

3.1 设备的维护

设备的维护是操作工人为了保持设备的正常技术状态，延长使用寿命所必须进行的日常工作，也是操作工人的主要责任之一。正确合理地进行设备维护，可减少设备故障发生，提高使用效率，降低设备检修的费用，提高企业经济效益。

3.1.1 设备的维护保养

1. 设备维护保养

通过擦拭、清扫、润滑、调整等一般方法对设备进行护理，以保持设备的性能和技术状况，称为设备维护保养。设备维护保养的要求主要有四项：

（1）清洁。设备内外整洁，各滑动面、丝杠、齿条、齿轮箱、油孔等处无油污，各部位不漏油、不漏气，设备周围的切屑、杂物、脏物要清扫干净。

（2）整齐。工具、附件、工件要放置整齐，管道、线路要有条理。

（3）润滑良好。按时加油或换油，油压正常，油标明亮，油路畅通，油质符合要求，油枪、油杯、油毡清洁。

（4）安全。遵守安全操作规程，不超负荷使用设备，设备的安全防护装置齐全可靠，及时消除不安全因素。

设备的维护保养内容一般包括日常维护、定期维护、定期检查和精度检查。设备润滑和冷却系统维护也是设备维护保养的一个重要内容。

设备的日常维护保养是设备维护的基础工作，必须做到制度化和规范化。对设备的定期维护保养工作要制定工作定额和物资消耗定额，并按定额进行考核，设备定期维护保养工作应纳入车间承包责任制的考核内容。设备定期检查是一种有计划的预防性检查，检查的手段除人的感官以外，还需要用一定的检查工具和仪器，按定期检查卡规定的项目进行检查。对机械设备还应进行精度检查，以确定设备实际精度的优劣程度。

2. 设备维护规程

设备维护应按维护规程进行。设备维护规程是对设备日常维护方面的要求和规定，其主要内容应包括：

（1）设备要达到整齐、清洁、坚固、润滑、防腐、安全等的作业内容、作业方法、使用的工器具及材料、达到的标准及注意事项；

（2）日常检查维护及定期检查的部位、方法和标准；

（3）检查和评定操作工人维护设备程度的内容和方法等。

3.1.2 设备的三级保养制

三级保养制度是我国 20 世纪 60 年代中期开始，在总结苏联计划预修制在我国实践经验的基础上，逐步完善和发展起来的一种保养修理制度。三级保养制主要内容包括设备的日常维护保养、一级保养和二级保养。三级保养制是以操作者为主对设备进行以保为主、保修并重的强制性维修制度。

1. 设备的日常维护保养

设备的日常维护保养，一般有日保养和周保养，又称日例保和周例保。

（1）日例保。日例保由设备操作工人当班进行，要认真做到班前四件事、班中五注意和班后四件事。

① 班前四件事。消化图样资料，检查交接班记录；擦拭设备，按规定润滑加油；检查手柄位置和手动运转部位是否正确、灵活，安全装置是否可靠；低速运转检查传动是否正常，润滑、冷却是否畅通。

② 班中五注意。注意设备运转的声音、温度、压力、仪表信号、安全保险等是否正常。

③ 班后四件事。关闭开关，所有手柄置零位；擦净设备各部分，并加油；清扫工作场地，整理附件、工具；填写交接班记录，办理交接班手续。

（2）周例保。周例保由设备操作者在周末进行，保养时间一般设备约 1~2 h，精、大、稀设备约 4 h，主要完成下述工作内容：

① 外观。擦净设备导轨、各传动部位及外露部分，清扫工作场地。达到内洁外净无死角、无锈蚀，周围环境整洁。

② 操纵传动。检查各部位的技术状况，紧固松动部位，调整配合间隙。检查互锁、保险装置。达到工作声音正常、安全可靠。

③ 液压润滑。清洁检查润滑装置，油箱加油或换油。检查液压系统，达到油质清洁，油路畅通，无渗漏。

④ 电气系统。擦拭电动机，检查各电器绝缘、接地，达到完整、清洁、可靠。

2. 一级保养

一级保养是以操作工人为主，维修工人协助，按计划对设备局部拆卸和检查，清洗规定的部位，疏通油路、管道，更换或清洗油线、毛毡、滤油器，调整设备各部位的配合间隙，紧固设备的各个部位。一级保养所用时间为 4～8 h，一保完成后应做记录并注明尚未清除的缺陷，车间机械员组织验收。一保的范围应是企业全部在用设备，对重点设备应严格执行。一保的主要目的是减少设备磨损，消除隐患、延长设备使用寿命，在设备方面为完成到下次一保期间的生产任务提供保障。

3. 二级保养

二级保养是以维修工人为主，操作工人协助完成。二级保养列入设备的检修计划，对设备进行部分解体检查和修理，更换或修复磨损件，清洗、换油、检查修理电气部分，使设备的技术状况全面达到设备完好标准的要求。二级保养所用时间为 7 天左右。二保完成后，维修工人应详细填写检修记录，由车间机械员和操作者验收，验收单交设备管理部门存档。二保的主要目的是使设备达到完好标准，提高和巩固设备完好率，延长大修周期。

3.1.3　精、大、稀设备的使用维护要求

1. 四定工作

（1）定使用人员。按定人定机制度，精、大、稀设备操作工人应选择本工种中责任心强、技术水平高和实践经验丰富者，并尽可能保持较长时间的相对稳定。

（2）定检修人员。精、大、稀设备较多的企业，根据本企业条件，可组织精、大、稀设备专业维修组，专门负责对精、大、稀设备的检查、精度调整、维护、修理。

（3）定操作规程。精、大、稀设备应分机型逐台编制操作规程，并严格执行。

（4）定备品配件。根据各种精、大、稀设备在企业生产中的作用及备件来源情况，确定储备定额，并优先解决。

2. 精密设备使用维护要求

（1）必须严格按说明书规定安装设备。

（2）对环境有特殊要求的设备（恒温、恒湿、防震、防尘），企业应采取相应措施，确保设备精度性能。

（3）设备在日常维护保养中，不许拆卸零部件，发现异常立即停车，不允许带"病"运转。

（4）严格执行设备说明书规定的切削规范，只允许按直接用途进行零件精加工。加工余量应尽可能小。加工铸件时，毛坯面应预先喷砂或涂漆。

（5）非工作时间应加护罩，长时间停歇，应定期进行擦拭、润滑、空运转。

（6）附件和专用工具应有专用框架搁置，保持清洁，防止研伤，不得外借。

3.1.4　设备的区域维护

设备的区域维护又称维修工包机制。维修工人承担一定生产区域内的设备维修工作，与生产操作工人共同做好日常维护、巡回检查、定期维护、计划修理及故障排除等工作，并负责完成管区内的设备完好率、故障停机率等考核指标。

设备专业维护主要组织形式是区域维护组。区域维护组全面负责生产区域的设备维护保

养和应急修理工作，它的工作任务是：

① 负责本区域内设备的维护修理工作，确保完成设备完好率、故障停机率等指标。

② 认真执行设备定期点检和区域巡回检查制，指导和督促操作工人做好日常维护和定期维护工作。

③ 在车间机械员指导下参加设备状况普查、精度检查、调整、治漏，开展故障分析和状态监测等工作。

设备区域维护组织形式的优点是在完成应急修理时有高度机动性，从而可使设备修理停歇时间最短，而且值班钳工在无人召请时，可以完成各项预防作业和参与计划修理。

设备维护区域划分应考虑生产设备分布、设备状况、技术复杂程度、生产需要和修理钳工的技术水平等因素。可以根据上述因素将车间设备划分成若干区域，也可以按设备类型划分区域维护组。流水生产线的设备应按线划分维护区域。

区域维护组要编制定期检查和精度检查计划，并规定出每班对设备进行常规检查的时间。为了使这些工作不影响生产，设备的计划检查要安排在工厂的非工作日进行，而每班的常规检查要安排在生产工人的午休时间进行。

3.1.5 提高设备维护水平的措施

为提高设备维护水平应使维护工作基本做到三化，即规范化、工艺化、制度化。

规范化就是使维护内容统一，哪些部位该清洗、哪些零件该调整、哪些装置该检查，要根据各企业情况按客观规律加以统一考虑和规定。

工艺化是指根据不同设备制定相应的维护工艺规程，按规程进行维护。

制度化是指根据不同设备、不同工作条件，规定不同维护周期和维护时间并严格执行。

设备维护工作应结合企业生产经营目标进行考核。同时，企业还应发动群众开展专群结合的设备维护工作，进行自检、互检，开展设备大检查。

3.1.6 液压设备的维护

1. 液压设备日常维护

（1）交接班必须检查以下各项：

① 供电情况是否正常；

② 灭火工具是否安全好用；

③ 配电盘操作箱各电气元件是否灵敏可靠；

④ 油位、油温是否符合规定值，如不符合应及时补油或冷却；

⑤ 液压站电机、液压泵是否正常、有无噪声和异常振动；

⑥ 液压站控制系统的液压元件（换向阀、溢流阀、电磁阀、单向阀等）是否正常；

⑦ 各压力表是否准确灵敏，指示数字是否在规定的范围内；

⑧ 油路连接处有无松动漏油现象；

⑨ 各信号灯、报警装置是否齐全；

⑩ 各安全装置是否灵敏可靠，动作准确；

⑪ 回油工作是否正常，液压油有无变质，是否清洁。

（2）每班必须到液压站检查各元件工作有无异常。

（3）每班必须检查一次液压管路，有无漏油现象。

（4）滤油器每月清洗一次，滤芯、滤网损坏应立即更换。

（5）系统工作介质每月取样化验一次。

（6）每月检查一次安全溢流阀是否灵敏可靠。

（7）液压站各压力表、油标必须保持镜面刻度清晰。

（8）自动报警和停机，必须查明原因并及时处理，在原因不清、故障未排除前，严禁强制启动系统。

（9）必须认真填写交接班记录，做到及时、准确、清楚。

另外，液压设备点检标准见表 3-1。

表 3-1　液压设备点检标准

项目	点检内容	点检方法	点检	状态		分工		说　明
				静	动	日常	专业	
液压缸	动态状态	目视	灵活可靠		√	√	√	
	异音	听音	无异常		√		√	
	泄漏	目视	无泄漏		√	√	√	
	活塞杆损伤	目视	无损伤	√			√	解体检查
	镀层剥落	目视	无剥落	√			√	解体检查
	磨损	测定	在规定范围内	√			√	解体检查
	裂纹	目视	无裂纹	√			√	解体检查
	缸体损伤	目视	无损伤	√			√	解体检查
液压泵	异音	听音	无异音		√	√	√	
	振动	手摸	无异常		√	√		
液压泵	温度	手摸测定	在规定范围内		√	√	√	
	泄漏	目视	无泄漏		√	√		
	磨损	测定	在规定范围内	√			√	解体检查
	损伤	目视	无损伤	√			√	解体检查
	裂纹	目视	无裂纹	√			√	解体检查

续表

项目	点检内容	点检方法	点检	状态		分工		说　明
				静	动	日常	专业	
液压阀	动作状态	目视	灵活可靠		√	√	√	
	声音	听音	无异常		√		√	
	温度	手摸	无异常温升		√		√	
	振动	手摸	无异常振动		√		√	
	泄漏	目视	无泄漏	√		√	√	
	阀芯磨损	目视	无异常损伤	√			√	解体检查
	阀芯卡堵	目视	无卡堵	√			√	解体检查
	电磁铁线圈损坏	目视测定	无损坏	√			√	
油箱	油位	目视	在规定范围内	√	√	√	√	
	油温	手摸目视	在规定范围内	√	√	√	√	
	泄漏	目视	无泄漏	√			√	
	损伤	目视	无损伤	√	√		√	
	油质分析	化验	在规定指标内	√			√	取样化验
滤油器	堵塞	目视	无堵塞			√	√	检查进口出口压力差
	泄漏	目视	无泄漏	√		√	√	
管路系统	振动	手摸	无异常振动					
管路系统	泄漏	目视	无泄漏					
	接头松动	目视	无松动					
	破损	目视	无破损					
	裂纹	目视	无裂纹					
	腐蚀	目视测定	在规定范围内					

项目	点检内容	点检方法	点检	状态		分工		说　明
				静	动	日常	专业	
油冷却器	进口水温度	目视	在规定范围内		√	√	√	
	进口水压力	目视	在规定范围内		√	√	√	
	泄漏	目视	无泄漏		√	√		
	腐蚀	目视测定	在规定范围内	√			√	定期测壁厚
	损伤	目视测定	无损伤	√			√	定期测壁厚

2. 液压设备加油换油制度

（1）油标低于下限时加油。

（2）按化验结果，未达到设计标准时应换油。

（3）加油前应经化验合格后，再经滤油泵注入油箱。

（4）换油前应清洗油箱，在清洗油箱时，严禁使用棉纱和破布。必要时应用面团清洗。

（5）过滤精度必须达到液压设备的使用要求。

（6）油储存器应存放在指定位置，并保证油脂和加油器具的清洁。

（7）加油、换油均由专业人员负责，其他人员严禁操作。

3. 常见故障及排除方法

液压系统常见故障及排除方法见表 3-2。

表 3-2　液压系统常见故障及排除方法

序号	故障名称	故 障 原 因	排 除 方 法
液压油	液压油乳化	进入水分（冷却系统漏水），油保管不善	消除进水因素，定期放油化验
	液压油变质	长期油温过高，其他污染物进入液压系统	更换新油，并防止其他污染物进入系统
液压油	油温高	系统高压溢油	调整系统参数
		系统内泄严重	处理系统内泄漏部位
		冷却系统故障	排除冷却系统故障

序号	故障名称	故障原因	排除方法
液压泵	液压泵打不出油或油量少	吸油管漏气或堵塞	排除漏气或堵塞
		油泵转速低	检查电机
		柱塞不能回程，叶片伸不出转子	更换中心弹簧，拆开清洗转子叶片
	油泵噪声大、振动大	吸油管堵塞或漏气	排除管路堵塞或漏气
		系统压力过高，超过额定值	重新调整系统工作压力
		泵轴承损坏或磨损	更换油泵
		油泵连接螺栓松动	紧固连接螺栓
液压阀	阀体不动作	有杂物卡住阀芯	清除杂物清洗或更换液压阀
	阀芯不复位	复位弹簧断裂或弯曲变形	更换弹簧
	漏油	密封件损坏	更换密封件
	内泄	滑阀磨损严重	更换新阀
液压油路	油路不升压	油泵故障	修复或更换油泵
		系统全部卸压	检查安全阀、旁路卸荷或控制系统
		系统泄漏严重	排除泄漏
	油路压力波动大	油泵故障	修复或更换油泵
		蓄能器容积小，蓄能器氮气跑漏	增加蓄能器容积，排除氮气跑漏
	油路突然跑油	油路密封件损坏	更换密封件
		油路管道损坏	更换管道
液压缸	液压缸泄漏	密封件损坏	更换密封件
	液压缸动作不良	液压阀故障	拆洗或更换液压阀
		液压回路不畅	尽可能缩短回油管路，使回油畅通

3.2　故障诊断技术

机械设备的状态监测与故障诊断是指利用现代科学技术和仪器，根据机械设备（系统、结构）外部信息参数的变化来判断机器内部的工作状态或机械结构的损伤状况，确定故障的性质、程度、类别和部位，预报其发展趋势，并研究故障产生的机理。状态监测与故障诊断技术是近年来国内外发展较快的一门新兴学科，它所包含的内容比较广泛，诸如机械状态量（力、位移、振动、噪声、温度、压力和流量等）的监测，状态特征参数变化的辨识，机械产生振动和损伤时的原因分析、振源判断、故障预防,机械零部件使用期间的可靠性分析和剩余寿命估计等。机械设备状态监测与故障诊断技术是保障设备安全运行的基本措施之一。

3.2.1　机械故障诊断的基本原理、基本方法和环节

1. 基本原理

机械故障诊断就是在动态情况下,利用机械设备劣化进程中产生的信息(即振动、噪声、压力、温度、流量、润滑状态及其指标等)来进行状态分析和故障诊断。故障诊断的基本过程和原理如图 3-1 所示。

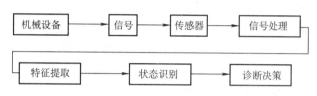

图 3-1　机械故障诊断的基本过程和原理

2. 基本方法

机械故障诊断目前流行的分类方法有两种,一是按诊断方法的难易程度分类,可分为简易诊断法和精密诊断法;二是按诊断的测试手段来分类,主要分为直接观察法、振动噪声测定法、无损检验法、磨损残余物测定法和机器性能参数测定法等。

(1)简易诊断法。简易诊断法是指主要采用便携式的简易诊断仪器,如测振仪、声级计、工业内窥镜、红外点温仪对设备进行人工巡回监测,根据设定的标准或人的经验分析,了解设备是否处于正常状态。简易诊断法主要解决的是状态监测和一般的趋势预报问题。

(2)精密诊断法。精密诊断法是指对已产生异常状态的原因采用精密诊断仪器和各种分析手段(包括计算机辅助分析方法、诊断专家系统等)进行综合分析,以期了解故障的类型、程度、部位和产生的原因以及故障发展的趋势等问题。精密诊断法主要解决的问题是分析故障原因和较准确地确定发展趋势。

(3)直接观察法。传统的直接观察法如"听、摸、看、闻"在一些情况下仍然十分有效。但因其主要依靠人的感觉和经验,有较大的局限性。目前出现的光纤内窥镜、电子听诊仪、红外热像仪、激光全息摄影等现代手段,大大延长了人的感官器官,使这种传统方法又恢复了青春活力,成为一种有效的诊断方法。

(4)振动噪声测定法。机械设备动态下的振动和噪声的强弱及其所包含的主要频率成分与故障的类型、程度、部位和原因等有着密切的联系。因此利用这种信息进行故障诊断是比较有效的方法。其中特别是振动法,信号处理比较容易,因此应用更加普遍。

(5)无损检验法。无损检验法是一种从材料和产品的无损检验技术中发展起来的方法,它是在不破坏材料表面及其内部结构的情况下,检验机械零部件缺陷的方法。它使用的手段包括超声波、红外线、X射线、γ射线、声发射、渗透染色等。这一套方法目前已发展成一个独立的分支,在检验裂纹、砂眼、缩孔等缺陷造成的设备故障时比较有效。其局限性主要是它的某些方法如超声波、射线检验等有时不便于在动态下进行。

(6)磨损残余物测定法。机器的润滑系统或液压系统的循环油路中携带着大量的磨损残余物(磨粒),它们的数量、大小、几何形状及成分反映了机器的磨损部位、程度和性质,

根据这些信息可以有效地诊断设备的磨损状态。目前磨损残余物测定方法在工程机械及汽车、飞机发动机监测方面已取得良好的效果。

（7）机器性能参数测定法。显示机器主要功能的机器性能参数，一般可以直接从机器的仪表上读出，由这些数据可判定机器的运行状态是否离开正常范围。机器性能参数测定方法主要用于状态监测或作为故障诊断的辅助手段。

3. 诊断技术的环节

（1）信号采集。

① 直接观察。这是根据决策人的知识和经验对机械设备的运行状态作出判断的方法，它是现场经常使用的方法。如通过声音高低、音色变化、振动强弱等来判断故障。破损、磨损、变形、松动、泄漏、污秽、腐蚀、变色、异物和动作不正常等，也是直接观察的内容。

② 性能测定。通过对功能进行测定取得信息，主要有振动、声音、光、温度、压力、电参数、表面形貌、污染物和润滑情况等。

（2）特征提取。特征提取是故障诊断过程的关键环节之一，直接关系到后续诊断的识别。主要有以下几种：

① 幅域分析。信号的早期分析只在波形的幅值上进行，如计算波形的最大值、最小值、平均值、有效值等，后又进而研究波形的幅值的概率分布。在幅值上的各种处理通常称为幅域分析。

② 时域分析。信号波形是某种物理量随时间变化的关系，研究信号在时间域内的变化或分布称为时域分析。

③ 频域分析。频域分析是确定信号的频域结构，即信号中包含哪些频率成分，分析的结果是以频率为自变量的各种物理量的谱线或曲线。

不同的分析方法从不同的角度观察、分析信号，使信号处理的结果更加丰富。

（3）状态识别及趋势分析。在有效的状态特征提取后进行状态识别。它以模式识别为理论基础，有两种方法，统计模式识别和结构模式识别。它们都有各自的判别准则。此外，还有基于模糊数学的模糊诊断、基于灰色理论的灰色诊断等。

随着计算机技术的发展，建立了诊断的集成形式，即诊断的专家系统。它集信号的采集、特征提取、状态识别与趋势分析于一体，是一个集成系统。专家系统采用模块结构，能方便地增加功能。它的知识库是开放式的，便于修改和增删。它还具有解释功能及良好的使用界面，综合利用各种信息与诊断方法，以灵活的诊断策略来解决实际问题。

随着科学技术的进一步发展，从故障诊断的全过程来看，今后将在下述几方面得到新的进展：

① 不断研制和开发先进的多功能高效测试仪，有效地测取信号。

② 开发以人工神经网络为基础的神经网络信号处理技术和相应的软硬件。

③ 研制开发以人工神经网络为支持系统，集信号测试、处理及识别诊断于一体的综合集成诊断专家系统。

④ 进一步开发以人工智能为基础的智能型识别诊断技术。

3.2.2　诊断技术方法

1. 凭五官进行外观检查

利用人体的感官，听其音、嗅其味、观其行、感其温，从而直接观察到故障信号，并以丰富的经验和维修技术判定故障可能出现的部位与原因，达到预测预报的目的。这些经验与技术对于小厂和普通机械设备是非常重要的。即使将来科学技术高度发展，也不可能完全由仪器设备监测诊断技术取代。

2. 振动测量

振动是一切作回转或往复运动的机械设备最普通的现象，其状态特征凝结在振动信号中。振动的增强无一不是由故障引起的。振动测量就是利用机械设备运动时产生的信号，根据测得的幅值（位移、速度、加速度）、频率和相位等振动参数，对其进行分析处理，做出诊断。

产生振动的根本原因是机械设备本身及其周围环境介质受振源的激振。激振来源于两类因素：

一是回转件或往复件的失衡，主要包括回转件相对于回转轴线的质量分布不均，在运转时产生惯性力；制造质量不高，特别是零件或构件的形状位置精度不高造成质量失衡；另外回转体上的零件松动增加了质量分布不均、轴与孔的间隙因磨损加大也增加了失衡；转子弯曲变形和零件失落，造成质量分布不均等。

二是机械设备的结构因素，主要包括往复件的冲击，如以平面连杆机构原理作运动的机械设备，连杆往复运动产生的惯性力，其方向作周期性改变，形成了冲击作用，这在结构上很难避免；齿轮由于制造误差大，导致齿轮啮合不好，齿轮间的作用力在大小、方向上发生周期性变化，随着齿轮在运转中的磨损和点蚀等现象日益严重，这种周期性的激振也日趋恶化；联轴器和离合器的结构不合理带来失衡和冲击；滑动轴承的油膜涡动和振荡；滚动轴承中滚动体不平衡及径向间隙；基座扭曲；电源激励；压力脉动等。

此外，机械设备的拖动对象不稳定，使负载不平稳，若是周期性的也能成为振源。

振动测量与分析系统由四个基本部分组成，即传感器、测量仪器、分析仪器和记录仪器。典型的振动测量系统，如图 3 - 2 所示，该系统实际由传感器和测量仪器两部分组成。传感器的种类，常用的有三种：位移传感器、速度传感器、加速度传感器。目前应用最广的是压电式加速度传感器，其作用是将机械能信号（位移、速度、加速度、动力等）转换成电信号。信号调节器是一个前置放大器，有两个作用，放大加速度传感器的微弱输出信号和降低加速度传感器的输出阻抗。数据存储器是指磁带记录仪，它能将现场的振动信号快速而完整地记录下来、存储下来，然后在实验室内以电信号的形式，再把测量数据复制，重放出来。信号处理机由窄带或宽带滤波器、均方根检波器、峰值计或概率密度分析仪等组成。测量系统的最后一部分是显示或读数装置，它可以是表头、示波器或图像记录仪等。

图 3 - 2　典型的振动测量系统

工厂现场推行振动监测诊断技术的注意事项：

（1）选择诊断对象。在工厂里，如果将全部设备都列为诊断对象，那显然是不切实际的。此外，技术上也不可能这样做。为此，必须经过充分研究来选定作为诊断对象的设备。

一般来说，列为诊断对象的重点应是：

① 流程生产设备。其中任意环节发生问题都会影响全局，如石油、化工、钢铁、有色、电力工业等中的设备。

② 六大设备。直接生产中的重点设备（包括设有备用台套的大型机组）、虽是附属设备但对全局影响大停机后可能产生很大损失的关键设备、发生故障后会带来二次公害的要害设备、维修困难且维修费用高的复杂设备、固定资产价值高（包括设有备品备件或备品备件价值昂贵）的贵重设备和不能接近或不能解体检查的特殊设备。

（2）测点选择。对于一般旋转机械，其振动测点的位置选择主要有两种方式，即测轴承振动或测轴振动。所谓测轴承振动，是指测量机组轴承座上典型测点的绝对振动；所谓测轴振动，是指测量轴颈相对于轴承座的相对振动。前者能监测整机状态，后者重点监测转子状态。在选择测点时，还应考虑人能否够得着、测量时是否会发生人身安全等问题。

（3）测量参数选择。一般来说，振动参数有量标（振动位移、振动速度、振动加速度）和量值（幅值、频率、相位）两种。振动参数的意义在于，它们被用来检测和描述机器的有害运动，每个参数都告诉我们有关振动的某些重要信息。因此，这些参数可以认为是用于诊断机器低效运行或将要发生故障的症状。

① 量标选择的原则是：在对变形、精度、位置进行评定时宜选用振动位移作为评价指标；在对强度、疲劳、可靠性进行评定时宜选用振动速度作为评价指标；在对冲击、力、随机振动、舒适性进行评定时宜选用振动加速度作为评价指标。

② 量值的选择原则是：振动幅值是评价设备运行工况好坏的重要指标。它既可用有效值也可以用峰值的形式来加以表示。有效值反映振动能量的大小，并兼顾了振动时间历程的全过程，故最适宜作为机器振动量级（劣度）的评价。峰值只反映了振动某瞬时的变化范围，故只能用于振动的极限评定；振动频率是识别机器哪个部件出了故障，以及是什么性质的故障的依据；振动相位是区分同频振动，确定故障部位的重要手段。

通常在简易诊断中以监测振动幅值为主，而在精密诊断中则主张利用振动的幅值、频率、相位等全部信息。

（4）测量方向选择。对于确定性为主的振动，因其是矢量，不同方向的振动包含着不同的故障信息。例如不平衡在水平方向上、不同轴在轴向上、基座松动在垂直方向上容易发生振动，所以振动应尽量在三个方向上都进行测量。只有随机振动，因其是标量，才允许只在某方向上进行监测。

（5）作好测点标记。机组上不同测点，在同一时刻的振动量值也是不相同的，所以测点一经确定之后，必须作上标记。以后的监测应该在同一点上进行。

（6）选定测量工况。定期点检时，测得的总体振动值或频谱的任何变化，都显示出机器状态的改变。这就要求每次测量都在可重现的统一工况下进行。

（7）进行测量系统校准标定。测量系统的特性会随时间而改变，为了保证测试结果能反映机器的真实状态，首先必须保证测量系统能保持精确的量值传递。这就要求定期或在每次重要测试之前对测量系统进行校准或标定。

（8）传感器附着方式的选择。常用的传感器附着方式有三种，附着方式不同时，可检测的上限频率也不一样。因此必须根据检测要求确定适当的附着方式。以压电振动加速度测量为例，其传感器附着方式对可测频带的影响为：手持探针式，可测频率＜1 000 Hz；磁座吸附式，可测频率＜3 000 Hz；螺栓紧固式，可测频率＜10 000 Hz。

必须强调，诊断是一种相对比较，而在振动测量中要使比较结果具有意义，必须做到测点、参数、方向、工况、基准（指标定）和频带（指传感器附着方式）6 个相同。

（9）测量周期的确定。在确定测量周期时，最重要的一点是对劣化速度进行充分的研究。希望做到既不会漏掉一个可能发生的故障，又不致带来过多的工作量。

（10）测量标准的确定。常用的判别设备正常、异常的标准有三种，即绝对标准、相对标准和类比标准。一般情况下，在现场最便于使用的是绝对标准，因它是以典型通用机械为对象制定的。如有的设备不适用这种标准，就必须利用相对标准或类比标准。

① 绝对标准。绝对判别标准是在规定了正确的测定方法之后制定的标准。所以，必须掌握标准的适用频率范围和测定方法等，才能加以选用。它们常以国际标准、国家标准、部颁标准、企业标准等形式出现。如 ISO 2372 和 JB 4057—1985 等。

② 相对标准。相对判别标准是对同一部位定期进行测定，并按时间先后进行纵向比较，以正常情况下的值为原始值，根据实测值与该值的倍数比来进行判断的方法。适用于某种设备在该企业中只有一台时的情况。

通常多将标准定为对于低频振动，实测值达到原始值的 1.5～2 倍时为注意区，约 4 倍时为异常区；对于高频振动，将原始值的 3 倍定为注意区，6 倍定为异常区。

③ 类比标准。所谓类比判别标准，是指数台同样规格的设备在相同条件下运行时通过对各台设备的同一部位进行测定和横向相互比较，来掌握异常程度的方法。适用于企业具有多台同类设备的场合。

一般规定以测得的最低值为正常值，当某值超过正常值 1 倍时为注意区，超过 2 倍时进入异常区。

（11）记录参数的设置。记录参数包括通道分配、通道增益、采样频率、记录长度（或段效）等，为保证测量有效，这些参数必须根据分析处理的目的事先进行设置。

（12）测量顺序和路线的拟定。测量顺序和路线最好结合机器简图明确的标示出来。

（13）数据库的建立。为了在作机器评价和诊断时方便地存取每台机器各次测量所得的数据，必须按某一格式和顺序将其存入数据库中。

3. 噪声测量

噪声也是机械设备故障的主要信息来源之一，还是减少和控制环境污染的重要内容。测声法是利用机械设备运转时发出的声音进行诊断。

机械设备噪声的声源主要有两类：一类是运动的零部件，如电动机、油泵、齿轮、轴、轴承等，其噪声频率与它们的运动频率或固有频率有关；另一类是不动的零部件，如箱体、盖板、机架等，其噪声是由于受其他声源或振源的诱发而产生共鸣引起的。

噪声测量主要是测量声压级。声级计是噪声测量中最常用、最简单的测试仪器，声级计由传感器、放大器、衰减器、计权网络、均方根检波电路和电表组成。如图 3-3 所示为其工作原理方框图。声压信号输入传声器后，被转换为电信号。当信号微小时，经过放大器放大；若信号较大时，则对信号加以衰减。输出衰减器和输出放大器的作用与输入衰减器和输入放大器相同，都是将信号衰减或放大。为提高信噪比，保持小的失真度和大的动态范围，将衰减器和放大器分成两组，输入（出）衰减器和输入（出）放大器，并将输出衰减器再分成两部分，以便匹配。为使所接受的声音按不同频率分别有不同程度的衰减，在声级计中相应设置了 3 个计权网络。通过计权网络可直接读出声级数值。经最后的输出放大器放大的信号输入到检波器中检波，并由表头以分贝指示出有效值。

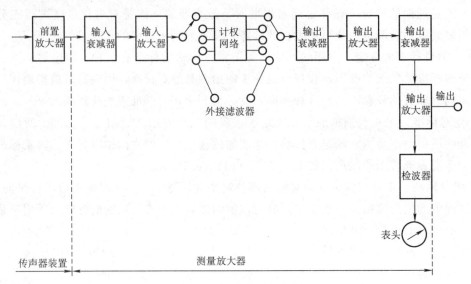

图 3 - 3　声级计工作原理

4. 温度测量

温度是一种表象，它的升降状态反映了机械设备的热力过程，异常的温升或温降说明产生了热故障。例如，内燃机、加热炉燃烧不正常，温度分布不均匀；轴承损坏，发热量增加；冷却系统发生故障，零件表面温度上升等。凡利用热能或用热能与机械能之间的转换进行工作的机械设备，进行温度测量十分重要。

测量温度的方法很多，可利用直接接触或非接触式的传感器，以及一些物质材料在不同温度下的不同反应来进行温度测量。

（1）接触式传感器。通过与被测对象的接触，由传感器感温元件的温度反映出测温对象的温度。如液体膨胀式传感器利用水银或酒精在不同温度下胀缩的现象来显示温度；双金属传感器和热电偶传感器依靠不同金属在受热时表现出不同的膨胀率和热电势，利用这种差别来测量温度；电阻传感器则是根据不同温度下电阻元件的电阻值发生变化的原理来工作。

（2）非接触式传感器。这类仪器是利用热辐射与绝对温度的关系来显示温度。如光学高温计、辐射高温计、红外测量仪、红外热像仪等。用红外热像仪测温是 20 世纪 60 年代新兴的技术，它具有快速、灵敏直观、定量无损等特点，特别适用于高温、高压、带电、高速运转的目标测试，对故障诊断和预测维修非常有效。由红外热像仪形成的一幅简单的热图像提供的热信息相当于 3 万个热电偶同时测定的结果。这种仪器的测量范围一般为几十度到上千度，分辨率为 0.1 ℃，测试任何大小目标只需几秒钟，除在现场可实时观察外，还能用磁带录像机将热图像记录下来，由计算机标准软件进行热信息的分析和处理。整套仪器做成便携式，现场使用非常方便。

温度指示漆、粉笔、带和片。它们的工作原理是从漆、粉笔、带和片的颜色变化来反映温度变化。当然这种测温方法精度不高（因为颜色变化的程度还附加人的感官判别问题），但相当方便。

5. 油样分析

在机械设备的运转过程中，润滑油必不可少。由于在油中带有大量的零部件磨损状况的信息，所以通过对油样的分析可间接监测磨损的类型和程度，判断磨损的部位，找出磨损的原因，进而预测寿命，为维修提供依据。例如，在活塞式发动机中，当油液中锡的含量增高时，可能表明轴承处于磨损的早期阶段；铝的含量增高则表明活塞磨损。油样分析所能起到的作用，如同医学上的验血。

油样分析包括采样、检测、诊断、预测和处理等步骤。

常用的油样分析方法主要有如下三种：

（1）磁塞分析法。磁塞分析法是最早的油样分析法。将磁塞插入被检测油路中，收集分离出的铁磁性磨粒，然后将磁塞芯子取下洗去油液，置于读数显微镜下进行观察，若发现小颗粒且数量较少，说明机器处于正常磨损阶段。一旦发现大颗粒，便须引起重视，首先要缩短监测周期，并严密注视机器运转情况。若多次连续发现大颗粒，便是即将出现故障的前兆，要立即采取维护措施。

磁塞分析具有设备简单、成本低廉、分析技术简便，一般维修人员都能很快掌握，能比较准确获得零件严重磨损和即将发生故障的信息等优点，因此它是一种简便而行之有效的方法。但是它只适用于对带磁性的材料进行分析，其残渣尺寸大于 $50~\mu m$。

（2）铁谱分析法。这种方法是近年来发展起来的一种磨损分析法。它从润滑油试样中分离和分析磨损微粒或碎片，借助于各种光学或电子显微镜等检测和分析，方便地确定磨损微粒或碎片的形状、尺寸、数量以及材料成分，从而判别磨损类型和程度。

铁谱分析法的程序如下：

① 分离磨损微粒制成铁谱片。采用铁谱仪分离磨损微粒制成铁谱片。它由三部分组成：抽取样油的泵，使磨损微粒磁化沉积的强磁铁，形成铁谱的透明底片。其装置如图 3 - 4 所示。

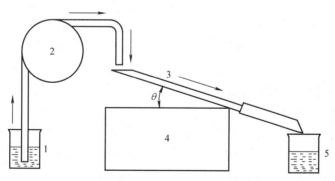

图 3 - 4　铁谱仪装置

1—样油容器；2—泵；3—底片；4—强磁铁；5—废油容器

样油由泵 2 抽出送到透明显微镜底片 3 上，底片下装有强磁铁 4，底片安装成与水平面有一定倾斜角度，使出口端的磁场比入口端强。样油沿倾斜底片向下流动时，受磁场力作用，磨损微粒被磁化，最后使微粒按照其大小，全部均匀地沉积在底片上。用清洗液冲洗底片上残余油液，用固定液使微粒牢固贴附在底片上，从而制成铁谱片。

② 检测和分析铁谱片。检测和分析铁谱片的方法很多，有各种光学或电子显微镜、有

化学或物理方法。目前一般使用的有：用铁谱光密度计（或称铁谱片读数仪）来测量铁谱片不同位置上微粒沉积物的光密度，从而求得磨损微粒的尺寸、大小分布及总量；用铁谱显微镜（又称双色显微镜）研究微粒、鉴别材料成分、确定磨粒来源、判断磨损部位、研究磨损机理；用扫描电镜观察磨损微粒形态和构造特征，确定磨损类型；对铁谱片进行加热处理，根据其回火颜色，鉴别各种磨粒的材料和成分。

铁谱技术的缺点在于对润滑油中非铁系颗粒的检测能力较低。例如在对含有多种材质摩擦副的机器（例如发动机）进行监测诊断时，往往感到不力；分析结果较多依赖操作人员的经验；不能理想地适应大规模设备群的故障诊断。

（3）光谱分析法。光谱分析法是测定物质化学成分的基本方法，它能检测出铅、铁、铬、银、铜、锡、镁、铝和镍等金属元素，定量地判断磨损程度。在实际运用中分原子发射光谱分析和原子吸收光谱分析两种方法。

① 原子发射光谱分析法。油样在高温状态下用带电粒子撞击（一般用电火花），使之发射出代表各元素特征的各种波长的辐射线，并用一个适当的分光仪分离出所要求的辐射线，通过把所测的辐射线与事先准备的校准器相比较来确定磨损碎屑的材料种类和含量。

② 原子吸收光谱分析法。是利用处于基态的原子可以吸收相同原子发射的相同波长的光子能量的原理。采用具有波长连续分布的光透过油中的磨损磨粒，某些波长的光被磨粒吸收而形成吸收光谱。在通常情况下，物质吸收光谱的波长与该物质发射光谱波长相等，同样可确定金属的种类和含量。发射光谱一般必须在高温下获得，而高温下的分子或晶体往往易于分解，因此原子吸收光谱还适宜于研究金属的结构。

目前，油样光谱分析技术已被广泛而有效地应用于监测设备零部件磨损趋势、机械设备的故障诊断、以及大型重要设备的随机监测方面。

6. 声发射检测

各种材料由于外加应力作用，在内部结构发生变化时都会以弹性应力波的方式释放应变能量，这种现象称声发射。如木材的断裂、金属材料内部晶格错位、晶界滑移或微观裂纹的出现和扩展等都会产生声发射。弹性波有的能被人耳感知，但多数金属，尤其是钢铁，其弹性应力波的释放是人耳不能感知的，属于超声范围。通过接收弹性应力波，用仪器检测、分析声发射信号和利用信号推断声发射源的技术称声发射技术。

（1）声发射检测的特点：

① 需对构件外加应力。

② 它提供的是加载状态下缺陷活动的信息，是一种动态监测。而常规的无损检测是静态监测。声发射检测可客观地评价运行中机械设备的安全性和可靠性。

③ 灵敏度高、检查覆盖面积大、不会漏检，可远距离检测。

声发射检测现在已广泛用来监测机械设备和机件的裂纹和锈蚀情况。

（2）声发射的测量仪器主要有：

① 单通道声发射仪，它只有一个通道，包括信号接收、信号处理、测量和显示。一般用于实验室。

② 多通道声发射仪，它有两个以上通道，常需配置计算机，一般应用在现场评价大型构件。

7. 无损检测

零件无损检测是利用声、光、电、热、磁、射线等与被测零件的相互作用，在不损伤内外部结构和实用性能的情况下，探测、确定零件内部缺陷的位置、大小、形状和种类的方法。

由于零件无损探伤经济、安全、可靠而被越来越多地应用到生产实际中。无损检测的常用方法有超声波检测、射线检测、涡流探伤、磁粉探伤等几种。

（1）超声波检测。频率大于 20 kHz 的声波叫超声波。用于无损检测的超声波频率多为 1～5 MHz。高频超声波的波长短，不易产生绕射，碰到杂质或分界面就会产生明显的反射，而且方向性好，在液体和固体中衰减小，穿透本领大，因此超声波探伤成为无损检测的重要手段。

超声波探伤方法多种多样，最常用的是脉冲反射法。而脉冲反射法根据波形不同又可分为纵波探伤法、横波探伤法以及表面波探伤法。

① 纵波探伤法。测试前，先将探头插入探伤仪的连接插座上。探伤仪面板上有一个荧光屏，通过荧光屏可知工件中是否存在缺陷，以及缺陷的大小和位置。检测时探头放于被测工件上，并在工件上来回移动。探头发出的超声波脉冲，射入被检工件内，如工件中没有缺陷，则超声波传到工件底部时产生反射，在荧光屏上只出现始脉冲和底脉冲。如工件某部位存在缺陷，一部分声脉冲碰到缺陷后立即产生反射，另一部分则继续传播到工件底面产生反射，在荧光屏上除出现始脉冲和底脉冲外，还出现缺陷脉冲。通过缺陷脉冲在荧光屏上的位置可确定缺陷在工件中的位置。亦可通过缺陷脉冲幅度的高低来判别缺陷当量的大小。如缺陷面积大，则缺陷脉冲的幅度就高。通过移动探头还可确定缺陷大致长度。

② 横波探伤法。用斜探头进行探伤的方法称横波探伤法。超声波的一个显著特点是超声波波束中心线与缺陷截面积垂直时，探测灵敏度最高，但如遇到斜向缺陷时，用直探头探测虽然可探测出缺陷存在，但并不能真实反映缺陷大小。如用斜探头探测，则探伤效果更好。因此在实际应用中，应根据不同的缺陷性质、取向，采用不同的探头进行探伤。有些工件的缺陷性质、取向事先不能确定，为了保证探伤质量，应采用几种不同探头进行多次探测。

③ 表面波探伤法。表面波探伤主要是检测工件表面附近是否存在缺陷。当超声波的入射角超过一定值后，折射角几乎达到 90°，这时固体表面受到超声波能量引起的交替变化的表面张力作用，质点在介质表面的平衡位置附近作椭圆轨迹振动，这种振动称为表面波。当工件表面存在缺陷时，表面波被反射回探头，可以在荧光屏上显示出来。

超声波探伤主要用于检测板材、管材、锻件、铸件和焊缝等材料中的缺陷（如裂缝、气孔、夹渣、热裂纹、冷裂纹、缩孔、未焊透、未熔合等）、测定材料的厚度、检测材料的晶粒、对材料使用寿命评价提供相关技术数据等。超声波探伤因具有检测灵敏度高、速度快、成本低等优点，因而受到普遍的重视，并在生产实践中得到广泛的应用。

超声波探伤不适用于探测奥氏体钢等粗晶材料及形状复杂或表面粗糙的工件。

（2）射线检测。射线检测是利用射线对各种物质的穿透能力来检测物质内部缺陷的一种方法。其实质是根据被检零件与内部缺陷介质对射线能量衰减程度的不同，而引起射线透过工件后的强度差异，在感光材料上获得缺陷投影所产生的潜影，经过处理后获得缺陷的图像，从而对照标准来评定零件的内部质量。

射线检测适用于探测体积型缺陷，如气孔、夹渣、缩孔、疏松等。一般能确定缺陷平面投影的位置、大小和种类。如发现焊缝中的未焊透、气孔、夹渣等缺陷；发现铸件中的缩孔、夹渣、气孔、疏松、热裂纹等缺陷。

射线检测不适用于检测锻件和型材中的缺陷。

（3）涡流探伤。导体的涡流与被测对象材料的导电、导磁性能有关，如电导率、磁导率，也就是和被测对象的温度、硬度、材质、裂纹或其他缺陷等有关。因此可以根据检测到的涡流，得到工件有无缺陷和缺陷尺寸的信息，从而反映出工件的缺陷情况。

涡流探伤适用于探测导电材料，能发现裂纹、折叠、凹坑、夹杂物、疏松等表面和近表面缺陷。通常能确定缺陷的位置和相对尺寸，但难以判断缺陷的种类。

涡流探伤不适用于探测非导电材料的缺陷。

（4）磁粉探伤。把铁磁性材料磁化后，利用缺陷部位产生的漏磁场吸附磁粉的现象进行探伤。磁粉探伤是一种较为原始的无损检测方法，适用于探测铁磁性材料的缺陷，包括锻件、焊缝、型材、铸件等，能发现表面和近表面的裂纹、折叠、夹层、夹杂物、气孔等缺陷。一般能确定缺陷的位置、大小和形状，但难以确定缺陷的深度。

磁粉探伤不适用于探测非铁磁性材料，如奥氏体钢、铜、铝等的缺陷。

（5）渗透探伤。渗透探伤是利用液体对材料表面的渗透特性，用黄绿色的荧光渗透液或红色的着色渗透液，对材料表面的缺陷进行良好的渗透。当显像液涂洒在工件表面上时，残留在缺陷内的渗透液又会被吸出来，形成放大的缺陷图像痕迹，从而用肉眼检查出工件表面的开口缺陷。渗透探伤与其他无损检测方法相比，具有设备和探伤材料简单的优点。在机械修理中，用这种方法检测零件表面裂纹由来已久，至今仍不失为一种通用的方法。

渗透探伤适用于探测金属材料和致密性非金属材料的缺陷。能发现表面开口的裂纹、折叠、疏松、针孔等。通常能确定缺陷的位置、大小和形状，但难以确定缺陷的深度。

渗透探伤不适用于探测疏松的多孔性材料的缺陷。

无损检测的应用比较广泛，可用于测定表面层的厚度、进行质量评定和寿命评定、材料和机器的定量检测、组合件内部结构和组成情况的检查等多个方面。

3.3 零件的修复技术

机械设备中的零件经过一定时间的运转，难免会因磨损、腐蚀、氧化、刮伤、变形等原因而失效，为节约资金减少材料消耗，采用合理的、先进的工艺对零件进行修复是十分必要的。许多情况下，修复后的零件质量和性能可以达到新零件的水平，有的甚至可以超过新零件。如采用埋弧堆焊修复的轧辊寿命可以超过新轧辊；采用堆焊修复的发动机阀门，寿命可达新品的两倍。目前比较常用的修复方法很多，可分为钳工修复法、机械修复法、焊修法、电镀法、喷涂法、黏修法、熔敷法、其他修复法。在实际修复中可在经济允许、条件具备、尽可能满足零件尺寸及性能的情况下，合理选用修复方法及工艺。

3.3.1 钳工修复与机械修复

钳工和机械修复是零件修复过程中最主要、最基本、最广泛应用的工艺方法。它既可以作为一种单独的手段直接修复零件，也可以是其他修复方法如焊、镀、涂等工艺的准备最后加工必不可少的工序。

1. 钳工修复

钳工修复包括铰孔、研磨、刮研、钳工修补（如修补键槽、螺纹孔、铸件裂纹等）。

（1）铰孔。铰孔是利用铰刀进行精密孔加工和修整性加工的过程，它能提高零件的尺寸精度和减小表面粗糙度值，主要用来修复各种配合的孔，修复后其公差等级可达 IT7～IT9，表面粗糙度值可达 $Ra0.8～3.2\ \mu m$。

（2）研磨。用研磨工具和研磨剂，在工件上研掉一层极薄表面层的精加工方法叫研磨。研磨可使工件表面得到较小的表面粗糙度值、较高的尺寸精度和形位精度。

研磨加工可用于各种硬度的钢材、硬质合金、铸铁及有色金属，还可以用来研磨水晶、天然宝石及玻璃等非金属材料。

经研磨加工的表面尺寸误差可控制在 0.001～0.005 mm 范围内。一般情况下表面粗糙度可达 $Ra0.5～0.8\ \mu m$，最高可达 $Ra0.006\ \mu m$，而形位误差可小于 0.005 mm。

（3）刮研。用刮刀从工件表面刮去较高点，再用标准检具（或与之相配的件）涂色检验的反复加工过程称为刮研。刮研用来提高工件表面的形状精度、尺寸精度、接触精度、传动精度和减小表面粗糙度值，使工件表面组织致密，并能形成比较均匀的微浅凹坑，创造良好的存油条件。

刮研是一种间断切削的手工操作，它不仅具有切削量小、切削力小、产生热量小、夹装变形小的特点，而且由于不存在机械加工中不可避免的振动、热变形等因素，所以能获得很高的精度和很小的表面粗糙度值。可以根据实际要求把工件表面刮成中凹或中凸等特殊形状，这是机械加工不容易解决的问题；刮研是手工操作，不受工件位置和工件大小的限制。

（4）钳工修补。

① 键槽。当轴或轮毂上的键槽只磨损或损坏其一时，可把磨损或损坏的键槽加宽，然后配置阶梯键。当轴或轮毂上的键槽全部损坏时，允许将键槽扩大 10％～15％，然后配制大尺寸键。当键槽磨损大于 15％时，可按原键槽位置将轴在圆周上旋转 60°或 90°，按标准重新加工键槽。加工前需把旧键槽用气、电焊填满并修整。

② 螺纹孔。当螺纹孔产生滑牙或螺纹剥落时，可先把螺孔钻去，然后攻出新螺纹。

2. 机械修复

利用机械连接，如螺纹连接、键连接、铆接、过盈连接等使磨损、断裂、缺损的零件得以修复的方法称为机械修复法。包括局部更换法、换位法、镶补法、金属扣合法、修理尺寸法、塑性变形法等，这些方法可利用现有的简单设备与技术，进行多种损坏形式的修复。其优点是不会产生热变形；缺点是受零件结构、强度、刚度的限制，难以加工硬度高的材料，难以保证较高精度。

（1）局部更换法。若零件的某个部位局部损坏严重，而其他部位仍完好，一般不宜将整个零件报废。可把损坏的部分除去，重新制作一个新的部分，并以一定的方法使新换上的部分与原有零件的基本部分连接在一起成为整体，从而恢复零件的工作能力，这种维修方法称局部更换法。如结构复杂的重型机械的齿圈损坏时，可将损坏的齿圈卸掉，再压入新齿圈。新齿圈可事先加工好，也可压入后再进行加工。连接方式用键或过盈连接，还可用紧固螺钉、铆钉或焊接等方法固定。局部更换法适用于多联齿轮局部损坏或结构复杂的齿圈损坏的情况。它可简化修复工艺，扩大修复范围。

（2）换位法。有些零件由于使用的特点，通常产生单边磨损，或磨损有明显的方向性，对称的另一边磨损较小。如果结构允许，在不具备彻底对零件进行修复的条件下，可以利用零件未磨损的一边，将它换一个方向安装即可继续使用，这种方法称换位法。例如，两端结构相同，且只起传递动力作用，没有精度要求的长丝杠局部磨损可调头使用。大型履带行走机构，其轨链销大部分是单边磨损，维修时应将它转动180°便可恢复履带的功能，并使轨链销得到充分利用。

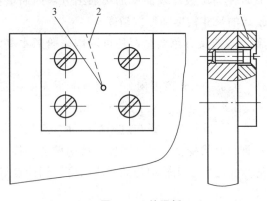

图 3-5 补强板

1—补强板；2—裂纹；3—止裂孔

（3）镶补法。镶补法就是在零件磨损或断裂处补以加强板或镶装套等，使其恢复功能。一般中小型零件断裂后，可在其裂纹处镶加补强板，用螺钉或铆钉等将补强板与零件连接起来；对于脆性材料，应在裂纹端头钻止裂孔。此法操作简单，适用面广，如图 3-5 所示。

对齿轮类零件，尤其对精度不高的大中型齿轮，若出现一个或几个齿损坏或断裂，可先将坏齿切割掉，然后在原处用机加工或钳工方法加工出燕尾槽并镶配新的齿，端面用紧定螺钉或点焊固定，如图 3-6 所示。

对损坏的圆孔、圆锥孔，可采取扩孔镶套的方法，即将损坏的孔镗大后镶套，套与孔可采用过盈配合。所镗孔的尺寸应保证套有足够的刚度。套内径可预先按配合要求加工好，也可镶入后再加工至配合精度。

如损坏的螺孔不允许加大时，也可采用此法修复。即将损坏的螺孔扩孔后，镶入螺塞，然后在螺塞上加工出螺孔（螺孔也可在螺塞上预先加工）。

图 3-6 镶齿

（4）金属扣合法。金属扣合法修复技术是借助高强度合金材料制成的扣合连接件（波形键），在槽内产生塑性变形来完成扣合作用，以使裂纹或断裂部位重新连接成一个整体。该法适于不易焊补的钢件和不允许有较大变形的铸件，以及有色金属件，尤其对大型铸件的裂纹或折断面的修复效果更为突出。

金属扣合法的特点是修复后的零件具有足够的强度和良好的密封性；修复的整个过程在常温下进行，不会产生热变形；波形槽分散排列，波形键分层装入，逐片锤击，不产生应力集中；操作简便，使用的设备和工具简单，便于就地修理。该方法的局限性是不适于修复厚度 8 mm 以下的铸件及振动剧烈的工件，此外，修复效率低。

按扣合的性质及特点，金属扣合可分为强固扣合、强密扣合、优级扣合和热扣合四种。

① 强固扣合法。该方法是先在垂直于裂纹方向或折断面的方向上，按要求加工出具有一定形状和尺寸的波形槽，然后将用高强度合金材料制成的其形状、尺寸与波形槽相吻合的波形键嵌入槽中，并在常温下锤击使之产生塑性变形而充满整个槽腔。这样，由于波形键的

凸缘与槽的凹洼相互紧密的扣合，将开裂的两部分牢固地连接成一体，如图 3-7 所示。此法适用于修复壁厚 8~40 mm 的一般强度要求的机件。

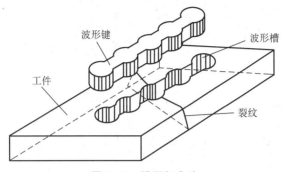

图 3-7　强固扣合法

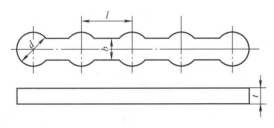

图 3-8　波形键

d—凸缘的直径；b—颈宽；t—厚度；l—间距

波形键的形状如图 3-8 所示。

其中颈宽一般取 $b=3~6$ mm，其他尺寸可按经验公式求得：

$$\begin{cases} d=(1.2~1.6)b \\ l=(2~2.2)b \\ t<b \end{cases} \quad (3-1)$$

波形键凸缘个数常取 5、7、9。如果条件允许，尽量选取较多的凸缘个数，以使最大应力远离开裂处。但凸缘过多会增加波形键修整及嵌配工作难度。

波形键的材料应具有足够的强度和良好的韧性，经热处理后质软，适于锤击；加工硬化性好，且不发脆，使锤击后抗拉强度有较大提高；用于高温工作条件下的波形键，还应考虑选用的材料是否与机件热膨胀系数一致，否则工作时出现脱落或胀裂机体现象。波形键材料有 1Cr18Ni9Ti，1Cr18Ni9。与铸铁膨胀系数相近的有 Ni36 等高镍合金。

为使最大应力分布在较大范围内，以改善工件受力情况，各波形槽可布置成一前一后或一长一短的方式如图 3-9 (a)、图 3-9 (b) 所示，波形槽应尽可能垂直于裂纹，并在裂纹两端各打一个止裂孔，以防止裂纹发展。通常将波形槽设计成单面布置的方式如图 3-9 (c) 所示。对厚壁工件，若结构允许，可将波形槽开成两面分布的形式如图 3-9 (d) 所示。对承受弯曲载荷的工件，因工件外层承受最大拉应力，故可将波形槽设计成阶梯形式如图 3-9 (e) 所示。

波形键的锤击。首先清理波形槽，之后用手锤或小型锤钉枪对波形键进行锤击。其顺序为先锤波形键两端的凸缘，然后对称交错向中间锤击，最后锤击裂纹上的凸缘。锤击力量按顺序由强到弱。凸缘部分锤紧后锤颈部，并要在第一层锤紧后再锤第二层、第三层……

为了使波形键得到充分的冷加工硬化，提高抗拉强度，每个部位开始先用凸圆冲头锤击其中心，然后用平底冲头锤击边缘，直至锤紧。但要注意不可锤得过紧，以免将裂纹再撑开，一般以每层波形键锤低 0.5 mm 为宜。

② 强密扣合法。对有密封要求的修复件，如高压汽缸和高压容器等防泄漏零件，应采用强密扣合法进行修复。这种方法是先用强固扣合法将产生裂纹或折断面的零件连接成一个牢固的整体，然后按一定的顺序在断裂线的全长上加工出缀缝栓孔。注意应使相邻的两缀缝

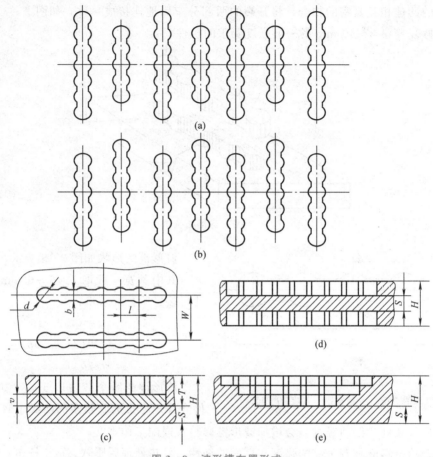

图 3－9　波形槽布置形式

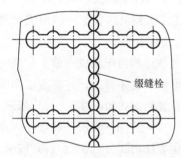

图 3－10　强密扣合法

栓相割，即后一个缀缝栓孔应略切入上一个已装好的波形键或缀缝栓。以保证裂纹全部由缀缝栓填充，以形成一条密封的金属隔离带，起到防泄漏作用，如图 3－10 所示。

对于承受较低压力的断裂件，采用螺栓形缀缝栓，其直径可参照波形键凸缘尺寸 d 选取为 M3～M8，旋入深度为波形槽深度。旋入前将螺栓涂以环氧树脂或无机胶黏剂，逐渐旋入并拧紧，之后将凸出部分铲掉打平。

对于承受较高压力，密封性要求较高的机件，采用圆柱形缀缝栓，其直径参照凸缘尺寸 d 选取为 3～8 mm，其厚度为波形键厚度。与机件的连接和波形键相同，分片装入，逐片锤紧。

缀缝栓直径和个数选取时要考虑两波形键之间的距离，以保证缀缝栓能密布于裂纹全长上，且各缀缝栓之间要彼此重叠 0.5～1.5 mm。

缀缝栓的材料与波形键相同。对要求不高的工件可用标准螺钉、低碳钢、纯铜等代替。

③ 优级扣合法。优级扣合法，也称加强扣合法。对承受高载荷的机件，只采用波形键扣合而其修复质量得不到保证时，需采用加强扣合法。其方法是在垂直于裂纹或折断面的修复区上加工出一定形状的空穴，然后将形状尺寸与之相同的加强件嵌入其中。在机件与加强

件的结合线上拧入缀缝栓使加强件与机
件得以牢固连接，以使载荷分布到更大
的面积上。此方法适用于承受高载荷且
壁厚大于 40 mm 的机件。缀缝栓中心布
置在结合线上，使缀缝栓一半嵌入加强
件，另一半嵌入机件，相邻两缀缝栓彼
此重叠 0.5~1.5 mm，如图 3-11 所示。

加强件形状可根据载荷性质、大小、
方向设计成不同形式，如图 3-12 所示。
如图 3-12（a）所示为修复钢件便于张紧
的加强件。如图 3-12（b）所示为用于承

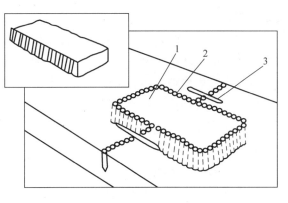

图 3-11　优级扣合法
1—加强件；2—缀缝栓；3—波形键

受冲击载荷的加强件，紧靠裂纹处不加缀缝栓固定，以保持一定的弹性。如图 3-12（c）所示
为 X 形加强件，它有利于扣合时拉紧裂纹。如图 3-12（d）所示为十字形加强件，它用于承
受多方面载荷。

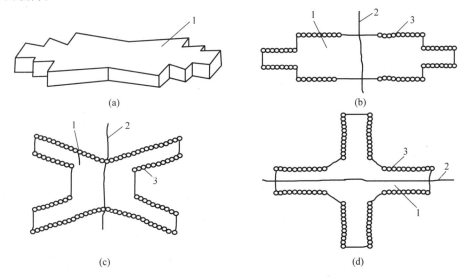

图 3-12　加强件
1—加强件；2—裂纹；3—缀缝栓

④ 热扣合法。利用金属热胀冷缩的原理，将一定形状的扣合件经过加热后扣入已在裂
纹处加工好的形状尺寸与扣合件相同的凹槽中，扣合件冷却后收缩将裂纹箍紧，从而达到修
复的目的。

（5）修理尺寸法。修理时不考虑原来的设计尺寸，采用切削加工或其他加工方法恢复失
效零件的形状精度、位置精度、表面粗糙度和其他技术条件，从而获得一个新的尺寸，这个
尺寸即称为修理尺寸。而与此相配合的零件则按这个修理尺寸制作新件或修复，这种方法称
为修理尺寸法。如当丝杠、螺母传动机构磨损后，将造成丝杠螺母配合间隙增大，影响传动
精度。为恢复其精度，可采取修丝杠、换螺母的方法修复。修理丝杠时，可车深丝杠螺纹，
减小外径，使螺纹深度达到标准值。此时丝杠的尺寸为修理尺寸，螺母应按丝杠的修理尺寸

重新制作。

确定修理尺寸时，首先应考虑零件结构上的可能性和修理后零件的强度、刚度是否满足需要。如轴的尺寸减小量一般不超过原设计尺寸的10%，轴上键槽可扩大一级；对于淬硬的轴颈，应考虑修理后能满足硬度要求等。

（6）塑性变形法。塑性变形法是利用外力的作用使金属产生塑性变形，恢复零件的几何形状，或使零件非工作部分的金属向磨损部分移动，以补偿磨损掉的金属，恢复零件工作表面原来的尺寸精度和形状精度。分冷塑性变形和热塑性变形两种，常用的方法有镦粗、扩径、压挤、延伸、滚压、校正等。

塑性变形法主要用于修复对内外部尺寸无严格要求的零件或整修零件的形状等。

3.3.2 焊接修复

对失效的零件应用焊接的方法进行修复称之为焊接修复，它是金属压力加工机械设备修理中常见和不可缺少的工艺手段之一。焊接工艺具有较广的适应性，能用以修复多种材料和多种缺陷的零件，如常用金属材料制成的大部分零件的磨损、破损、断裂、裂纹、凹坑等，且不受工件尺寸、形状和工作场地的限制。同时，修复的产品具有很高的结合强度，并有设备简单、生产率高和成本低等优点。它的主要缺点是由于焊接温度很高而引起金属组织的变化和产生热应力以及容易出现焊接裂纹和气孔等。

根据提供的热源不同焊接分为电弧焊、气焊等；根据焊接工艺的不同分为焊补、堆焊、钎焊等。

1. 焊补

（1）铸铁件的焊补。铸铁零件多数为重要的基础件。由于铸铁件大多体积大、结构复杂、制造周期长，有较高精度要求，一般无备件，一旦损坏很难更换，所以，焊接是铸件修复的主要方法之一。由于铸铁焊接性较差，在焊接过程中可能产生热裂纹、气孔、白口组织及变形等缺陷。对铸铁件进行焊补时，应采取一些必要的技术措施保证焊接质量，如选择性能好的铸铁焊条、做好焊前准备工作（如清洗、预热等）、焊后要缓冷等。

铸铁件的焊补，主要应用于裂纹、破断、磨损、气孔、熔渣杂质等缺陷的修复。焊补的铸件主要是灰铸铁，白口铸铁则很少应用。

（2）有色金属件的焊补。金属压力加工机械设备中常用的有色金属有铜及铜合金、铝及铝合金等。因它们的导热性好、膨胀系数大、熔点低、高温状态下脆性较大及强度低，很容易氧化，所以可焊性差，焊补比较复杂和困难。

① 铜及铜合金件的焊补。在焊补过程中，铜易氧化生成氧化亚铜，使焊缝的塑性降低，促使产生裂纹；其导热性比钢大5～8倍，焊补时必须用高而集中的热源；热胀冷缩量大，焊件易变形，内应力增大，合金元素的氧化、蒸发和烧损可改变合金成分，引起焊缝力学性能降低，产生热裂纹、气孔、夹渣；铜在液态时能熔解大量氢气，冷却时过剩的氢气来不及析出，而在焊缝熔合区形成气孔，这是铜及铜合金焊补后常见的缺陷之一。

焊补时必须要做好焊前准备，对焊丝和焊件进行表面清理，开 60°～90° 的 V 形坡口；施焊时要注意预热，一般温度为 300 ℃～700 ℃；注意焊补速度，遵守焊补规范并锤击焊缝；气焊时选择合适的火焰，一般为中性焰；电弧焊则要考虑焊法，焊后要进行热处理。

② 铝及铝合金件的焊补。铝的氧化比铜容易，它生成致密难熔的氧化铝薄膜，熔点很高，焊补时很难熔化，阻碍基体金属熔合，易造成焊缝金属夹渣，降低力学性能及耐蚀性；铝的吸气性大，液态铝能熔解大量氢气，快速冷却及凝固时，氢气来不及析出，易产生气孔；铝的导热性好，需要高而集中的热源；热胀冷缩严重，易产生变形；由于铝在固液态转变时，无明显的颜色变化，焊补时不易根据颜色变化来判断熔池的温度；铝合金在高温下强度很低，焊补时易引起塌落和焊穿。

（3）钢件的焊补。对钢件进行焊补主要是为了修复裂纹和补偿磨损尺寸。由于钢的种类繁多，所含各种元素在焊补时都会产生一定的影响，因此可焊性差别很大，其中以碳含量的变化最为显著。低碳钢和低碳合金钢在焊补时发生淬硬的倾向较小，有良好的焊接性；随着碳含量的增加，焊接性降低；高碳钢和高碳合金钢在焊补后因温度降低，易发生淬硬倾向，并由于焊区氢气的渗入，使马氏体脆化，易形成裂纹。焊补前的热处理状态对焊补质量也有影响，含碳或合金元素很高的材料都需经热处理后才能使用，损坏后如不经退火就直接焊补比较困难，易产生裂纹。

2. 堆焊

堆焊是焊接工艺方法的一种特殊应用。它的目的不是为了连接机件，而是借用焊接手段改变金属材料厚度和表面的材质，即在零件上堆焊一层或几层所希望的性能的材料。这些材料可以是合金，也可以是金属陶瓷。如普通碳钢零件，通过堆焊一层合金，可使其性能得到明显改善或提高。在修复零件的过程中，许多表面缺陷都可以通过堆焊消除。

（1）堆焊的主要工艺特点。堆焊层金属与基体金属有很好的结合强度，堆焊层金属具有很好的耐磨性和耐腐蚀性；堆焊形状复杂的零件时，对基体金属的热影响较小，可防止焊件变形和产生其他缺陷，可以快速得到大厚度的堆焊层，生产率高。

（2）堆焊方法及原理。堆焊分手工堆焊和自动堆焊，自动堆焊又有埋弧自动堆焊、振动电弧堆焊、气体保护堆焊、电渣堆焊等多种形式，其中埋弧自动堆焊应用最广。

手工堆焊是利用电弧或氧—乙炔火焰产生的热量熔化基体金属和焊条，采用手工操作进行堆焊的方法。它适用于工件数量少，没有其他堆焊设备的条件下，或工件外形不规则、不利于机械化、自动化堆焊的场合。这种方法不需要特殊设备，工艺简单，应用普遍，但合金元素烧损很多，劳动强度大，生产率低。

自动堆焊与手工堆焊的主要区别是引燃电弧、焊丝送进、焊炬和工件的相对移动等全部由机械自动进行，克服了手工堆焊生产率低、劳动强度大等主要缺点。

埋弧自动堆焊又称焊剂层下自动堆焊，其焊剂对电弧空间有可靠的保护作用，可以减少空气对焊层的不良影响。熔渣的保温作用使熔池内的冶金作用比较完全，因而焊层的化学成分和性能比较均匀，焊层表面也光洁平直，焊层与基体金属结合强度高，能根据需要选用不同焊丝和焊剂以获得希望的堆焊层。适于堆焊修补面较大、形状不复杂的工件。

埋弧自动堆焊原理如图 3-13 所示。电弧在焊剂下形成。由于电弧的高温放热，熔化的金属与焊剂蒸发形成金属蒸气与焊剂蒸气，在焊剂层

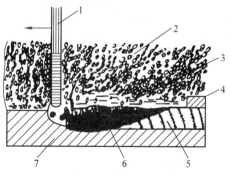

图 3-13 埋弧自动堆焊原理图

1—焊丝；2—焊剂；3—焊渣；4—焊壳；
5—凝固焊层金属；6—熔化金属；7—基体

下造成一密闭的空腔，电弧就在此空腔内燃烧。空腔的上面覆盖着熔化的焊剂层，隔绝了大气对焊缝的影响。由于气体的热膨胀作用，空腔内的蒸气压力略大于大气压力。此压力与电弧的吹力共同把熔化金属挤向后方，加大了基体金属的熔深。与金属一同挤向熔池较冷部分的熔渣相对密度较小，在流动过程中渐渐与金属分离而上浮，最后浮于金属熔池的上部。其熔点较低，凝固较晚，故减慢了焊缝金属的冷却速度，使液态时间延长，有利于熔渣、金属及气体之间的反应，可更好地清除熔池中的非金属质点、熔渣和气体，得到化学成分相近的金属焊层。

（3）堆焊工艺。一般堆焊工艺是工件的准备→工件预热→堆焊→冷却与消除内应力→表面加工。下面以轧辊堆焊为例进行简单介绍。

轧制过程中的轧辊是在复杂的应力状态下工作的。各个部位承受着不同的交变应力的作用。这些应力包括残余应力、轧辊表面的接触应力、轧辊横向压缩引起的应力、热应力以及弯矩、扭矩作用所引起的应力等。轧制过程中产生的辊面缺陷主要有不均匀磨损、裂纹、掉皮、压痕、凹坑等，这些缺陷会直接影响到产品质量、增加辊耗。当缺陷程度轻微时，经过磨削后即可再用，当缺陷程度严重如裂纹较深、掉皮严重时，经车削再磨削后如果其工作直径能满足使用要求也可再用。当其工作直径过小时，只能报废。轧辊报废的原因还有轧制力过大或制造工艺不完善造成的断辊，疲劳裂纹引起的断辊，扭矩过大损坏辊颈等。目前，国内每年轧辊消耗量极大，据统计国内生产 1 t 钢的轧辊消耗为 7.5 kg，而国外的轧辊消耗为 1.8 kg/t。降低轧辊消耗的途径除合理使用轧辊外，就是采用堆焊方法修复报废的轧辊，可节约大量资金，降低生产总成本。

① 轧辊的准备。轧辊堆焊前必须用车削加工除去其表面的全部缺陷，保证有一个致密的金属表面，并采用超声波探伤检查。对大型旧轧辊堆焊前，要进行 550 ℃～650 ℃退火以消除其疲劳应力。

② 轧辊预热。由于轧辊的材质和表面堆焊用的材料均是含碳量和合金元素比较高的材料，加之轧辊直径比较大，为了预防裂纹和气孔，并改善开始堆焊时焊层与母材的熔合，减少焊不透的缺陷，必须在堆焊前对轧辊预热。预热温度应在 M_s 点（马氏体开始转变温度）以上。因为堆焊轧辊表面时，第一层焊完后，温度下降到 M_s 点以下，就变成马氏体组织。再堆焊第二层时，焊接热量就会加热已堆焊好的第一层金属，使其回火软化。所以从开始堆焊到堆焊完毕，层间温度不得低于预热温度 50 ℃。

③ 堆焊。对于辊芯含碳量高的轧辊堆焊，必须采用过渡层材料，这是为了避免从辊芯向堆焊金属过渡层形成裂纹。焊接参数在施焊中不要随意变动，焊接时要防止焊剂的流失，要确保焊剂的有效供应。

④ 冷却与消除内应力。堆焊完后，最好把轧辊均匀加热到焊前的预热温度。如果轧辊表面比内部冷得快，会引起收缩而造成应力集中，形成表面裂纹。因此，需要缓慢地冷却。热处理规范根据不同堆焊材质制定。焊后最好立即进行 150 ℃～200 ℃的回火处理，可减少应力，避免裂纹产生。然后粗磨，再经磁力探伤检查。

⑤ 表面加工。表面硬度不高时可用硬质合金刀具车削，硬度高则用磨削加工，合格后送精磨。

⑥ 焊丝的选择。焊丝是直接影响堆焊层金属质量的一个最主要因素。堆焊的目的不仅是修复轧辊尺寸，重要的是提高其耐热耐磨性能，故要选择优于母材材质的焊丝。焊丝材料有：

低合金高强度钢。牌号 3CrMnSi，其堆焊金属硬度不高，只有 35～40HRC，只能起恢复轧辊尺寸作用，不能提高轧辊的使用寿命，但价钱便宜。

热作模具钢。牌号 3Cr2W8V，其堆焊和消除应力退火后硬度可达 40～50HRC，需用硬质合金刀具切削，其寿命比原轧辊可提高 1～5 倍。用于堆焊初轧机、型钢轧机、管带轧机的轧辊。

马氏体不锈钢。牌号 CrB、2CrB、3CrB，其堆焊硬度 45～50HRC。用于堆焊开坯轧辊、型钢轧辊。

高合金高碳工具钢。瑞典牌号 Tobrodl5.82（80Cr4M08W2VMn2Si）。这种焊丝由于含碳和合金元素较高，容易出现裂纹，要求有高的预热温度和层间温度。堆焊后硬度高达 50～60HRC，用于精轧机成品轧机工作辊。

⑦ 焊剂的选择。焊剂的作用是使熔融金属的熔池与空气隔开，并使熔融焊剂的液态金属在电弧热的作用下，起化学作用调节成分。常用的有熔炼焊剂和非熔炼焊剂。

熔炼焊剂又分为酸性熔炼焊剂和碱性熔炼焊剂，酸性熔炼焊剂工艺性能好，价格便宜，但氧化性强，使焊丝中的 C、Cr 元素大量烧损，而 Si、Mn 元素大量过渡到堆焊金属中。碱性熔炼焊剂，氧化性弱，对堆焊金属成分影响不大，但易吸潮，使用时先要焙烤，工程中常用碱性熔炼焊剂。

常用的非熔炼焊剂是陶质焊剂，它是由各种原料的粉末用水玻璃黏结而成的小颗粒，其中可以加入所需要的任何物质。陶质焊剂与熔炼焊剂相比，其优点是陶质焊剂堆焊的焊缝成形美观、平整，质量好，热脱渣性好（温度达 500 ℃时仍能自动脱渣，渣壳成形），而熔炼焊剂是做不到的。其次，采用熔炼焊剂，金属化学成分中的 C、Cr、V 等有效元素大量烧损，而 P、S 等有害元素都有所增加。因而降低了堆焊金属的耐磨性能，提高了焊缝金属的裂纹倾向。采用陶质焊剂，不但可以减少烧损有用元素，而且还可以过渡来一些有用的元素。另外，通过回火硬度和高温硬度比较，可以看出同样的焊丝采用陶质焊剂时硬度都大大提高。特别是 3Cr2W8 最为明显。陶质焊剂与熔炼焊剂的回火硬度和高温硬度比较如图 3 - 14 和图 3 - 15 所示，图中的实线代表陶质焊剂，虚线代表熔炼焊剂。从图中可以看出，采用陶质焊剂后，堆焊金属的硬度性能大幅度提高，从而提高了轧辊的耐磨能力。

3. 钎焊

钎焊就是采用比基体金属熔点低的金属材料作钎料，将焊件和钎料加热到高于钎料熔点、低于基体金属熔化温度，利用液态钎料润湿基体金属，填充接头间隙并与基体金属相互扩散实现连接的一种焊接方法。

钎焊根据钎料熔化温度的不同分为两类，软钎焊是用熔点低于 450 ℃的钎料进行的钎焊，也称低温钎焊，常用的钎料是锡铅焊料；硬钎焊是用熔点高于 450 ℃的钎料进行的钎焊，常用的钎料有铜锌、铜磷、银基焊料、铝基焊料等。

钎焊具有温度低，对焊接件组织和力学性能影响小，接头光滑平整，工艺简单，操作方便等优点。但是又有接头强度低，熔剂有腐蚀作用等缺点。

钎焊适用于对强度要求不高的零件产生裂纹或断裂的修复，尤其适用于低速运动零件的研伤、划伤等局部缺陷的修复。

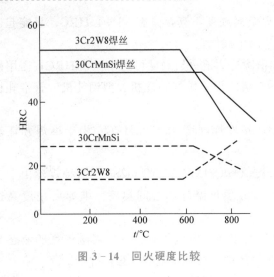

图 3-14　回火硬度比较

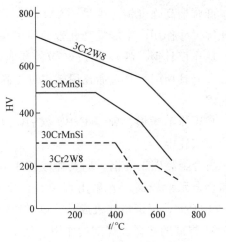

图 3-15　高温硬度比较

3.3.3　热喷涂（熔）修复法

1. 概述

热喷涂是利用热源将喷涂材料加热至熔融状态，通过气流吹动使其雾化并高速喷射到零件表面，以形成喷涂层的表面加工技术。喷涂层与基体之间，以及喷涂层中颗粒之间主要是通过镶嵌、咬合、填塞等机械形式连接，其次是微区冶金结合以及化学键结合。在自熔性合金粉末，尤其是放热性自黏结复合粉末问世以后，出现了喷涂层与基体之间以及喷涂层颗粒之间的微区冶金结合的组织，使结合强度明显提高。

喷涂材料需要热源加热，喷涂层与零件基材之间主要是机械结合，这是热喷涂技术最基本的特征。常用的热喷涂方法有火焰粉末喷涂、等离子粉末喷涂、爆炸喷涂、电弧喷涂、高频喷涂等。

热喷涂技术取材范围广，几乎所有的金属、合金、陶瓷都可以作为喷涂材料，塑料、尼龙等有机材料也可以作为喷涂材料；可用于各种基体，金属、陶瓷器具、玻璃、石膏、木材、布、纸等几乎所有固体材料都可以进行喷涂；可使基体保持较低温度，一般温度可控制在 30 ℃～200 ℃之间，从而保证基体不变形、不弱化；工效高，同样厚度的膜层，时间要比电镀短得多；被喷涂工件的大小一般不受限制；涂层厚度较易控制，薄者可为几十微米，厚者可为几毫米。

2. 热喷涂工艺

热喷涂的基本工艺流程包括：表面净化、表面预加工、表面粗化、喷涂结合底层、喷涂工作层、喷后机械加工、喷后质量检查等。

3.3.4　电镀修复法

电镀修复法是用电化学方法在镀件表面上沉积所需形态的金属覆盖层，从而修复零件的尺寸精度或改善零件表面性能。目前常用的电镀方法有镀铬、低温镀铁和电刷镀技术等，电刷镀技术在设备维修中得到广泛应用。

1. 镀铬

镀铬是用电解法修复零件的最有效方法之一。它不仅可修复磨损表面的尺寸，而且能改善零件的表面性能，特别是提高表面耐磨性。其特点是镀铬层的化学稳定性好，摩擦系数小，硬度高，有较好的耐磨性；镀层与基体金属结合强度高，甚至高于它自身晶格间的结合强度；镀铬层有较好的耐热性，能在较高温度下工作；抗腐蚀能力强，铬层与有机酸、硫、硫化物、稀硫酸、硝酸、碳酸盐或碱等均不起作用。但镀铬层性脆，不宜承受分布不均匀的载荷，不能抗冲击；当镀层厚度超过 0.5 mm 时，结合强度和疲劳强度降低，不宜修复磨损量较大的零件；沉积效率低，润滑性能不好，工艺较复杂，成本高，一般不重要的零件不宜采用。

一般镀铬工艺是：

（1）镀前准备。进行机械加工；绝缘处理，采用护屏；脱脂和除去氧化皮；进行刻蚀处理。

（2）电镀。装挂具吊入镀槽进行电镀，根据镀铬层要求选定镀铬规范，按时间控制镀层厚度。

（3）镀后加工及处理。镀后首先检查镀层质量，测量镀后尺寸。不合格时，用酸洗或反极退镀，重新电镀。通常镀后要进行磨削加工。镀层薄时，可直接镀到尺寸要求。对镀层厚度超过 0.1 mm 的重要零件应进行热处理，以提高镀层韧性和结合强度。

镀铬的一般工艺虽得到了广泛应用，但因其电流效率低、沉积速度慢、工作稳定性差、生产周期长、经常分析和校正电解液等缺点，所以产生了许多新的镀铬工艺，如快速镀铬、无槽镀铬、喷流镀铬、三价铬镀铬、快速自调镀铬等。

2. 镀铁

镀铁又称镀钢。按电解液的温度不同分为高温镀铁和低温镀铁。当电解液的温度在 90 ℃～100 ℃，所采用的电源为直流电源时，称为高温镀铁。这种方法获得的镀层硬度不高，且与基体结合不可靠。当电解液的温度在 40 ℃～50 ℃，所采用的电源为不对称交流—直流电源时，称为低温镀铁。这种方法获得的镀层力学性能较好，工艺简单，操作方便，在修复和强化机械零件方面可取代高温镀铁，并已得到广泛应用。

镀铁工艺为：

（1）镀前预处理。镀前首先对工件进行脱脂除锈，之后再进行阳极刻蚀。阳极刻蚀是将工件放入 25 ℃～30 ℃的 H_2SO_4 电解液中，以工件为阳极、铅板为阴极，通以直流电，使工件表面的氧化膜去除，粗化表面以提高镀层的结合力。

（2）侵蚀。把经过预处理的工件放入镀铁液中，先不通电，静放 0.5～5 min 使工件预热，溶解掉钝化膜。

（3）电镀。按镀铁工艺规范立刻进行起镀和过渡镀，然后进行直流镀。

（4）镀后处理。包括清水冲洗、在碱液里中和、除氢处理、冲洗、拆挂具、清除绝缘涂料和机械加工等。

3. 电刷镀

电刷镀技术是电镀技术的新发展，它的显著特点是设备轻便、工艺灵活、沉积速度快、镀层种类多、镀层结合强度高、适应范围广、对环境污染小、省水省电等，是机械零件修复和强化的有力手段，尤其适用于大型机械零件的不解体现场修理或野外抢修。

电刷镀的基本原理如图3-16所示，电刷镀技术采用专用的直流电源设备，电源的正极接镀笔，作为电刷镀时的阳极，电源的负极接工件，作为电刷镀时的阴极。镀笔通常采用高纯细石墨块作阳极材料，石墨块外面包裹上棉花和耐磨的涤棉套。电刷镀时使蘸满镀液的镀笔以一定的相对运动速度在工件表面上移动，并保持适当的压力。在镀笔与工件接触的部位，镀液中的金属离子在电场力的作用下扩散到工件表面，在工件表面的金属离子获得电子被还原成金属原子，这些金属原子在工件表面沉积结晶，形成镀层。随着电刷镀时间的增长，镀层逐渐增厚。

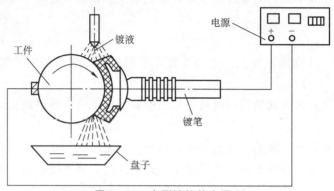

图3-16 电刷镀的基本原理

电刷镀技术的整个工艺过程包括镀前表面预加工、脱脂除锈、电净处理、活化处理、镀底层、镀工作层和镀后防锈处理等。

（1）表面预加工。去除表面上的毛刺、疲劳层，修整平面、圆柱面、圆锥面达到精度要求，表面粗糙度值$Ra<2.5\ \mu m$。对深的划伤和腐蚀斑坑要用锉刀、磨条、油石等修整露出基体金属。

（2）清洗、脱脂、防锈。锈蚀严重的可用喷砂、砂布打磨，油污用汽油、丙酮或水基清洗剂清洗。

（3）电净处理。大多数金属都需用电净液对工件表面进行电净处理，以进一步除去微观上的油污。被镀表面的相邻部位也要认真清洗。

（4）活化处理。活化处理用来除去工件表面的氧化膜、钝化膜或析出的碳元素微粒黑膜。

（5）镀底层。为了提高工作镀层与基体金属的结合强度，工件表面经仔细电净处理、活化处理后，需先用特殊镍、碱铜或低氢脆性镉镀液预镀一薄层底层。其中特殊镍作底层，适用于不锈钢，铬、镍材料和高熔点金属；碱铜作底层，适用于难镀的金属如铝、锌或铸铁等；低氢脆性镉作底层，适用于对氢特别敏感的超高强度钢。

（6）镀工作层。根据工件的使用要求，选择合适的金属镀液刷镀工作层。为了保证镀层质量，合理地进行镀层设计很有必要。由于每种镀液的安全厚度不大，当镀层较厚时，往往选用两种或两种以上镀液，分层交替刷镀，得到复合镀层。这样既可迅速增补尺寸，又可减少镀层内应力，也保证了镀层的质量。

（7）镀后清洗。用自来水彻底清洗冲刷已镀表面和邻近部位，用压缩空气吹干或用理发吹风机吹干，并涂上防锈油或防锈液。

3.3.5　胶接修复法

1. 概述

胶接就是通过胶黏剂将两个或两个以上同质或不同质的物体连接在一起。胶接是通过胶黏剂与被胶接物体表面之间物理的或化学的作用而实现的。由于实用可靠，已经逐步取代了传统的机械连接方法。

（1）胶接工艺的特点。

① 优点。胶接力较强，可胶接各种金属或非金属材料，目前钢铁的最高胶接强度可达75 MPa；胶接中无须高温，不会有变形、退火和氧化的问题；工艺简便，成本低，修理迅速，适于现场施工；黏缝有良好的化学稳定性和绝缘性，不产生腐蚀。

② 缺点。不耐高温，有机胶黏剂一般只能在150 ℃下长期工作，无机胶黏剂可在700 ℃下工作；抗冲击性能差；长期与空气、水和光接触，胶层容易老化变质。

（2）胶黏剂的分类及常用胶黏剂。胶黏剂的分类方法很多，按基本成分可分为有机类胶黏剂和无机类胶黏剂。有机类胶黏剂为天然胶和合成胶。天然胶有动物胶、植物胶；合成胶有树脂型、橡胶型和混合型。修复中常用的合成胶是环氧树脂、酚醛树脂、丙烯酸树脂、聚氨酯、有机硅树脂和橡胶胶黏剂。无机胶有硅酸盐、硼酸盐、磷酸盐等，修复中使用的无机胶黏剂主要是磷酸—氧化铜胶黏剂。

2. 胶接

（1）胶接工艺。为了保证胶接质量，胶接时必须严格按照胶接工艺规范进行。一般的胶接工艺流程是：零件的清洗检查→机械处理→除油→化学处理→胶黏剂调制→胶接→固化→检查。

① 清洗检查。将待修复的零件用柴油、汽油或煤油洗净并检查破损部位，作好标记。

② 机械处理。用钢丝刷或砂纸清除铁锈，直至露出金属光泽。

③ 除油。当胶接表面有油时，一方面影响胶黏剂对胶接件的浸润，另一方面油层内聚强度极低，零件受力时，整个胶接接头就会遭受破坏。一般常用丙酮、酒精、乙醚等除油。

④ 化学处理。对于结合强度要求较高的金属零件应进行化学处理，使之能显露出纯净的金属表面或在表面形成极性化合物，如酸蚀处理或表面氧化处理。由酸蚀处理得到的纯净表面可以直接与胶黏剂接触，各种胶接作用力都可能提高。而由表面氧化处理形成的高极性氧化物，则可能增强化学键力和静电引力，从而达到提高胶接强度的目的。

⑤ 胶黏剂的调制。市场上买来的胶黏剂，应按技术条件或产品说明书使用。自行配制的胶黏剂，应按规定的比例和顺序要求加入。特别是使用快速固化剂时，固化剂应在最后加入。各种成分加入后必须搅拌均匀。

调制胶黏剂的容器及搅拌工具要有很高的化学稳定性，常用容器为陶瓷制品，搅拌工具常用玻璃棒或竹片。应在临用前调配，一次调配量不宜过多，操作要迅速，涂胶要快，以防过早固化。

⑥ 胶接。首先对相互胶接的表面涂抹胶黏剂，涂层要完满、均匀，厚度以0.1～0.2 mm为宜。为了提高胶黏剂与表面的结合强度，可将工件进行适当加热。

涂好胶黏剂后，胶合时间根据胶黏剂的种类不同而有所不同。对于快干的胶黏剂，应尽快进行胶合和固定；对含有较多溶剂和稀释剂的，宜放置一段时间，使溶剂基本挥发完再进行胶合。

⑦ 固化。在胶接工艺中固化是决定胶接质量的重要环节。固化应在一定压力、温度、时间等条件下进行。各种胶黏剂都有不同要求。固化时，应根据产品使用说明或经验确定。固化后需要机械加工时，吃刀量不宜太大，速度不可太高。此外，不要冲击和敲打刚胶接好的零件。

⑧ 检查。查看胶层表面有无翘起和剥离的现象，有无气孔和夹空，若有就不合格。用苯、丙酮等溶剂溶在胶层表面上，检查其固化情况，浸泡 1～2 min，无溶解黏手现象，则表明完全固化，不允许做破坏性（如锤击、摔打、刮削和剥皮等）试验。

（2）胶接接头的形式。胶接接头设计的基本出发点是要确保接头的强度。接头的基本形式及改进形式如图 3-17 所示，显然，改进后胶接强度大大提高。

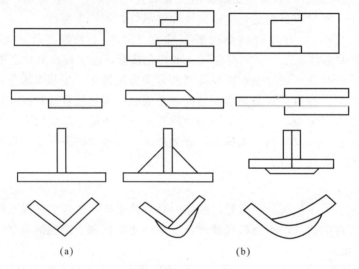

（a）　　　　　　　　　　　　（b）

图 3-17　胶按接头的基本形式和改进形式

（a）基本形式；（b）改进形式

3.3.6　其他修复方法简介

1. 电接触焊

用电接触焊可修复各种轴类零件的轴颈。其工作原理如图 3-18 所示。

在旋转零件 4 和铜质滚子电极 2 之间，供给金属粉末 3。并且滚子又可通过加力缸 1 向零件施加一定作用力。滚子和零件的挤压过程中，由于局部接触部位有很大的电阻，使粉末加热至 1 000 ℃～1 300 ℃，粉末粒子之间以及粉末与零件表面可烧结成一体。

焊层质量与零件和滚子的尺寸、滚子的压力、粉末化学成分以及零件圆周速度有关。当修复直径为 30～100 mm 的零件时，修复层厚度可达 0.3～1.5 mm。

这种修复方法生产率高，对基体的热影响深度

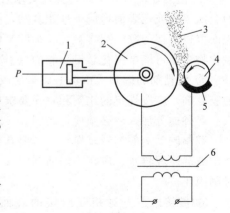

图 3-18　电接触焊原理图

1—加力缸；2—滚子；3—金属粉末；
4—零件；5—焊层；6—变压器

小，焊层耐磨性好。缺点是焊层厚度有限，设备复杂。

2. 电脉冲接触焊

电脉冲接触焊与电接触焊不同的是向零件与滚子之间供送钢带，并用短脉冲电流使之焊在磨损的零件表面。电脉冲瞬间电流达 15～18 kA，时间 0.01～0.001 s，钢带以点焊在零件表面。

为了提高焊接钢带的硬度和耐磨性，焊后用水冷却。用这种方法焊接的高碳钢带硬度达 60～65HRC。用硬质合金钢带可以成倍地提高零件的耐磨性。该方法可以修复各种轴的轴颈、壳体的轴承座孔。只是钢带厚度有一定限制，设备比较复杂。

3. 铝热焊

铝热焊是利用铝和氧化铁的氧化还原反应所放出的热来熔化金属，使金属间连接或堆焊具有耐磨性。

目前普遍用于铁轨的连接，也可用于断轴和各种支架的连接等。

4. 复合电镀

在电镀溶液中加入适量的金属或非金属化合物的细颗粒，并使之与镀层一起均匀地沉积，称为复合电镀。

复合电镀层具有优良的耐磨性，因此应用很广泛。加有减摩性微粒的复合层具有良好的减摩性，摩擦系数低，已用于修复和强化设备零件上。例如，修复发动机气门、活塞等零件的磨损表面。

5. 爆炸法粉末涂层

爆炸法粉末涂层利用的是可燃气体爆炸的能量。金属的或金属化的粉末借助氧、乙炔混合气爆炸得到 800～900 m/s 的高速而涂到零件表面上。用氮气流将粉末送入专用容器，并在其内形成可燃气体与粉末的混合而引起爆炸，使粉末颗粒与母材以微型焊接方式牢固结合在一起。

在爆炸时待涂零件作直线或旋转运动。粉末材料有碳化钨、碳化钛、氧化铝、氧化铬；金属粉末有铬、钴、钛、钨。每次爆炸时间持续约 0.23 s，可形成 0.007 mm 厚的涂层。多次重复涂层具有很高的硬度和耐磨性。

这种方法最大的优点是被涂零件表面加热温度不高于 250 ℃，适用于直径达 1 000 mm 的外圆柱表面和直径大于 15 mm 的内圆柱表面以及形状复杂的平面，特别适用于在高压、高温、磨损及腐蚀介质中工作的零件涂层。

6. 强化加工

为了提高被修复零件表面的寿命可进行强化加工。强化加工的方法很多，如激光强化加工、电火花表面强化、喷丸处理、爆炸波强化等。

（1）激光强化。激光强化过程，首先在需要修复的表面预先涂覆合金涂层（通常采用自熔性合金，其熔点远低于基体），激光使其在极短时间内熔融涂层并与基体金属扩散互熔，冷凝后在修复表面形成具有耐磨、耐腐蚀、耐高温的合金涂层。若是在零件表面焊接某种金属或合金，只用激光将其烧熔，使它们黏合在一起即可，所用的激光能量密度可适当小些。激光熔化后的涂层较密，厚度 0.5～1.5 mm，硬度高。

激光强化加工对于那些因耐磨性及疲劳强度而限制其使用寿命的零件，特别是外形复杂的零件或因扭曲严重而不能使用其他方法强化的零件是很有发展前途的。

激光表面强化具有下列特点：能对被加工表面的磨损处进行局部强化（在深度及面积上）；可对难以接触到而光线可达到的零件空腔或深处部位进行强化；在零件足够大的面积上得到斑点状强化表面；能在强化表面上得到需要的粗糙度；被加工零件不会因局部热处理产生变形，可完全不必再进行磨削；由于激光加热是非接触性的，因而易于实现加热自动化。

（2）电火花表面强化。电火花表面强化是通过电火花放电的作用把一种导电材料涂敷熔渗到另一种导电材料的表面，从而改变后者表面物理和化学等性能的工艺方法。在机械修理中，电火花加工主要用在硬质合金堆焊后粗加工、强化和修复磨损的零件表面。

电火花加工修复层的厚度可达 0.5 mm。修复铸铁壳体上的轴承座孔时，阳极用铜质材料。强化磨损轴颈时，阳极为切削工具，用铬铁合金、石墨和 T15K6 硬质合金等材料制作。

（3）喷丸处理。这种方法对在交变载荷作用下工作的特型零件有效。疲劳强度可提高至原来的 1.5 倍以上。表层显微硬度略有提高（30％左右），但表面粗糙度基本不变。

（4）爆炸波强化。爆炸波强化是利用烈性炸药爆炸时释放的巨大能量来完成的。强化时，爆炸速度高达 7 000 m/s，作用在表面上的压力达 1.5×10^4 MPa，这种加工可显著提高零件寿命。

爆炸波强化法用于磨损严重的零件。其强化效果是一般强化方法达不到的。

除了以上介绍的零件修复、强化方法，还有很多有前途的零件修复、强化工艺，这里就不一一介绍了。

3.4　机械设备的大修理

为了保证设备正常运行和安全生产，对设备实行有计划的预防性修理，是工业企业设备管理工作的重要组成部分。在工业企业的实际设备管理工作中，大修已和二级保护保养合在一起进行。很多企业通过加强维护保养和针对性修理、改善性修理等来保证设备的正常运行。但是对于动力设备、大型连续性生产设备、起重设备以及必须保证安全运转和经济效益显著的设备，有必要在适当的时间安排大修理。

实施机械设备的大修，要按一定的程序和技术要求进行。本节将在阐明机械设备大修基本概念的基础上，详细讨论大修前的各项准备、设备大修过程。

3.4.1　机械设备大修的基本概念

1. 设备大修的定义

在设备预防性计划修理类别中，设备大修是工作量最大、修理时间较长的一类修理。设备大修就是将设备全部或大部分解体，修复基础件，更换或修复机械零件、电器零件，调整修理电气系统，整机装配和调试，以达到全面清除大修前存在的缺陷，恢复规定的性能与精度。

对设备大修，不但要达到预定的技术要求，而且要力求提高经济效益。因此，在修前应切实掌握设备的技术状况，制订切实可行的修理方案，充分做好技术和生产准备工作；在施工中要积极采用新技术、新材料、新工艺和现代管理方法，做好技术、经济和组织管理工作，以保证修理质量，缩短停修时间，降低修理费用。

在设备大修中，要对设备使用中发现的原设计制造缺陷，如局部设计结构不合理、零件材料设计使用不当、整机维修性差、拆装困难等，应用新技术、新材料、新工艺去针对性地改进，以期提高设备的可靠性。也就是说，通过"修中有改、改修结合"来提高设备的技术素质。

2. 设备大修的内容和技术要求

（1）设备大修的内容。设备大修一般包括以下内容：

① 对设备的全部或大部分部件解体检查。

② 编制大修技术文件，并作好备件、材料，工具、技术资料等各方面准备。

③ 修复基础件。

④ 更换或修复零件。

⑤ 修理电气系统。

⑥ 更换或修复附件。

⑦ 整机装配，并调试达到大修质量标准。

⑧ 翻新外观。

⑨ 整机验收。

除上述内容外，还应考虑以下内容：对多发性故障部位，可通过改进设计来提高其可靠性；对落后的局部结构设计、不当的材料使用、落后的控制方式等，视情况进行改造；按照产品工艺要求，在不改变整机的结构状况下，局部提高个别主要零件的精度。

（2）设备大修的技术要求。对设备大修的技术要求，尽管各类机电设备具体的大修技术要求不同，但总的要求应是：

① 全面清除修理前存在的缺陷。

② 大修后应达到设备出厂的性能和精度标准。在实际工作中，应从企业生产需要出发，根据产品工艺的要求，制订设备大修质量标准并在大修后达到该标准。

3.4.2　维修前的准备工作

修前准备工作完善与否，将直接影响到设备的修理质量、停机时间和经济效益。设备管理部门应认真做好修前准备工作的计划、组织、指挥、协调和控制工作，定期检查有关人员所负责的准备工作完成情况，发现问题应及时研究并采取措施解决，保证满足修理计划的要求。

如图 3-19 所示为修前准备工作程序。它包括修前技术准备和生产准备两方面的内容。

1. 修前技术准备

设备修理计划制定后，主修技术人员应抓紧做好修前技术准备工作。对实行状态监测维修的设备，可分析过去的故障修理记录、定期维护、定期检查和技术状态诊断记录，从而确定修理内容和编制修理技术文件。定期维修的设备，应先调查修前技术状态，然后分析确定修理内容和编制修理技术文件。对精、大、稀设备的大修理方案，必要时应从技术和经济方面做可行性分析。设备修前技术准备的及时性和正确性是保证修理质量、降低修理费用和缩短停机时间的重要因素。

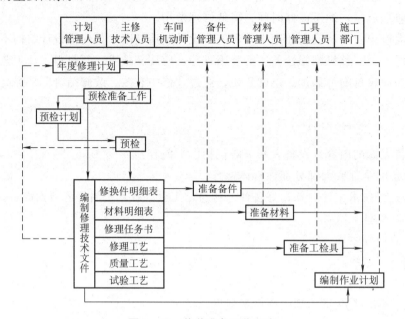

图 3-19　修前准备工作程序

注：实线为程序传递路线，虚线为信息反馈路线。

修前技术准备工作内容主要有修前预检、修前资料准备和修前工艺准备。

（1）修前预检。修前预检是对设备进行全面的检查，它是修前准备工作的关键。其目的是要掌握修理设备的技术状态（如精度、性能、缺损件等），查出有毛病的部位，以便制定经济合理的修理计划，并做好各项修前准备工作。预检的时间不宜过早，否则将使查得的更换件不准确、不全面，造成修理工艺编制得不准确。预检过晚，将使更换件的生产准备周期不够。因此须根据设备的复杂程度来确定预检的时间。一般设备宜在修前三个月左右进行。对精、大、稀以及需结合改造的设备宜在修前六个月左右进行。通过预检，首先必须准确而全面地提出更换件和修复件明细表，其提出的齐全率要在 80% 以上。特别是铸锻件、加工周期长的零件以及需要外购的零件不应漏提。其次对更换件和修复件的测绘要仔细，要准确而齐全地提供其各部分尺寸、公差配合、形位公差、材料、热处理要求以及其他技术条件，从而保证提供可靠的配件制造图样。

预检可按如下步骤进行：

① 主修技术员首先要阅读设备说明书和装配图，熟悉设备的结构、性能和精度要求。其次是查看设备档案，从而了解设备的历史故障和修理情况。

② 由操作工人介绍设备目前的技术状态，由维修工人介绍设备现有的主要缺陷。

③ 进行外观检查，如导轨面的磨损、碰伤等情况，外露零部件的油漆及缺损情况等。

④ 进行运转检查。先开动设备，听运转的声音是否正常，详细检查不正常的地方。打开盖板等检查看得见的零部件。对看不见怀有疑问的零部件则必须拆开检查。拆前要做记录，以便解体时检查及装配复原时用。必要时尚需进行负荷试车及工作精度检验。

⑤ 按部件解体检查。将有疑问的部件拆开细看是否有问题。如有损坏的，则由设计人

员按照备件图提出备件清单。没有备件图的，就须拆下测绘成草图。尽可能不大拆，因预检后还需要装上交付生产。

⑥ 预检完毕后，将记录进行整理，编制修理工艺准备资料；如：修前存在问题记录表、磨损件修理及更换明细表等。

（2）修前资料准备。预检结束后，主修技术员须准备更换零部件图样，结构装配图，传动系统图，液压、电器、润滑系统图，外购件和标准件明细表以及其他技术文件等。

（3）修前工艺准备。资料准备工作完成后，就需着手编制零件制造和设备修理的工艺规程，并设计必要的工艺装备等。

2. 修前生产准备

修前生产准备包括：材料及备件准备；专用工、检具的准备以及修理作业计划的编制。充分而及时地做好修前生产准备工作，是保证设备修理工作顺利进行的物质基础。

（1）材料及备件的准备。根据年度修理计划，企业设备管理部门编制年度材料计划，提交企业材料供应部门采购。主修技术人员编制的"设备修理材料明细表"是领用材料的依据，库存材料不足时应临时采购。

外购件通常是指滚动轴承、标准件、胶带、密封件、电器元件、液压件等。我国多数大、中型机器制造企业将上述外购件纳入备件库的管理范围，有利于维修工作顺利进行，不足的外购件再临时采购。

备件管理人员按更换件明细表核对库存后，不足部分组织临时采购和安排配件加工。铸、锻件毛坯是配件生产的关键，因其生产周期长，故必须重点抓好，列入生产计划，保证按期完成。

（2）专用工、检具的准备。专用工、检具的生产必须列入生产计划，根据修理日期分别组织生产，验收合格入库编号后进行管理。通常工、检具应以外购为主。

（3）设备停修前的准备工作。以上生产准备工作基本就绪后，要具体落实停修日期。修前对设备主要精度项目进行必要的检查和记录，以确定主要基础件（如导轨、立柱、主轴等）的修理方案。

切断电源及其他动力管线，放出切削液和润滑油，清理作业现场，办理交接手续。

3. 修理作业计划的编制

修理作业计划是主持修理施工作业的具体行动计划，其目标是以最经济的人力和时间，在保证质量的前提下力求缩短停歇天数，达到按期或提前完成修理任务的目的。

修理作业计划由修理单位的计划员负责编制，并组织主修机械和电气的技术人员、修理工（组）长讨论审定。对一般中、小型设备的大修，可采用"横道图"或作业计划加上必要的文字说明；对于结构复杂的高精度、大型、关键设备的大修，应采用网络计划。

编制修理作业计划的主要依据是：

① 各种修理技术文件规定的修理内容、工艺、技术要求及质量标准。

② 修理计划规定的时间定额及停歇天数。

③ 修理单位有关工种的能力和技术水平以及装备条件。

④ 可能提供的作业场地、起重运输、能源等条件。

修理作业计划的主要内容是：作业程序；分阶段、分部作业所需的工人数、工时数及作业天数；对分部作业之间相互衔接的要求；需要委托外单位劳务协作的事项及时间要求；对用户配合协作的要求等。

3.4.3　20 t 抓斗式起重机大修

1. 检修前的准备

（1）编制检修计划，列出缺陷项目。做好检修预算，落实检测单位，并将检查所需要图纸及有关资料送达检修单位；

（2）将检修所需材料运至检测现场，并安全堆放；

（3）检查所有的待装零部件，发现并清除在运输和卸车过程中发生的缺陷；

（4）将起重机开至检修位置，然后停电。将起重机车上的积灰等妨碍检修的杂物清理干净。

2. 检修工艺及其技术质量标准

（1）安装或检查修理金属结构桥架及轨道时对下列项目必须逐个检查。

① 检查走台的栏杆和支承，如有变形，应予以整形。

② 用钢线、卷尺和水平仪检查桥架各部分尺寸及其偏差，并应符合表 3-3 中的规定。

表 3-3　起重机桥架允许偏差

序号	项目名称及尺寸	允许偏差
1	起重机的跨度 $L_K = 31.5$ m	$< \pm 5$ mm
2	起重机跨度与起动机轮距的组成的短型的对角之差 ΔD	< 10 mm
3	主梁的上拱度 $t_1 = L_k / 1\,000 = 31.5$ m	31.5 mm
4	主梁旁弯度 $t_2 = K / 2\,000$	$\pm 1 / 2\,000$
5	端梁上拱度 $t_3 = K / 1\,500$	$\pm 1 / 1\,500$
6	端梁旁弯度 $t_3 = K / 1\,500$	$\pm 1 / 2\,000$
注：K 为所测位置的距离。		

③ 轨道的正确铺设对起重机的工作有很大的影响，违反相关要求就有可能导致起重机咬轨、倾斜，车轮接触不良，冲击负荷增大，并增加电力消耗，因此必须检查轨道的平直及距离和偏差，并符合下列规定：

两根轨道接头位置应错开，错开距离不得等于前后两轮的轮距，轨道接头处之间间隙，一般接头为 1~2 mm，横向偏移和高低偏移或不平的允许误差为 1 mm。

（2）现场组装或检查校正大车运行机构时，应符合下列要求：

① 主动车轮和从动车轮跨距应相等，允许偏差 ±5 mm，在同一端梁上的两个车轮应在同一水平面上，高低允许偏差为 0.5 mm，对称垂直平面的位置偏差不得大于 2 mm，同一主梁中两只车轮轴高低允许偏差为 2 mm，车轮端面的不垂直度为 1.8 mm，允许车轮上缘外倾，不允许内倾。

② 轮缘中心线与轨道中心线应平行，其不平行度为 1.0 mm。

③ 用手盘动机构时，应旋转灵活，无卡阻现象。

④ 装配或校正大车轮组的轴承间隙时，应参考图纸上的技术要求，外侧轴承压盖与轴承外圈间的轴向间隙不大于 0.5 mm，而内侧轴承盖与轴承外圈间的轴向间隙不小于 1.5 mm。

（3）在现场组装或检查校正小车运行机构时，应符合下列要求：

① 主动车轮和从动车轮跨距应相等，允许偏差±2 mm，且应平行于起重机的纵向中心线，同一侧车轮轴距允许偏差±2 mm。

② 装配或校正小车组时，应按图纸技术要求，轴承不应有轴向窜动间隙，但车轮应能灵活运动，车轮的单轮缘应安装在轨距的外侧，注意轴承箱油孔位置，将带油孔的一侧靠近车轮。

③ 每只车轮都必须与轨道接触，如有悬空及啃道现象，应设法消除。

④ 用手盘动车轮传动机构时应旋转灵活，车轮旋转一周时应无卡阻现象。

（4）安装或检修校正小车卷扬机时，应符合下列要求：

① 卷筒轴的水平度允许偏差为 0.5 mm/m。

② 卷筒轴应与减速机被动伸出齿轮轴的中心线重合，其偏差不应超过 2 mm，安装时应参照卷筒组图纸。减速器被动伸出齿轮轴外侧端面应与卷筒上的齿盘接手内齿端面平行，且外齿端面应与齿盘接手内齿端面保持 15 mm 的间隙。

③ 卷筒传动机构的联轴器、传动轴、减速器、制动器等，按通用标准或图纸技术条件处理。

（5）抓斗及其他：

① 斗部腭板撑杆与上横梁连接轴孔同心度为±0.5 mm，偏扭 0.3 mm/m。

② 挡铁与斗部焊接时先点焊，然后进行抓斗张开试验，保证张开量为 4 200 mm 条件下无卡阻，然后再焊牢。

③ 抓斗耳板轴孔与下横梁必须安装正确，其同轴度偏差不大于 0.2/1 000。

④ 抓斗闭合后，两水平、垂直斗口不得错位，偏差不大于 2 mm，两斗口接触处不得有间隙，偏差不大于 2 mm。

⑤ 上下滑轮、平衡轮、绳轮安装正确，轮子转动灵活，无窜动现象。斗体上各止动板、销子齐全。

⑥ 手动甘油润滑系统管路及给油器必须固定牢固，油路必须畅通，各接头应连接可靠，无漏油现象，胶管应尽量避开抓斗开闭时易碰触的位置。

⑦ 其余部分的检修安装按《冶金设备检修质量技术标准》第八篇第二章执行。

3. 大修需要的工具

卷扬机、钢绳以及其他检修用工具。

4. 大修内容

（1）小车部分。

① 制动器磨损检查或更换。

② 齿轮联轴器更换。

③ 小车轮、小车轨道的磨损检查，修复或更换。

④ 卷筒钢丝绳绳卡、隔板连接是否松动。

⑤ 检查处理结构件变形和焊缝开裂情况。

⑥ 减速机开盖检查清洗，更换轴承、轴、齿轮等易损件。

⑦ 卷筒磨损检查，更换钢丝绳。

⑧ 小车找水平。

⑨ 电机定检。

（2）大车部分。

① 减速机开盖检查清洗，更换轴承、轴、齿轮等易损件。

② 齿轮联轴器更换。

③ 车轮、轨道的磨损，修复或更换。

④ 制动器的磨损检查或更换。

⑤ 结构件变形、焊缝开裂修复。

⑥ 起重机主梁、端梁检查拱度及弯度。

⑦ 电机定检。

（3）抓斗部分。

① 挡绳轮、平衡杆处理灵活，夹板更换。

② 下横梁磨损和润滑情况，轴承清洗加油或更换。

③ 小轴、小套、刀口板、侧板等检查，修复更换。

④ 滑轮组检查加油。

⑤ 结构件焊缝开裂、变形的修复处理。

5. 检修中的质量检查及记录

（1）每一项由施工单位进行自检并做好记录，检修人员要对关键项目进行检查，有权对任一项目进行抽查，对安全设施重点检查；

（2）对重大问题的处理做好详细记录，技术负责人应签字认可；

（3）本厂检修的项目由机动科和车间作业长检查，一般不作记录，但大、中修必须做好详细的检查记录。

6. 试车

（1）试车前的准备。

① 试车前检修单位必须将起重机上的一切杂物清理干净，不得堆放备品备件，安全设施完全恢复。

② 试车的组织。本厂检修由机动科组织，外单位检修由机动科和检修单位组织。

③ 试车前，先开动电机，检查旋转方向是否正确，然后开动机械设备，在确认无问题后方可开机试车。

（2）试车程序：先空载试车，再静载试车，最后负载试车。

① 空载试车。

a. 小车运行：使空载小车沿着轨道来回运行三次，此时车轮不得打滑或行走过程中发生卡阻现象，启动和制动正常可靠，限位开关动作准确，而小车上的缓冲器与桥架上撞头应对准相撞，传动机构运转声响正常。

b. 空钩升降：空载抓斗上升下降三次，此时限位开关动作应准确可靠，传动装置运转声响正常。

c. 大车运行：先将大车轮处联轴器打开，察看其电机的转速和转向是否相同，随后将小车开到大车端部，以最慢速度开动大车运行，检查轨道与车轮接触情况，无异常后，再以正常速度往返运行三次。检查运行机构的工作质量、启动或制动时，车轮不得打滑，运行平稳，限位开关动作准确，缓冲器起作用。

② 静载试车。

a. 将大车开到厂房立柱附近，小车开到大车一端，让机体平稳后标记出主梁中点下挠的零位。

b. 再将小车开到大车中部，再抓满一斗精矿，以最慢的速度提升 1 000 mm 左右的高度，空悬 10 min，此时测定主梁中部的下挠度，大车的下挠度不应超过 45 mm，并且不允许有永久变形。如发现大车下挠超过上述数值时，应降低负载继续试验，直至下挠度不超过规定数为止，并测定负载重量，作出记录。

③ 负载试车。

a. 将小车开到大车中部，用抓斗抓满一斗精矿反复起升和下降制动试车，然后让满载小车沿着轨道来回运行 3～5 次，并进行反复启动和制动试车。

b. 将小车开到大车的一端，开动大车运行机构，并作反复启动和制动试车。

c. 试车时，要求各机构、制动器、限位开关和电气控制可靠、准确和灵活，车轮不打滑，桥架振动正常，机构动作平衡，而各机构及桥架在卸载后不能有残余变形。

（3）对于试车中存在的问题应认真记录，分析并提出处理意见，联动试车，负荷试车必须在上次试车中存在的问题得到解决后才能进行。

（4）本厂检修的负责一个检修周期，外单位检修的，应负责 72 h 正常生产。

7. 交工验收及检修记录和图纸资料归档

3.5　实验实训课题

3.5.1　实验实训项目

① 钳工绞孔；

② 钳工修补键槽、螺纹孔；

③ 简单钢件的焊接；

④ 钢件的胶接；

3.5.2　实训修复示例

在现有的修复工艺中，任何一种方法都不能完全适应各种材料，不能完全适应同一种材料制成的各种零部件，实际的机械修复往往是多种修复工艺的综合运用。在选择零件修复工艺时要考虑修复工艺对材质的适应情况、各种修复工艺所能达到的修补层厚度、零件修补后的强度、零件的结构对修复工艺的影响、修复的经济性等多种因素。下面以实例进行简要说明。

1. 裂纹胶接修复

裂纹常见于铸铁件中。用胶接方法进行修复时，先钻止裂孔和开坡口，再用丙酮或香蕉水等进行去脂处理，必要时还要进行活化处理。胶黏剂一般根据工件的工作温度选用，在常温下工作的工件可采用有机胶黏剂，在高温下工作的工件宜采用无机胶黏剂。胶接时尽可能将工件加热到 100 ℃左右，然后灌注调好的胶黏剂，使胶黏剂填满坡口并略高出工件表面，如图 3 - 20（a）所示。为了提高裂纹的胶接强度，可在裂纹表面加黏一层或数层玻璃布，如图 3 - 20（b）所示。

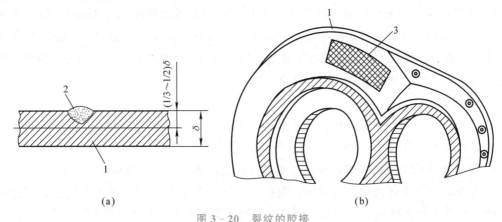

(a)   (b)

图 3 - 20　裂纹的胶接

（a）裂纹的断面；（b）加盖玻璃布

1—机体；2—填满胶黏剂的坡口；3—加盖玻璃布

当裂纹处需承受较大载荷时，可采用加强措施。在裂纹两侧各钻一螺丝孔，随后在两孔之间开一沟槽，在两螺孔内拧入螺丝，并用气焊加热至红热状态，再用手锤将螺丝打埋在槽内，用气焊将螺丝相接处焊合，形成一个完整的螺丝码，起到加强作用。

2. 轧机机架窗口磨损的修复

$\phi 800$ mm 可逆式开坯轧机机架（材质为 ZG 270-500），在安放下轧辊轴承座部位窗口的两侧面，由于轧辊受到轧件不断的冲击，致使机架窗口与下轴承座接触的两侧面逐渐磨成上大下小的喇叭形，如图 3 - 21 所示。造成上下轧辊中心线交叉，影响了产品质量，因此必须进行处理。

（1）修复方案。将已形成喇叭口部位的两侧面铣平，再镶配钢滑板。用埋头螺钉或黏合法固定，使两钢滑板之间尺寸恢复到设计尺寸 L（$915^{+0.20}_{+0.03}$）。

（2）修复工艺及措施。

① 安装临时组合机床：为了完成铣削加工任务，组合机床应具有如图 3 - 22 所示的机构。

② 铣平面。

③ 检查尺寸：用内径千分尺测窗口尺寸及两机架中心线偏差。测量方法如图 3 - 23 所示。一般应使 $l_1 = l_2$，$l_3 = l_4$，最好是 $l_1 = l_2 = l_3 = l_4$。用角尺测量铣削面与窗口底面的垂直度。

④ 机架钻孔攻丝。按图样纸在机架上画线定中心，用手电钻钻 $\phi25$ mm 的孔，然后再攻丝。

⑤ 滑板配厚度、钻孔并锪沉头。若 $l_1 \neq l_2$ 则两滑板的厚度不能相同。否则轧机机架中心线就不与轧机传动中心线重合。为了防止安装滑板时孔不对机架孔的差错，可先用废图纸在机架上打取孔群实样，然后按实样在滑板上配钻。

⑥ 安装滑板，拧紧沉头螺钉。

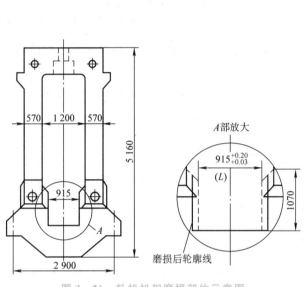

图 3 - 21　轧机机架磨损部位示意图

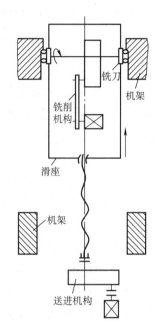

图 3 - 22　组合机床简图

3. 1 MN 摩擦压力机曲轴前孔严重裂成三瓣的修复

1 MN 摩擦压力机曲轴前孔受强烈冲击负荷。材质为 QT 450−05，破裂成三瓣，其修复过程如下：

（1）修复方案。为了使修复后能承受强烈的冲击载荷，故采取焊接与扣合键相结合的修复方法，如图 3 - 24 所示。

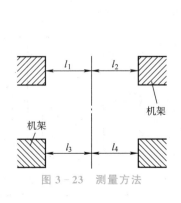

图 3 - 23　测量方法

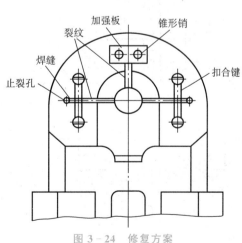

图 3 - 24　修复方案

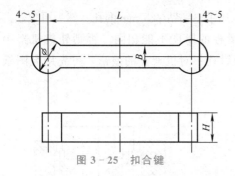

图 3-25　扣合键

扣合键采用热压半圆头式，如图 3-25 所示。由于键和键槽加工容易，使用比较可靠。热压的作用是让键代替焊缝承受很大一部分负荷，并且加强了焊缝，使焊缝不易形成裂纹。

（2）修复工艺。

① 找出所有裂纹及其端点位置。

② 钻止裂孔（钻在裂纹尾部）。

③ 根据裂纹处的具体位置，确定键的外形尺寸及端面尺寸，并根据压力机最大负荷验算键的端面尺寸，要求键的强度大于工件镶键处的截面能承受的负荷，选键的材质为 45 号钢。

④ 在与裂纹垂直的适当位置，按确定键的尺寸画线，使键的两个半圆头对称于裂纹。

⑤ 加工两个键槽。

⑥ 开出键槽底面上的裂纹坡口。

⑦ 用 ϕ4 mm 奥氏体铁铜焊条焊平键槽底面上的裂纹坡口，同时焊平在加工键槽圆孔时遗留下来的钻坑，如图 3-26 所示。焊完后，将两处的焊缝铲至与键槽底一样平滑。

⑧ 计算键两半圆头中心距的实际尺寸 L。

⑨ 制造扣合键。

⑩ 将键加热到 850 ℃，随即放入键槽，用锤打下去。

⑪ 用 ϕ4 mm 奥氏体铁铜焊条将键焊死在工件上，其余所开坡口处亦焊至与键平齐为止。为消除焊接应力，在熄弧后立即锤击焊缝。

⑫ 镶加强板。将曲轴前孔正上方的焊缝铲平，用砂轮打光，镶上如图 3-27 所示的加强板（因该处空间小，不用扣合键）。加强板用锥销打入球墨铸铁内深 25～30 mm，再把加强板焊在工件上，最后把锥销端头焊在加强板上。

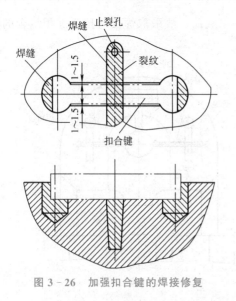

图 3-26　加强扣合键的焊接修复

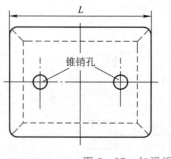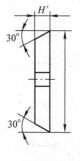

图 3-27　加强板

⑬ 检查所有焊缝有无裂纹及其他缺陷，若没有问题，把曲轴孔放平，用砂轮打磨曲轴

孔的焊缝。在接近磨光时，涂红丹，用圆弧面样板研磨，找出凸点，再磨去凸点，直到焊缝加工和原来孔表面一致平滑、尺寸合格为止。

⑭ 装配试运转。先手动试运转，无问题后逐渐加负荷试运转。当负荷加到超过设计负荷 10％时仍无问题，即认为合格。

思　考　题

3-1　设备维护保养的要求有哪些？

3-2　什么是设备的三级保养？

3-3　设备的四定工作是什么？

3-4　液压阀常见故障及原因有哪些？如何排除？

3-5　液压缸常见故障及原因有哪些？如何排除？

3-6　故障诊断的基本方法有哪些？

3-7　机械修复法有哪些？

3-8　说明超声波探伤的原理与方法。

3-9　说明磁粉探伤的原理和应用。

3-10　说明声发射检测技术的原理和应用。

3-11　简述金属扣合法的分类及其应用的范围。

3-12　焊接技术在机械设备修理中有何用途？它们的特点如何？

3-13　什么是设备的大修理？

3-14　设备大修理的内容一般有哪些？

第 4 章

典型设备的维护与检修

4.1　减速机漏油的处理

减速机不同程度的漏油是较为普遍的现象。严重漏油时不但产生少油和断油事故，引起齿面黏合剥离影响到生产的连续进行，而且对周围环境污染厉害，对基础有腐蚀作用。这样既破坏了文明生产又浪费了不少本可收回再生的润滑油。

4.1.1　减速机漏油的原因

1. 油箱内压力升高

在封闭的减速机里，每一对齿轮相啮合发生摩擦便要发出热量。根据波义耳——马略特定律，随着运转时间的加长，使减速机箱内温度逐渐升高，而减速机箱内体积不变，故箱内压力随之增加，箱体内润滑油经飞溅，洒在减速机箱内壁。由于油的渗透性比较强，在箱内压力下，哪一处密封不严，油便从哪里渗出。

2. 减速机结构设计不合理引起漏油

如设计的减速机没有通风罩，减速机无法实现均压，造成箱内压力越来越高，这时就会出现漏油现象。

3. 思想上不重视

思想上没有认识到减速机漏油的危害性，因此在减速机封盖操作时马马虎虎，即使减速机结构设计很好，结果还是出现漏油现象。

4.1.2　防止漏油的原则办法

首先思想上要重视，这是做好防漏工作的前提。下面介绍防止漏油的原则办法。

1. 均压

减速机漏油主要是由于箱体内压力增加所引起的，因此减速机应设有相应的通风罩，以实现均压。通风罩不能太小，较简便的检查方法是打开通风罩上盖，减速机以高速连续运转五分钟之后，用手摸通风口，感到压差很大时，说明通风罩小，应改大或升高通风罩。

2. 畅流

要使洒在箱体内壁的油尽快流回油池，不要在轴头密封处存留，以防油逐渐沿轴头浸出来。如在减速机轴头设计有油封圈，或在减速机上盖位于轴头处粘一半圆槽，使溅到上盖的油顺半圆槽两头流到下箱。

3. 堵漏

主要是上下箱结合面和轴头密封处要采取措施，使其密封好。这些措施包括密封结构的设计，对一般减速机而言，构造不宜复杂，常用羊毛毡油圈、迷宫式密封槽、J形或U形无骨架橡胶油封对轴头进行密封即可。另外密封剂的选择也是很重要的。过去常用漆片配合工业用纸来密封上下箱结合面，只要认真操作，完全可以防漏。近来改用密封带或密封填料操作更为方便，但对重型减速机效果还不很理想。新型的密封胶如厌氧胶（Y-150）、液态密封胶（609）还只停留在试用阶段，尚未广泛使用。

4.1.3 处理效果

这几年来，对于 ZD、ZL、ZS，苏联型号如 PM、LX、BK、ПH 型减速机在检修之后基本做到了不漏油，对于重型减速机及人字齿轮机座的防漏也取得了良好效果。下面介绍炼铁厂高炉料车卷扬机减速机漏油的处理的实例。

1. 概况

该卷扬机系苏联设备，自1960年投产以来，漏油严重，不仅减速机的全部轴头漏油，而且上下箱结合面也多处漏油，卷扬机示意如图4-1所示，料车卷扬机所用轴承型号及结构尺寸见表4-1，齿轮几何参数见表4-2。两台小减速机机壳是铸铁件，中间大减速机机盖系用钢板焊成，下箱为铸钢件。减速机均无通风罩，轴头用羊毛毡密封，并有油封圈，但油封圈均无泄油孔。

表 4-1　轴承型号及结构尺寸

轴承编号	轴承型号	轴承结构尺寸			
		内径 d/mm	外径 D/mm	外圈宽度 c/mm	锥角 β/(°)
1，2，3，5，6，7	2097736 双列圆锥滚珠轴承	180	300	120	10
4，8	2097148	240	360	130	150
9，10	3652 双列向心球面滚珠轴承	260	540	165	球面

表 4-2　齿轮传动参数

级	大小齿轮	法向模数	齿数	齿宽/mm	螺旋角/(°)	速比
高速级	齿轮轴齿轮	10	42 131	400	30	3.12
低速级	齿轮轴齿轮	10	25 149	636		5.96

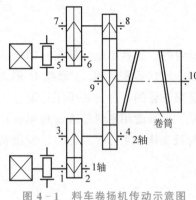

图 4-1　料车卷扬机传动示意图

2. 处理办法

（1）在减速机上盖的加油孔盖板上分别装了通风罩。

（2）将轴头油封圈的最下方钻一个大孔，使油封圈的油能畅流到油池。

（3）大型减速机的上下箱结合面要求很平，加工不易达到。而料车卷扬机中间大减速机上盖是由钢板焊接成的，容易变形，所以上下箱结合面更难密合。过去用薄的工业用纸，势必还会有微小的缝隙。为了彻底防漏，先将减速机清洗后进行上下箱的试扣合，用塞尺测量结合面的最大间隙，然后选比结合面最大间隙还厚的工业用纸作垫，再加漆片进行密封。这就是利用纸的弹性来补偿上下箱结合面由于不平而出现的缝隙。工业用纸接头处采用燕尾式，轴头处的断口要与轴线平行。轴头用羊毛毡密封还是可以的，所割羊毛毡周边要切整齐，且比槽要高出 2 mm 为宜。羊毛毡下料之后一定要浸在机油里泡 24 h。

3. 处理结果

经过高速空载连续试车运行 2 h 及负荷连续试车运行 8 h，只发现一处轴头有轻微渗油现象，半月之后复查发现通风罩有漏油现象。经分析，所装通风罩欠大，箱内外均压还不够理想，应换大的通风罩，并应装在减速机上盖的最高处。有些工厂为了解决严重的漏油问题，采取如烟囱式长管通风罩，长管增加了抽力。这样箱内外均压很理想，效果较好，但欠美观。

防止漏油和用油润滑齿轮这是一对矛盾。人们为了润滑齿轮，采用了润滑油，解决了齿轮寿命不长的矛盾。但又带来了漏油这个矛盾。近来采用二硫化钼润滑材料就为防漏开辟了新途径。二硫化钼润滑材料，它的摩擦系数随着负荷的增加而减小，随着转动或滑动的速度增加而减小，化学稳定性好，它在 400 ℃ 左右才开始氧化，比一般润滑材料的抗压性强，且与金属的结合力相当强不易被磨掉。采用二硫化钼干膜润滑，由于根本不用油，因此从根本上解决了设备的漏油问题。一般中、小型减速机采用二硫化钼作润滑材料是行之有效的，甚至在条件比较恶劣的地方亦能胜任。如武钢炼钢厂 350 t 铸锭起重机主小车走行机构的减速机用二硫化钼润滑效果甚好。对于大型、重型减速机运用二硫化钼润滑，目前不少单位正在试验中，无疑的这是一种很有前途的润滑材料。

4.2　数控机床的维修

数控机床是典型的机电一体化产物，它有一般机床所不具备的许多优点，尤其在结构和材料上有很多变化，例如导轨、主轴、丝杠螺母等关键零部件。

4.2.1　数控机床关键零部件的特点

1. 导轨

数控机床的导轨，要求在高速进给时不振动，低速进给时不爬行；灵敏度高，能在重负载下长期连续工作；耐磨性高，精度保持性好等。目前数控机床上常用的导轨有滑动导轨和滚动导轨两大类。

（1）滑动导轨。传统的铸铁—铸钢或淬火钢的导轨，除简易数控机床外，现代的数控机床已不采用，而广泛采用优质铸铁—塑料或镶钢—塑料型滑动导轨，大大提高了导轨的耐磨性。优质铸铁一般牌号为 HT300，表面淬火硬度为 $45 \sim 50$ HRC，表面粗糙度研磨至 $Ra0.20 \sim 1.10\ \mu m$；镶钢导轨常用 55 钢或合金钢，淬硬至 $58 \sim 62$ HRC；而导轨塑料一般用于导轨副的运动导轨，常用聚四氟乙烯导轨软带和环氧树脂涂层两类。

① 聚四氟乙烯导轨软带。广泛应用于中小型数控机床的运动导轨，适用于进给速度15 m/min 以下。

② 环氧树脂涂层。它是以环氧树脂和二硫化钼为基体，加入增塑剂并混合为膏状，与固化剂配合使用的双组分耐磨涂层材料。它附着力强，可用涂敷工艺或压注成形工艺涂到预先加工成锯齿形状的导轨上。涂层厚度为 1.5～2.5 mm。国产的 HNT（环氧树脂耐磨涂料）多用于轻负载的数控机床导轨。德国产的 SKC3 则更适用于重型机床和不能用导轨软带的复杂配合面上。

（2）滚动导轨。由于数控机床要求运动部件对指令信号做出快速反应的同时，还希望有恒定的摩擦阻力和无爬行现象，因而越来越多的数控机床采用滚动导轨。

滚动导轨是在导轨面之间放置滚珠、滚柱（或滚针）等滚动体，使导轨面之间为滚动摩擦而不是滑动摩擦。滚动导轨与滑动导轨相比，优点是灵敏度高，摩擦阻力小，且其动摩擦与静摩擦因数相差甚微，因而运动均匀，尤其是低速移动时，不易出现爬行现象；定位精度高，重复定位误差可达 $0.2\ \mu m$；牵引力小，移动方便；磨损小，精度保持好，寿命长。但滚动导轨抗震性差，对防护要求高，结构复杂，制造比较困难，成本较高。

滚动导轨适用于机床的工作部件要求移动均匀、运动灵敏及定位精度高的场合。目前滚动导轨在数控机床上已得到广泛的应用。

滚动导轨根据滚动体的种类，有滚珠导轨、滚柱导轨、滚针导轨三种类型；按是否预加负载可分为预加负载和不预加负载两类。

预加负载的优点是能提高导轨刚度。在同样负载下引起的弹性变形，预加负载系统仅为没有预加负载时的一半。若预应力合理，则导轨磨损小。但这种导轨制造比较复杂，成本较高。预加负载的滚动导轨适用于颠覆力矩较大和垂直方向的导轨中，数控机床常采用这种导轨。

2. 主轴部件

数控机床的主轴部件，既要满足精加工时精度较高的要求，又要具备粗加工时高效切削的能力，因此在旋转精度、刚度、抗振性和热变形等方面，都有很高的要求。在布局结构方面，一般数控机床的主轴部件，与其他高效、精密自动化机床没有多大区别，但对于具有自动换刀功能的数控机床，其主轴部件除主轴、主轴轴承和传动件等一般组成部分外，还有刀具自动夹紧、主轴自动准停和主轴装刀孔吹净等装置。

（1）主轴轴承配置方式。

① 前支承采用双列短圆柱滚子轴承和60°角接触双列向心推力球轴承组合，后支承采用向心推力球轴承，如图 4-2（a）所示。此配置形式使主轴的综合刚度大幅度提高，可以满足强力切削的要求，因此普遍应用于各类数控机床的主轴。

② 前支承采用高精度双列向心推力球轴承，如图 4-2（b）所示。向心推力球轴承具有良好的高速性能，主轴最高转速可达 4 000 r/min，但它的承载能力小，因而适用于高速、轻载和精密的数控机床的主轴。

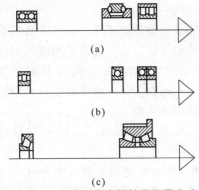

（a）

（b）

（c）

图 4-2 数控机床主轴轴承配置方式

③ 双列和单列圆锥滚子轴承，如图 4-2（c）所示。这种轴承能承受较大的径向和轴向力，能承受重载荷尤其能承受较强的动载荷，安装与调整性能好。但是这种配置方式限制了主轴最高转速和精度，因此适用于中等精度、低速与重载的数控机床主轴。

在主轴的结构上要处理好卡盘或刀具的装夹、主轴的卸荷、主轴轴承的定位和间隙调整、主轴部件的润滑和密封以及工艺上的一系列问题。为了尽可能减少主轴部件温升引起的热变形对机床工作精度的影响，通常用润滑油的循环系统把主轴部件的热量带走，使主轴部件与箱体保持恒定的温度。在某些数控镗铣床上采用专门的制冷装置，能比较理想地实现温度控制。近年来，某些数控机床主轴采用高级油脂，用封闭方式润滑，每加一次油脂可以使用 7～8 年，为了使润滑油和润滑脂不致混合，通常采用迷宫式密封。

对于数控车床主轴，因为它两端安装着结构笨重的动力卡盘和夹紧液压缸，主轴刚度必须进一步提高，并设计合理的连接端以改善动力卡盘与主轴端部的连接刚度。

对于数控镗铣床主轴，考虑到实现刀具的快速或自动装卸，主轴上还必须设计有刀具装卸、主轴准停和主轴孔内的切屑清除装置。

（2）主轴的自动装卸和切屑清除装置。在带有刀具库的自动换刀数控机床中，为实现刀具在主轴上的自动装卸，其主轴必须设计有刀具的自动夹紧机构，如图 4-3 所示。

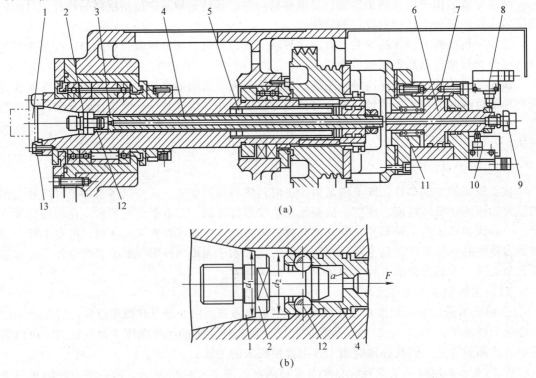

（a）

（b）

图 4-3 自动换刀数控立式镗床主轴部件（JCS-018）

1—刀夹；2—拉钉；3—主轴；4—拉杆；5—碟形弹簧；6—活塞；7—液压缸；
8，10—行程开关；9—压缩空气管接头；11—弹簧；12—钢球；13—端面键加工用的刀具通过各种标准刀夹（刀杆、刀柄和接杆等）安装在主轴上。刀夹 1 以锥度为 7 : 24 的锥柄在主轴 3 前端的锥孔中定位，并通过拧紧在锥柄尾部的拉钉 2 被拉紧在锥孔中。夹紧刀夹时，液压缸上（右）腔接通回油，弹簧 11 推活塞 6 上（右）移，处于图示位置，拉杆 4 在碟形弹簧 5 作用下向上（右）移动；由于此装置在拉杆前端径向孔中的四个钢球 12，进入主轴孔中直径较小的 d_2 处，如图 4 - 3（b）所示，被迫径向收拢而卡进拉钉 2 的环形凹槽内，因而刀杆被拉钉拉紧，依靠摩擦力紧固在主轴上。切削扭矩则由端面键 13 传递。换刀前需将刀夹松开时，压力油进入液压缸上（右）腔，活塞 6 推动拉杆 4 下（左）移，碟形弹簧被压缩；当钢球 12 随拉杆一起下（左）移至进入主轴孔中直径较大的 d_1 处时，它就不再能约束拉钉的头部，紧接着拉杆前端内孔的台肩端面 a 碰到拉钉，把刀夹顶松。此时行程开关 10 发出信号，换刀机械手随即将刀夹取下。与此同时，压缩空气管接头 9 经活塞和拉杆的中心通孔吹入主轴装刀孔内，把切屑或脏物清除干净，以保证刀具的安装精度。机械手把新刀装上主轴后，液压缸 7 接通回油，碟形弹簧又拉紧刀夹。刀夹拉紧后，行程开关 8 发出信号。

　　自动清除主轴孔中的切屑和尘埃是换刀操作中的一个不容忽视的问题。如果在主轴锥形孔中掉进了切屑或其他污物，在拉紧刀杆时，主轴锥孔表面和刀杆的锥柄就会被划伤，使刀杆发生偏斜，破坏了刀具的正确定位，影响了加工零件的精度，甚至使零件报废。为了保证主轴锥孔的清洁，常用压缩空气吹屑。如图 4 - 3 所示的活塞 6 的心部钻有压缩空气通道，当活塞向左移动时，压缩空气经拉杆 4 吹出，将锥孔清理干净。喷气小孔要有合理的喷射角度，并均匀分布，以提高吹屑效果。

　　（3）主轴准停装置。自动换刀数控机床主轴部件设有准停装置，其作用是使主轴每次都准确地停止在固定不变的周向位置上，以保证换刀时主轴上的端面键能对准刀夹上的键槽，同时使每次装刀时刀夹与主轴的相对位置不变，提高刀具的重复安装精度，从而可提高孔加工时孔径的一致性。如图 4 - 3 所示主轴部件采用的是电气准停装置，其工作原理如图 4 - 4 所示。

　　在传动主轴旋转的多楔带轮 1 的端面上装一个厚垫片 4，垫片上装有一个体积很小的永久磁铁 3。在主轴箱箱体的对应于主轴准停的位置上，装有磁传感器 2。当机床需要停车换刀时，数控装置发出主轴停转的指令，主轴电动机立即降速。在主轴以最低

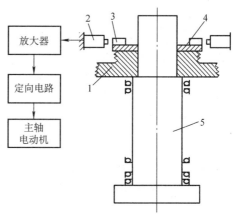

图 4 - 4　主轴准停装置的工作原理（JCS—018）
1—多楔带轮；2—磁传感器；
3—永久磁铁；4—垫片；5—主轴

转速慢转几转，永久磁铁 3 对准磁传感器 2 时，后者发出准停信号。此信号经放大后，由定向电路控制主轴电动机，准确地停止在规定的周向位置上。这种装置可保证主轴准停的重复精度在 ±1° 范围内。

4.2.2　数控机床的维护保养

　　严格按照规定对数控机床进行精心维护和保养，对保证数控机床良好的技术状态和延长其寿命是十分重要的。

1. 对数控机床操作人员的要求

操作人员的素质和他们正确使用机床、精心维护机床对数控机床的技术状态有很重要的影响，因此，必须对他们有如下基本要求：

（1）能正确熟练地操作，掌握编程方法，避免因操作失误造成机床故障。

（2）应熟悉机床的操作规程，维护保养和检查的内容及标准，润滑的具体部位及要求等。

（3）对运行中发现的任何异常征兆要认真处理和记录，会应急处理，并与修理人员配合做好机床故障的诊断和修理工作。

2. 数控机床的维护保养

数控机床的维护保养内容主要有：

（1）保持设备清洁。主要部位例如工作台、导轨、操作面板等，每班应清扫。每周对整机进行彻底的清扫和擦拭。特别要注意导轨、刀库中刀具上的切屑，要及时清扫。

（2）对各部位进行检查。需要日常检查的主要部位有液压、润滑、冷却装置的油位、油压；气动系统的气压；空气过滤装置、油雾润滑装置等；各紧急停车按钮及限位开关等。需定期检查的主要部位及内容有：传动皮带的张紧、磨损情况；液压油、润滑油、冷却液的清洁度；电动机及碳刷、整流子的磨损情况、导轨副的间隙等。

（3）对于检查结果，可酌情进行必要的调整与更换，例如更换油液、传动皮带、碳刷等。

必须强调指出，以上维护保养工作必须严格按照说明书上的方法和步骤进行，并且要耐心细致、一丝不苟地进行。

4.2.3 数控机床的故障诊断

数控机床是综合了计算机、自动控制、电气、液压、机械及测试等应用技术的十分复杂的系统，加之数控系统、机床整体种类繁多，功能各异，很难找出一种适合各种数控机床和数控系统的故障诊断方法。本节仅介绍一些数控机床故障诊断常用的一般步骤和一般方法。实际上这些方法是互相联系的，在实际的故障诊断中，往往是各种方法的综合应用。

1. 对数控机床维修人员的要求

（1）具有中专以上文化程度，具有较全面的专业技术（指电子技术、计算机技术、电机及拖动技术、自动控制技术、机械设计和制造技术、液压技术、测试技术等专业技术）知识。

（2）具有较丰富的机电维修的实践经验，并善于在数控机床维修实践中积累和总结，不断提高维修水平。

（3）熟悉并充分消化随机技术资料，特别是对整个系统很了解。

（4）熟悉机床各部分组成、工作原理及作用，掌握机床的基本操作。

2. 数控机床故障诊断的一般步骤

当数控机床出现故障时，首先由操作人员作临时紧急处理。这时不要关掉电源，应保持机床原来的状态，并及时对出现的故障现象和信号做好记录，以便向维修人员提供尽可能详尽和准确的故障情况。记录的主要内容有：故障的表现形式；故障发生时的操作方式和操作内容；报警号及故障指示灯的显示内容；故障发生时机床各部分的状态与位置；故障发生时有无其他偶然因素，例如突然停电、外线电压波动较大、有雷电、某部位进水等。

维修人员在对数控机床故障诊断时，一般按下列步骤进行：

（1）详细了解故障情况。维修人员在询问时，一定要仔细了解。例如，当机床发生振动、颤振现象时，一定要弄清是在全部轴发生还是在某一轴发生。如果是在某一轴发生，要弄清是在全行程发生还是在某一位置发生；是一运动就发生还是仅在快速、进给状态某速度、加速或减速的某一状态下发生。

（2）在了解故障情况的基础上对机床作初步检查。主要检查 CRT 上的显示内容，控制柜中的故障指示灯、状态指示灯或报警装置。在故障情况允许的前提下，最好开机试验，观察故障情况。

（3）分析故障，确定故障源查找方向和手段。有些故障与其他部分联系较少，容易确定查找的方向；而有些故障，其导致原因很多，难以用简单的方法确定出故障源查找方向，就需要仔细查阅有关的机床资料，弄清与故障有关的各种因素，确定出若干个需查找的方向，并逐一进行查找。

（4）由表及里进行故障源查找及故障查找。一般方法是从易到难、从外围到内部逐步进行。难易是指技术上的复杂程度、判断故障存在的难易程度、拆卸装配的难易程度。例如有些部位可直接接近或经过简单拆卸即可接近进行检查，而有些部位则需要进行大量的拆卸工作之后才能接近进行检查，显然应该先检查前者。

3. 数控机床故障诊断的常用方法

（1）根据报警号进行故障诊断。计算机数控系统大都具有很强的自诊断功能。当机床发生故障时，可对整个机床包括数控系统自身进行全面的检查和诊断，并将诊断到的故障或错误以报警号或错误代码的形式显示在 CRT 上。

报警号（错误代码）一般包括的故障（或错误）信息有：程序编制错误或操作错误；存储器工作不正常；伺服系统故障；可编程控制器故障；连接故障；温度、压力、油位等不正常；行程开关（或接近开关）状态不正确等。

维修人员可根据报警号指出的故障信息进行分析，缩小检查的范围，有目的地进行某个方面的检查。

（2）根据控制系统 LED 灯或数码管的指示进行故障诊断。这种方法如果和上述方法同时运用，可更加明确地指示出故障源的位置。

（3）根据可编程序控制器（PC）状态或梯形图进行故障诊断。数控机床上使用的 PC 控制器作用主要是进行开关量，例如位置、温度、压力、时间等的管理与控制，其控制对象一般是换刀系统、工作台板转换系统、液压系统、润滑系统、冷却系统等。这些系统具有大量的开关量测量反馈元件，发生故障的概率必然较大。特别在设备稳定磨损期，NC 系统与各电路板的故障较少，上述系统发生的故障可能会是主要的诊断目标。因此必须熟悉上述系统中各测量反馈元件的位置、作用、发生故障时的现象及后果，熟悉 PC 控制器，特别是弄清梯形图或逻辑图，以便从本质上认识故障，分析和诊断故障。

由于进行故障诊断时常常要确定一个传感元件是什么状态以及 PC 的某个输出是什么状

态，所以必须掌握 PC 控制器的输入输出状态。一般数控机床都能够从 CRT 上或 LED 指示灯上非常方便地确定 PC 控制器的输入输出状态。

（4）根据机床参数进行故障诊断。机床参数（也称机床常数）是通用的数控系统与具体的机床匹配时所确定的一组数据，它实际上是 NC 程序中未定的数据或可选择的方式。机床参数通常存于 RAM 中，由制造厂家根据所配机床的具体情况进行设定，部分参数需通过调试来确定。

由于某种原因，例如误操作原因可能使存在于 RAM 中的机床参数发生改变甚至丢失而引起机床故障。在维修过程中，有时也要利用某些机床参数对机床进行调整或作必要的修正。因此维修人员要熟悉机床参数，并在理解的基础上很好地利用（指查找故障、维修时的调整或修正），才能做好故障诊断和维修工作。

（5）根据诊断程序进行故障诊断。诊断程序是对数控机床各部分包括数控系统在内进行状态或故障检测的软件，当数控机床发生故障时，可利用该程序诊断出故障所在范围或具体位置。

诊断程序一般分为启动诊断（Startup Diagnostics）、在线诊断（Online Diagnostics）、离线诊断（Offline Diagnostics）三套程序。启动诊断指从通电开始到进入正常的运行准备状态止，CNC 内部诊断程序自动执行的诊断。一般情况下，该程序数秒之内可完成。它诊断的目的是确认系统的主要硬件可否正常工作，主要检查的硬件有：CPU、存储器、I/O 单元等印制板或模块；CRT/MDI 单元、阅读机、软盘单元等装置或外设。若被检测内容正常，CRT 则显示表明系统已进入正常运行的基本画面，否则，将显示报警信号。在线诊断是指在系统通过启动诊断进入运行状态后由内部诊断程序对 CNC 及与之相连接的外设、各伺服单元和伺服电机等进行的自动检测和诊断。只要系统不断电，在线诊断也就不会停止。在线诊断的诊断范围大，显示信息的内容也很多。离线诊断是利用专用的检测诊断程序进行的旨在最终查明故障原因，精确确定故障部位的高层次诊断。离线诊断的程序存储及使用方法多不相同。有些机床是将上述诊断程序与 CNC 控制程序一同存入 CNC 中，维修人员可以随时调用这些程序并使之运行，在 CRT 上观察诊断结果。但要注意，离线诊断程序往往由受过专门训练的维修专家调用和执行，以免调用和使用不当给机床和系统造成严重故障。所以厂商在供货时往往不向用户提供离线诊断程序或把离线诊断程序作为选择订货内容。

因篇幅限制，不展开讨论数控机床各系统的常见故障及处理方法，关于数控机床的数控系统常见故障及处理、伺服驱动系统常见故障及处理、机械系统常见故障及处理、液压系统常见故障与处理、气动系统常见故障与处理等可参看数控机床维修技术类书籍。

4.3 桥式起重机主梁下挠的处理

4.3.1 起重机桥架变形的分析及检测方法

桥架变形的主要表现形式是主梁拱度减小，甚至消失而出现下挠；主梁出现横向弯曲即所谓的侧弯；桥架对角线超差以及主梁腹板出现严重的波浪形等。

1. 桥架变形的原因分析

起重机桥架（主梁）上拱度指自水平线向上拱起的高度。下挠是指起重机空载时，主梁在垂直平面内所产生的整体变形，即主梁具有的原始上拱度向下产生了永久变形。但为了与习惯一致，我们把主梁上拱度低于原始上拱度而仍有部分上拱度称为上拱度减小；将空载时主梁低于水平线以下者称为下挠；将起重机承载后主梁所产生的拱度称为弹性下挠。为使负载小车在运行中的上坡度和下坡度达到最小值，通用桥式起重机（GB/T 14405—1993）对起重机主梁应有上拱，跨中上拱度应为（0.9/1 000～1.4/1 000）S，且最大上拱度应控制在跨中 $S/10$ 的范围内。主梁在跨度中心及与端梁连接处的拱度变化较为平滑，距跨度中心 x 处的任意点上拱度可按下式决定，如图 4-5 所示。

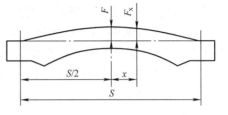

图 4-5　主梁的几何形状图

$$F_x = F\left[1 - \left(\frac{2x}{S}\right)^2\right] \qquad (4-1)$$

式中　F_x——主梁任意一点 x 处的上拱度；

　　　F——跨度中心的上拱度；

　　　x——任意一点到跨度中心的距离；

　　　S——起重机跨度。

桥式起重机的主梁上拱度值达不到标准规定要求，有的甚至在无负荷时已在水平线之下，即出现主梁下挠。主梁下挠变形常伴随发生主梁侧弯和腹板波浪形，统称为桥架变形。其中主梁下挠变形影响最大。产生桥架变形原因主要以下几点。

（1）不合理设计的影响。我国过去沿用苏联标准，主梁静刚度一律按 $S/700$ 设计，且都不作疲劳计算，片面地追求轻量化，主梁截面尺寸小，腹板薄，刚性差，使主梁过早地出现下挠变形。我国新的设计规范 A6 级主梁静刚度为 $S/800$，A7、A8 级达 $S/1$ 000，这就达到了先进国家标准。

（2）主梁制造工艺的影响。主梁拱形的成拱方法，对主梁拱度的消失有一定的影响。随着制造厂工艺方法的不断改善、生产与操作水平的提高，这种影响正在逐渐减小。

（3）结构内应力的影响。

① 焊接内应力。目前广泛生产的箱形结构桥架是一种典型的焊接结构，由于在焊接过程中局部金属的不均匀受热造成焊缝及其附近金属的收缩，导致主梁内部产生残余内应力。上、下盖板焊缝处附近产生拉应力，中间及其附近区产生压应力，腹板焊缝附近区为压应力，在同一部位的内应力又会产生叠加，这些叠加的内应力有时会超过金属的屈服极限而使桥架构件发生变形。随着使用时间的增长，结构的内应力就会逐渐消失，进而使原来几何精度合格的桥架产生相应的变形，而出现主梁下挠、侧弯等现象。

② 装配内应力。桥架是由主梁、端梁等主要构件强行装配拼焊成桥架几何体，这必然要产生装配内应力，当结构受力时，使内应力增大而产生过大的变形。

（4）不合理的起吊、存放、运输和安装的影响。起重机桥架是一种细长的大型构件，弹性较大，刚度较差，又因在制造中已经存在较大的内应力，不合理存放、运输、捆绑、起吊和安装都能引起桥架结构的变形。

（5）高温热辐射作用的影响。在高温环境下工作的桥式起重机桥架，由于热辐射的长期作用，会逐渐使金属材料的屈服极限降低，导致其抵抗外载荷作用的能力降低，以致使变形会逐渐发展和扩大。凡在热加工车间工作的桥架主梁上、下盖板温度差一般较大，下盖板受热烘烤屈服极限降低，纤维热胀伸长，在负载和自重的作用下会加剧其向下弯曲变形。

（6）不合理使用的影响。有些单位不严格执行起重机安全操作规程，为了单纯提高生产率而经常超载起吊，使起重机金属结构呈现疲劳状态，承载能力显著下降而增大结构的塑性变形。

起重机超载运行的另一种表现形式是实际使用状况往往超出了起重机设计的工作类型范围。如轻型起重机当做重型起重机来使用，这样长期工作的结果，势必造成起重机金属结构塑性变形。

2. 桥架变形的检查与测量

（1）大车跨度与大车轨道跨度的测量。测量跨度时，需要一个测量长度大于跨度值的钢盘尺，夹紧盘尺用平尺（如图 4-6 所示，自制）及 $100\sim150$ N（或 $10\sim15$ 公斤力[①]）的弹簧秤。夹紧钢盘尺时，应使盘尺上的刻度与平尺的测量边对齐，并应使盘尺与平尺测量边垂直。测量跨度时（如图 4-7 所示），由一人把平尺靠紧在轨道（或车轮）的外侧，另一人把弹簧秤挂在盘尺的端环上，按表 4-3 中规定的拉力把盘尺拉紧，然后用钢板尺在轨道或车轮内侧准确地读出测量数值。测量时允许盘尺因自重下挠，

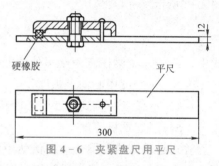

图 4-6 夹紧盘尺用平尺

不必扶起。考虑到盘尺受拉力后会伸长，用实测读数值加上表 4-3 的修正值，即为轨道（或大车）的实际跨度值。

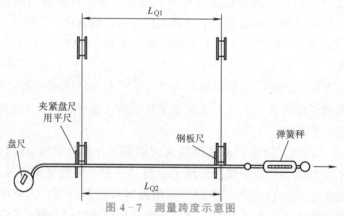

图 4-7 测量跨度示意图

（2）轨道标高的测量。用水平仪来测量轨道（大车、小车）顶面的标高是普遍应用的方法，既方便又准确。水平仪可架设在房梁架上（或起重机桥架端梁上）。将两轨道各对应点做上标志并编号，逐点立标杆测量，依据所测得的数据分析判断是否符合技术要求，也可绘出两根轨道的标高曲线图，可直观地反映出轨道在垂直方向的波浪曲线，并可判断出大车（小车）4 个车轮范围内的平面性。

---

① 1公斤力=9.8 N

表 4 - 3　测量跨度拉力值和修正值

拉力/N 修正值 盘尺截面尺寸/mm 跨度/mm		0.2×9	0.25×10	0.2×13	0.2×15	0.25×15
10.5	100	3	2	2	1	1
13.5	100	3	2	2	2	1
16.5	100	4	2	2	2	0
19.5	100	4	3	2	2	0
22.5	150	9	6	5	4	2
25.5	150	9	6	6	4	2
28.5	150	10	7	6	4	2
31.5	150	11	7	6	4	1

注：① 测所得钢尺上的读数加上修正值，为起重机轨道（大车）跨度；

② 测量时钢尺不应受风力影响；

③ 本表摘自 JB 1036—1982。

也可采用"连通器"法进行测量，测量前必须放尽"连通器"管道中的空气，否则将产生较大的测量误差。

（3）拱度与挠度的测量。

① 拉钢丝测量法。用拉钢丝法测量拱度，因其简单易行且在修理过程中可随时检查拱度值，故普遍应用。具体方法如图 4 - 8 所示。

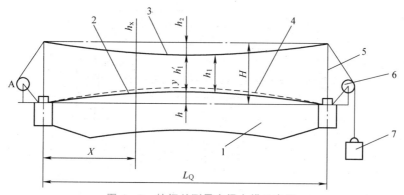

图 4 - 8　拉钢丝测量主梁上拱示意图

1—主梁；2—主梁拱度曲线；3—钢丝曲线；

4—日照拱度；5—支杆；6—滑轮；7—重锤

用 $\phi 0.5$ mm 的钢丝，一端固定在 A 点，另一端通过滑轮悬挂 $100 \sim 150$ N 的重锤 Q 来张紧钢丝。如图 4 - 8 中所示，H 为支杆高度，h_1 为钢尺测得的尺寸，h_2 为在跨度中点钢丝自重下挠值（可从表 4 - 4 中查得）。在 X 点的钢丝自重下挠值可用下式计算：

$$h_x = \frac{X \cdot q}{2Q}(L_Q - X) \qquad (4-2)$$

式中　h_x——X 点钢丝自重下挠值（cm）；

　　　X——测点至支杆的距离（cm）；

　　　q——钢丝单位长度的重量（N/cm），如钢丝直径为 0.5 mm，$q=0.000\,15$ N/cm；

　　　Q——重锤的重量（N）；

　　　L_Q——起重机的跨度（m）。

表 4-4　钢丝（直径 $\phi 0.5$ mm）下挠值

跨度 L_Q/m 下挠值 /mm Q/N	10.5	13.5	16.5	19.5	22.5	25.5	28.5	31.5
100	2.0	3.5	5.0	7.5	9.5	12.5	15.5	19.0
150	1.5	2.5	3.5	5.0	6.5	8.5	10.5	12.5

　　② 水平仪测量法。用水平仪测量起重机桥架拱度也是方便和准确的。水平仪可以架在起重机承轨梁上或同跨度另一台起重机主梁或端梁上，沿所测主梁上盖板筋板处所作标志逐点测量，亦可将水平仪支在较平的水泥地面上，沿起重机主梁上盖板放下带有刻度的标尺，同样可测得主梁各点的拱度值。依据测得各点的标高绘制两条主梁拱度曲线图。

　　（4）主梁水平侧弯的测量。用拉钢丝测量法测完拱度后，将支杆拆去，使钢丝与主梁上盖板紧贴，两端取对上盖板边缘等距（一般取 50 mm），如图 4-9 所示。以钢丝为测量基准，用钢板尺分段测出主梁水平侧弯值。按通用桥式起重机技术条件的规定，主梁在跨中的最大水平侧弯曲满足 f 满足：

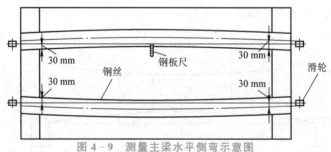

图 4-9　测量主梁水平侧弯示意图

$$f \leqslant \frac{L_Q}{2\,000} \text{ mm}$$

　　起重量小于 50 t 的起重机，主梁只允许向外弯曲。

4.3.2　主梁下挠变形对起重机使用性能的影响

　　起重机主梁下挠变形对其使用性能的影响如下。

1. 影响小车运行

　　箱形梁桥式起重机主梁产生的下挠变形和小车载重工作时，主梁产生的弹性变形叠加的总变形量如达到某一极限值时，小车轨道将产生较大的坡度，小车由跨度中心开往两端时不仅要克服正常运行的阻力，而且要克服爬坡的附加阻力。制动后小车有自动滑行的现象。这对于需要准确定位的起重机来说影响很大，严重时无法使用，甚至还可能烧坏小车运行电动机。

2. 影响大车运行机构正常工作

对于集中驱动的大车运行机构，起重机主梁下挠后，装置大车移动机构的走台也跟着下挠，容易形成超过联轴器所允许的偏斜角，使阻力增大，车轮、联轴器等磨损增加，齿折断，甚至烧毁大车电动机。所以，集中传动的大车运行机构在安装时各轴承座、减速器中心高与主动车轮中心在垂直方向需由两端向中心均匀提高 $S/2\,000$ 的上拱度。

3. 对主梁金属结构的影响

当起重机主梁发生严重下挠时，主梁下盖板和腹板的拉应力达到屈服极限，甚至在下盖板和腹板上会出现裂纹或脱焊。如起重机再继续频繁工作，将使主梁变形越来越大，疲劳裂纹逐步发展扩大，最终将使主梁报废。

4. 影响小车轮与轨道接触

由于两根主梁内外侧结构不对称，因而下挠的程度也不相同，致使小车的 4 个车轮不能同时与轨道接触，出现小车三条腿现象，使小车架受力不均。

5. 加剧桥架的振动

重物起升突然离地及货物下降突然制动时，如主梁下挠较大，会产生更大的振动，这种振动一般都是低频大振幅。对起重机司机室操作人员心理有较大的影响，使司机易于疲劳、降低生产效率。

4.3.3 主梁下挠应修界限

起重机主梁下挠后，将使主梁受力状况进一步恶化，承载能力降低，大、小车的运行性能都受到不同程度的影响。但起重机主梁究竟下挠到什么程度就不允许再使用呢？对于这个问题目前尚无明确规定。现初步提出如下界限：首先对起重机作额定载荷的静负荷试验，测出从主梁水平线算起的下挠量 $f_{载}$，如 $f_{载} \geqslant \dfrac{S}{700}$ 则建议维修。表 4-5 列出了标准跨度起重机在满载静负荷试验时允许的最大下挠值。

表 4-5 下挠应修界限值（满载）

跨度 S/m	10.5	13.5	16.5	19.5	22.5	25.5	28.5	31.5
$f_{载}$/mm	15	19	23.5	28	32	36.5	41	45

用额定载荷作静负荷试验来决定应修界限是比较简单而合理的方法，它包含了主梁本身的刚性。但无条件做额定载荷试验，或者对起重量小于 20 t 的起重机，可以按照空载时主梁下挠不超过 $S/1\,500$ 作为维修界限，即当 $f_{空} \geqslant \dfrac{S}{1\,500}$，则建议维修。标准跨度起重机在空载时允许的下挠值列于表 4-6。

表 4-6　下挠应修界限值（空载）

跨度 S/m	10.5	13.5	16.5	19.5	22.5	25.5	28.5	31.5
$f_载$/mm	7	9	11	13	15	17	19	21

4.3.4　起重机桥架变形的修复方法

起重机桥架变形的修复法有多种，一般可归纳为预应力拉杆矫正下挠法、火焰矫正法、加固焊接变形法以及火焰矫正与加固焊接变形法结合应用。

1. 预应力拉杆法矫正主梁下挠

此方法只能矫正主梁下挠并恢复上拱，其基本原理如图 4-10 所示。在主梁 1 下盖板两端焊接上支座 3，通过两支座安装若干拉杆 2，旋紧拉杆的螺母 4，使拉杆受预加负荷，由此主梁受到弯曲力矩，下盖板受压而压缩，上盖板受拉而伸长。继续旋紧拉杆螺母，主梁的下挠逐渐消失，直至恢复上拱度。

由江西省专利技术开发服务部发明的"应用预应力张拉器修复改造起重机主梁的方法"（获国家专利），就是按这一基本原理设计发明的。它是修复主梁上拱的新技术。该技术通过安装在主梁上的预应力张拉器系统产生均匀同步的张拉力来克服主梁下挠，其技术特点是：

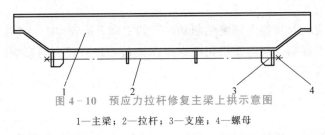

图 4-10　预应力拉杆修复主梁上拱示意图

1—主梁；2—拉杆；3—支座；4—螺母

① 张拉器系列化、标准化，适用于 1 t～75 t 箱形、桁架主梁桥式起重机和门式起重机，跨度不限。

② 施工时起重机的桁架保持原位，不落车，不占场地。

③ 张拉器系统制造容易，张拉工艺性好，施工方便。

④ 设备停机时间短（一般不超过 24 h），修复费用低。

⑤ 修后可靠性好，并能增加原结构的强度和刚度，在使用过程中，如预应力减少，可随时调整张拉器，保持上拱度的要求。

使用上述专利技术时，应注意以下两点：

① 主梁水平侧弯值未超过 S/2 000 mm 时，应用预应力张拉器修复主梁上拱后，不会使主梁水平侧弯比修前增大。

② 如主梁水平侧弯超过 S/2 000 mm 时，腹板波浪形超过规定允许值，应先修复主梁侧弯及腹板波浪形，才可应用预应力张拉器来修复上拱，或采用其他修理方法，综合考虑修复桥架变形。

2. 火焰矫正电焊加固法修复桥架变形

在主梁中性层的下部选择若干加热区，采用氧—乙炔火焰加热主梁腹板及下盖板某一部位至 700 ℃～800 ℃，由于加热区在加热时受到周围冷金属板的限制，不能自由热膨胀伸长而被塑性压缩，这些热塑性变形区在随后的冷却过程中收缩从而迫使主梁恢复上拱。由于火焰矫正使主梁存在新的残余应力，故如何消除应力是值得注意的问题。

采用火焰矫正修理桥架变形，灵活性大，可以矫正桥架的各种错综复杂的变形，如主梁整体下挠，主梁局部下挠，主梁侧弯，对角线相对差超差，端梁变形以及腹板波浪形等。

（1）火焰矫正的原则。火焰矫正法有可能使桥架内部残余应力增大，特别是在加热区冷却后会存在较大的拉应力，故采用火焰矫正桥架结构变形时应遵循如下原则：

① 切忌在结构的同一部位反复多次矫正。因为某部位一次加热冷却后会存在一定的拉应力，再次重复加热时，其变形量必然很小，矫正效果不大；另一方面重复多次加热可能引起加热部位金相组织的变化或屈服强度的降低。

② 对于重要的结构件，应避免使用变形相互抵消的矫正，如不应在主梁的同一截面的上、下部位布置对称的加热区。

③ 对于重要的受力部件或杆件，火焰矫正后不许用浇水急冷的方法，以免使材料变脆，产生裂纹。

④ 加热烘烧低碳钢时应严格掌握烘烤温度，避免在 300 ℃～500 ℃的兰脆温度下进行，以防产生裂纹。

⑤ 避免烘烤重要构件的危险断面，如主梁跨度中间部位。

⑥ 在制定桥架变形修理工艺时，应根据桥架变形的实际情况，在修理矫正一种主要变形的同时，要兼顾其他项变形的修理，制定综合修理工艺，以期收到事半功倍的效果。

（2）检查测量下挠量。为了制定矫正的工艺方案，必须对主梁下挠进行测量检查。为了全面恢复，还应该同时检查旁弯（主梁水平面内的弯曲变形），腹板波浪，两根小车轨道的平行性等。

（3）火焰矫正部位的选择。合理地选择火焰矫正部位，是达到火焰矫正目的的关键。桥架主梁的变形往往是错综复杂的，常常是几种变形同时存在。因此，如何减少火焰矫正区的数量和矫正次数使加热某一部位能够同时矫正几个方面的变形是努力的方向。单一地逐项分别矫正，不仅增加了不必要的矫正工作量，也使主梁结构内应力变得复杂。在一般情况下，首先应考虑矫正主梁的下挠。在选择矫正下挠部位及面积大小的同时，应考虑主梁侧弯的矫正；在选择矫正腹板波浪形部位的同时，也应重视侧弯的矫正。

箱形主梁火焰矫正的变形规律是加热主梁的上盖板会使主梁向下挠曲；加热主梁的下部会使主梁向上拱起；加热桥架走台会使主梁向内弯曲；加热主梁的内侧会使主梁向走台侧弯曲；上盖板上进行带状加热，同时在某一侧的腹板上相应地进行一个三角形加热时，则箱形梁将向下及向左两个方向产生合向变形。

当只在主梁的上盖板上进行带状加热时，因有走台，整个结构的纵向重心线偏向走台侧，因而整个结构的变形除向下弯曲外又有向走台方向弯曲的趋向。在掌握了上述变形规律的基础上就可以采用火焰矫正法，将一个变形错综复杂的结构矫正成符合要求的外形尺寸。

（4）顶起主梁。上拱的恢复可以在地面也可以在高空进行。在地面恢复比较彻底、操作安全。但要有大的起重设备，而且占车间地面的面积较多，停车处理时间也较长。而在高空处理，既不多占地面也不要大的起重设备，停车时间也比在地面处理要短，故多采用高空处理下挠的方式。

顶起主梁采用立柱和油压千斤顶配合顶起。顶杆用无缝钢管为好，管径大小决定于起重机的自重。最后要校核立柱的压杆稳定，对于自重为20 t、高度在10 m之内的桥式起重机，立柱外径可选为200～250 mm，钢管壁厚在10 mm以上。

油压千斤顶放在立柱与主梁下盖板之间，为了不使主梁受力集中而局部变形，在千斤顶上再放一块钢垫板。立柱放在枕木上，用拖拉绳拉好（如图4-11所示）。

油压千斤顶顶起主梁使车轮脱离大车轨道约20 mm即可。不要顶得过高以免主梁发生旁弯。

（5）主梁上拱的修复。为了修复主梁的上拱，可应用前面所述的检查测量方法，测出主梁各点的标高，并分别画出传动侧梁，导电侧梁的上拱或下挠曲

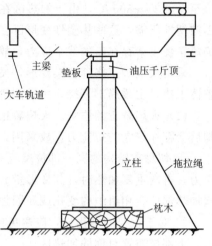

图4-11 顶起主梁施工示意图

线图，来确定在主梁下盖板上进行带状加热点及烘烤面积的大小。同时在相应部位的腹板上进行三角形加热，如图4-12所示。

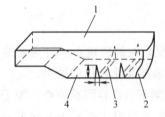

图4-12 加热示例

1—上盖板；2—下盖板；
3—加热带；4—腹板

选择加热区的位置时，若主梁下挠变形曲线是一条近似平滑的弧线，则加热区应从主梁中心向两端对称分布。按前述火焰矫正原则，应尽量避免在跨中2～3 m的范围内布置加热区，尽管加热区越靠近主梁跨中，会获得明显的矫正效果。当主梁下挠变形曲线不规则时，则应在主梁局部凹陷处多布置加热区域加大该区的加热面积。通常情况下，下盖板的带状加热面宽度在80～100 mm为宜。因为太宽操作有困难，且很难使整个加热区在短时间内均匀加热到所需的温度。反之，若加热面太窄，虽操作方便，但变形量小，矫正效果也差。在相应位置上的腹板三角形加热面，其底边与下盖板加热面宽度一致，其高度一般取腹板高度的1/3～1/4，绝不可越过腹板高的1/2。

在火焰烘烤前，首先将小车固定在驾驶室对面的端梁一端，并用千斤顶将主梁中间顶起，使一端的大车轮离开轨道，利用起重机的自重使下盖板加热区处于受压状态，以期增大矫正效果。

若初步确定矫正拱度的加热区的数量、位置和面积大小如图4-13所示，则矫正时可先加热1、8和3、6四个部位，待冷却后松开千斤顶，测量主梁矫正的效果。若拱度与要求相差较大，可再加热4、5部位，若相差较小，则可加热2、7部位。加热之前仍需用千斤顶顶起主梁，然后再根据矫正后实测数据确定是否增加或改变加热部位。对经验不足的操作人员要防止矫正量超限，多观测是必要的。

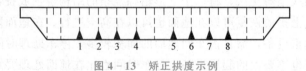

图4-13 矫正拱度示例

加热下盖板时，通常由两名气焊工先在加热宽度的中央由梁的两端同时向梁中心加热，加热一窄条，然后由窄条向两边扩展。在下盖板带状加热区均匀加热至 700 ℃～800 ℃以后，两个烤嘴可同时移动到两侧腹板的三角形加热区。

如果需要更换小车轨道，轨道压板的焊缝尽量不用气割，最好用风铲铲掉，否则主梁会加大下挠。同时应考虑因焊接轨道压板，会使主梁拱度减小，故烘烤矫正上拱的量应适当加大。焊接轨道压板造成主梁拱度的减少量一般为 3～10 mm。对大跨度的起重机取上限，小跨度起重机取下限，大吨位起重机变形小，小吨位起重机变形大。

（6）加固方法。一般情况下，起重机的合理设计及制造工艺是能够保证起重机的强度和刚度的，火焰矫正后并不一定要加固，上拱度基本上保持稳定，并能保证使用要求。但是，由于火焰矫正增加了残余应力，这些复杂的内应力在起重机使用过程中将逐渐趋于均匀化或消失，这就有可能导致主梁再次出现下挠或产生其他变形。特别是经常满负荷甚至超载使用的起重机，再次出现主梁下挠的可能性更大。在企业生产中，不乏这样的实例。对经常满负荷并使用频繁的起重机，为了保证长期稳定地使用，在主梁变形火焰矫正后，有必要适当加固。

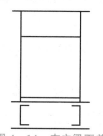

图 4－14　在主梁下盖板处加固示意图

加固办法是在原主梁的下盖板下面，满焊上一对槽钢，其上覆盖一块通常为满焊的盖板，如图 4－14 所示。盖板的宽度与主梁下盖板相同。按这一方案，小跨度的起重机重量只增加 4％左右，大跨度起重机的重量增加 10％左右，主梁断面惯性矩增大 20％左右。一些企业采用上述加固方案的实践证明，使用效果良好，外形也较美观。

4.4　电气设备维修

不论是什么电气线路与设备，出现故障的原因无非是线路接触不良、某些元器件质量变劣、电路设计不合理以及使用者操作不当等。

4.4.1　电气线路与设备故障类型

电气线路与设备的故障虽然是多种多样的，但归纳起来可分为以下几种类型。

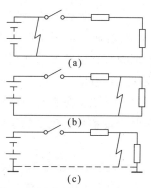

图 4－15　各种短路故障示意图

1. 短路故障

所谓短路，是指电源不经负载构成回路，或线路中某处不经负载而接通，或线路中输出电流的导线因绝缘破坏而接地。短路使用电设备不能正常工作，各种短路故障示意图如图 4－15 所示。

短路时，负载线路电阻等于零，由于电源电压会全部降落到内电阻上，所以会产生巨大的电流，不仅使电源过载，导线过热导致绝缘破坏，而且严重时还可能引起火灾。

短路是一种严重的事故，应该尽力防止。但是，有时为了某种需要，也常常人为地将线路中某一部分短路，以便检查、分析故障所在。这就是检查时常用的短路法。

产生短路故障的原因有导线绝缘破坏并相互接触造成碰线；开关、接线盒、灯座等外接线松脱造成线间相碰；接线时操作不慎或因错误使两线接头相碰，或线路线头直接碰地等。

2. 漏电故障

出现漏电现象的原因主要是电气线路与设备绝缘不良；连接导线受潮；绝缘老化、破损等。

漏电严重时，不仅会使导线发热，耗电量增加，而且还会造成机体带电，接触麻手，甚至会被电击。

漏电故障在电气故障率中发生率较高，尤其是农电及照明线路等出现的概率较大，这主要是由于特殊的工作环境（受雨雪及氧化的影响）所致。

3. 断路故障

所谓断路（又称开路）是指线路中某点因故障断开，回路中无电流通过负载，使用电负载不能正常工作。线路出现断路故障，多半是由于导线折断、连接点松动或接触不良所致。在照明线路中，常常是由于导线连接处经长期使用氧化造成的。

4. 变质故障

所谓变质，对于电气设备来说，即元器件与要求的参数相差太远。如阻值增大，电容量变小，三极管放大倍数变小、穿透电流变大、温度特性变坏、反向电阻变小等。

在检修电气线路时，在搞清原理的基础上抓住上述这些本质的东西就可以较快捷地将故障排除。

4.4.2 检修电气线路与设备故障常用的方法

检修电气线路与设备故障的方法很多，从使用效果来看，可以归纳为以下几种方法。

1. 直观检查法

直观检查法不借助仪器和仪表，仅凭眼睛或其他感觉器官，即眼（看）、耳（听）、鼻（闻）、手（拨和摸），以及应用必要的工具（如螺丝刀）对电气线路或设备进行外表检查，从而发现损坏部位或故障原因。这种检查方法十分简捷，对检修电气线路与设备故障十分有效。

（1）眼看。首先观察电气线路或设备上的各接线头、各种开关、熔断器、断路器、按钮、旋钮等是否处于正常位置或有无松动（指断路器、熔断器），然后通电，观察电气线路或设备相关处有无冒烟、打火等异常现象。断电后，可视情况分别观察相应部分的连接和闸刀、开关和连接是否异常或发热，电子控制电路的电路板及集成块是否有断裂、损坏，晶体管、电容器、电阻器、变压器等元器件有无缺损、烧焦和爆裂现象，导线上是否有烧焦痕或鼓包处，是否有折断压痕等。在允许通电的情况下，还可以观察电气设备相关机械的运转和传动系统的运行是否正常。

（2）耳听。电气线路与设备通电后，仔细听有无异常声音，如线路接头处有无打火声、电气设备运行时有无机械零件碰击声、按动某一功能键时继电器有无正常的吸合声等。利用耳听法还可积累对各种电气线路或设备的启动、各种开关的开或闭等工作方式的感性认识，使维修各种电气线路与设备故障变得简单。

（3）手摸（拨、拉）。轻拉各种电气线路或设备的连线、传动皮带盘等，凭手感判断其接触是否牢固，松紧程度是否正常。只要不断积累手感的实践经验，凭手感也可以很快发现故障部位或故障元件（零件）。

（4）鼻闻。鼻闻电气线路或设备有无焦味或其他怪味出现，找出发出气味的部位或元件（零件、接线），也有助于维修工作的顺利进行。

2. 电位分析法

电位分析法是电气线路故障检查的最根本的方法之一。电气线路在不同的工作状态下，各点会有不同的电位。因此，可以通过分析和测量电气线路中某些点的电压及其分布情况来确定电气线路故障的类型和部位。

以图 4-16（a）所示电路为例，设电源电压为 220 V，负载电阻 $R_1=3R_2$，忽略导线的电阻，则不难算出在正常情况下，线路中 L、1、2、3、4 各点对基准（0 V）点 N 的电位分别为：

$$U_L=U_1=220 \text{ V}$$

$$U_2=U_3=220 \times R_2 / (R_1+R_2) = 220 \times \frac{1}{4} = 55 \text{ V}$$

$$U_4=U_N=0 \text{ V}$$

由此可画出其电位分布曲线如图 4-16（b）所示。

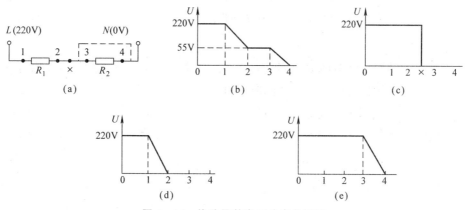

图 4-16　线路及其电压分布曲线图

（1）当"×"处断路时，如果电气线路在图 4-16（a）中打"×"号处断路，则测得的各点电压如下：

$$U_L=U_1=U_2=220 \text{ V}$$

$$U_3=U_4=U_N=0 \text{ V}$$

由此可画出"×"处断路时电压分布如图 4-16（c）所示。

（2）当 R_2 短路时，如果电气线路中负载 R_2 短路（如图 4-16（a）中虚线所示），则测得的各点电压如下：

$$U_L=U_1=220 \text{ V}$$

$$U_2=U_3=U_4=U_N=0 \text{ V}$$

由此可画出 R_2 短路时电压分布曲线如图 4-16（d）所示。

（3）当 R_1 短路时，如果电气线路中负载 R_1 短路，则测得的各点电压如下：

$$U_L = U_1 = U_2 = U_3 = 220 \text{ V}$$
$$U_4 = U_N = 0 \text{ V}$$

由此可画出 R_1 短路时电压分布曲线如图 4-16（e）所示。

以上就是电位分析法查找电气线路故障的基本原理。

在电气线路的实际检修中，采用电位分析法判断电气线路故障是比较便利的。用试电笔检测电气线路故障时，氖管的暗亮程度就是电位分析法的一种典型应用。

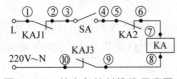

图 4-17　某电气控制线路示意图

（4）一个实例。某电气控制线路如图 4-17 所示。其中 KA 为电磁铁线圈，SA 为控制开关，KAJ1、KAJ2、KAJ3 为继电器触点。故障现象为：闭合开关 SA 后，电磁铁不工作。

此时根据试电笔指示的亮暗程度，判断故障的原因如下：

若在①～⑧点上测试，试电笔可以点亮，⑨、⑩点不亮，则故障为⑧与⑨点之间的连接导线有断路处；

若在①～⑤点上测试，试电笔可以点亮，⑥～⑩点不亮，则故障为 KAJ2 触点接触不良；

若开关 SA 尚未闭合，但用试笔测①～⑦点均点亮，而⑧～⑩点不亮，则说明电气线路有两处故障：开关 SA 内部短路且电磁铁 KA 的绕组（或连接线）开路。

3. 电压测量法

在检查电气线路与设备故障时，测量有关线路的交流或直流电压来查找故障所在，可以说是最常用也是最有效的方法之一。检测时，可将万用表转换开关置于交流或直流合适的档位，测量故障电路的线路电压或电气元器件的接点电压，以此来确定故障点或故障原因。

（1）电压分阶测量法。以图 4-18 所示电路为例，分阶检测方法与步骤如下所述。

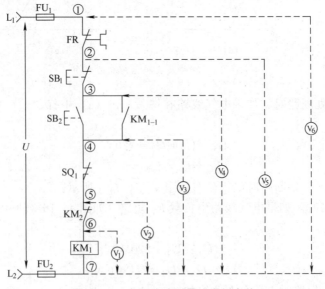

图 4-18　电压分阶测量法举例电路

① 测量 L_1 与 L_2 间电压。

先用万用表检测 L_1 与 L_2 之间的电压 U，如 L_1、L_2 为相电压，U 应为 380 V（如 L_1、L_2 通过控制变压器供电，则控制电压常见的有如下几种：220 V、127 V、110 V、36 V 等）。

② 测量 U_6。测量点①与⑦点之间的电压 U_6，正常值应为电源电压 U，如无电压应检查熔断器 FU_1、FU_2 是否熔断。如熔断，应检查交流接触器线圈是否有短路，其铁芯机械运动是否受阻；检查熔断器熔体是否接触良好，其额定值是否偏小。

③ 检测 $U_5 \sim U_1$。按下 SB_2 不放，用一表笔（如黑表笔）接在⑦点上，另一表笔（红表笔）分别去测 V_1、V_2、V_3、V_4、V_5、V_6 电压。正常电压均为电源电压 U。

若测到某一点（如⑥点）电压为 0 V，则说明是断路故障，将红表笔向上移，当移至某点（如④点）有正常的电压 U，说明该点之上的（如③、②、①点）触点或线路是完好的，该点之下的触点或电路有断路。一般来说，该点之后的第一个触点断路或连线断路。

为了确认这一诊断的正确性，可进一步用分段电阻测量法确认。有经验的维修人员，对接点较多的线路往往不会逐点去测量，而是用红表笔跳跃性地前移和后移来测量接点电压，以提高查找故障的效率。

（2）电压分段测量法。以图 4-19 所示电路为例，电压分段检测方法与步骤如下所述。

① 检测 V_6 电压。用万用表测量①与⑦点之间的电压，正常值应为电源电压 U。如无电压，应检查 FU_1、FU_2。

② 检测 $V_6 \sim V_1$ 电压。

按下启动按钮 SB_2 不放，用万用表两表笔逐渐测量相邻两标号点①与②、②与③、③与④、④与⑤、⑤与⑥、⑥与⑦间的电压。如果接触点接触良好，⑥与⑦两点间即交流接触器线圈 KM_1 电压应为电源电压 U，其他任意相邻两点间的电压都应为 0 V。

如果测得的电压不为 0 V 且指针不停在摆动，说明这两点所包含的触点、接线似通非通，呈接触不良状。

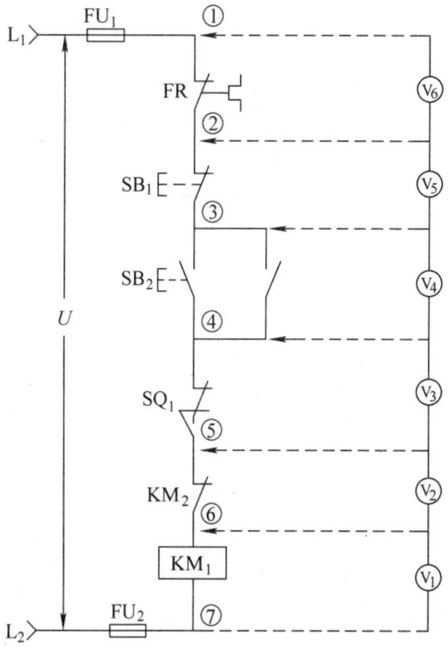

如果测得的电压为电源电压 U，说明该两点间包含的触点、接线接触不良或断路。例如，②与③点间电压为 U，说明停止按钮 SB_1 开关触点接触不良或开路。

图 4-19　电压分段测量法举例电路

（3）测量电压降法。测量电压降法是用万用表电压挡，测量回路中各元件上的电压降。使用测电压降法不需断开回路电源，但表针量程应大于电源电压。查直流二次回路用万用表直流电压挡，查交流回路用交流电压挡。

使用测电压降法的原理是在回路处于接通状态下，接触良好的接点两端电压应等于零。若不为零或为电源电压，说明该接点接触不良或未接通，而回路中其他元件基本完好。电流线圈两端电压正常时应近似于零，电压线圈两端则应有一定电压。回路中仅有一个电压线圈、无串联电阻时，电压线圈两端电压应接近电源电压。

（4）测对地电位法。测对地电位法应先分析被测回路各点的对地电位和极性，把测量值与分析结果及极性相比较，通常就可以判断出故障点。该方法既适用于查找直流二次回路断路故障，也适用于直流二次回路的两个断开点的故障，测量时不需要断开电源。

测对地电位法的原理是：根据故障情况进行电位分析，然后测量。所测值和极性与分析的相同，或误差不大，表明各元件良好。若与分析相反或误差很大，表明这部分有问题。若某点的电位为零，说明这点两侧都有断开点。

4. 阻抗分析法

构成电气装置的任何回路，通常都具有一定的阻抗。当回路短路时，其阻抗为 $0\ \Omega$；当回路开路时，其阻抗为 ∞。因此，可以通过测量和分析回路阻抗值的大小来判断电气线路故障。

阻抗包括电阻和电抗，但在许多情况下，只要测量和分析回路电阻（直流电阻），便可查找出电气线路故障。

（1）对于电磁接触器电路。电磁接触器常见控制电路如图 4 – 20（a）所示。若电路正常，合上开关 SA 以后，测量各部分的电阻正常值应为：①与④两点间电阻为 $0\ \Omega$；①与⑤两点间电阻应为某一值；⑤与⑧两点间电阻为 $0\ \Omega$。

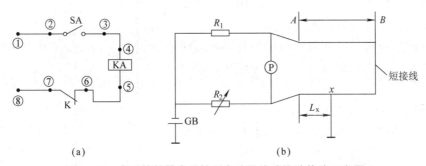

(a)　　　　　　　　　　　　　　(b)

图 4 – 20　电磁接触器常见控制电路及线路接地故障示意图

若接触器 KA 不能吸合，说明电路存在如下故障：

合上开关 SA，测得①与④两点间电阻为 ∞，则故障原因为开关 SA 触点不能正常导通，或者是①与④两点间导线有断路处；

若测得接触器线圈两端电阻为 $0\ \Omega$，或比正常值小许多，说明线圈内部绕组有短路（也包括匝间短路）现象存在。

若测得④与⑧两点间电阻值为 ∞，则故障原因为④与⑧两点间有导线断路，或 KA 线圈断路，或 K 触点接触不良。

（2）对于线路故障。通过测量导线电阻可以找到线缆接地或短路故障点。电路原理如图 4 – 20（b）所示。

线缆 A 与 B 一般在 X 处发生接地故障，若线缆全长 L，A 端至故障点的距离为 L_x。单位长工度导线电阻均为 R_0（Ω/m），$(2L-L_x)R_0$、$L_x R_0$ 和 R_1、R_2 构成了一个电桥电路。调整电阻 R_2，则

$$R_1 \cdot L_x R_0 = R_2 \cdot (2L-L_x) R_0$$

$$L_x = 2L R_2 / (R_1+R_2)$$

成立。例如，已知线缆全长为 500 m，当电桥电路平衡时，$R_1 = 100\ \Omega$，$R_2 = 31.5\ \Omega$，则接地故障点距测量端 A 的距离为

$$L_x = 2 \times 31.5 \times 500/(100 + 31.5) = 239.5\ \mathrm{m}$$

5. 经验法

经验法就是：应用在检修中长期积累的一些经验来检修同类或类似设备或线路出现的一些常见性故障。例如，启动控制电路发生故障变为点动、不能自锁，其故障点往往是与启动按钮并联的交流接触器常开触点通电闭合时接触不良或接线松动等有关。

再如，X62W 型万用铣床变速冲动失灵，多数情况下都是冲动开关的常开触点在瞬间闭合时接触不良（其次是冲动行程开关松动、位置发生了变化），变速手柄推回原位的过程中，机械装置未碰上冲动行程开关所致。

总之，运用经验法检修电气线路故障或设备时，是根据自己日积月累获得的实际经验来进行的，故在日常检修中应注意积累自己的或别人的检修经验。

电气线路与设备故障的检修，不可忽视机械对电气控制的影响。许多电气设备的电器元件的动作是由机械、液压传动来推动，因此在进行电气线路与设备故障检修之前，应注意检查、调整和排除机械、液压部分的故障，这对电气检修是很有帮助的。

上述检修方法可以交叉进行，应以方便、快捷地查出故障点为原则而灵活性地运用。

4.4.3　电气线路与设备故障检修顺序

电气线路与设备故障常见的是具有外特征直观性的故障与没有外特征的隐性故障。

具有外特征直观性故障。如电动机、电器明显发热、冒烟、散发焦臭味，线圈变色，接触点产生火花或异常，熔断器断开，熔断器跳闸等。这类故障往往是电动机、电器绕组过载，线圈绝缘下降或击穿损坏，机械阻力过大或机械卡死，短路或接地所致。

没有外特征隐性故障。这种故障检修难度较大，也是主要故障，其主要问题在电气线路或设备元件本身。如电气元件调整不当、损坏，或电气元件与机械操作杆配合不当（如磨损）、松动错位，电气元件机械部分动作不灵，触点及压接线头接触不良或松脱，导线绝缘层磨破，元件参数设置不当或元件选择不当等。

无论哪一种类型的故障，其检修故障的思路是基本相同的，通常可采用以下顺序来查找故障元件：

检修前的询问与直观检查→进行电路分析，确定故障范围→逐渐缩小故障范围

（1）检修前的询问与直观检查。

检修前的询问与直观检查是电气线路与设备故障检修的前奏，是帮助分析的第一手资料。调查研究正确、全面，对检修工作往往能起到事半功倍的效果。调查研究的主要内容是问、闻、看、听、摸等，这部分内容以上已经介绍过，这里不再赘述。

通过调查研究，通常就可以将具有外特征直观性的故障找出，对较熟悉的电气线路与设备还可大致确定故障范围。

（2）进行电路分析，确定故障范围。

对于复杂的电气线路与设备的检修，应根据电气控制关系和原理图，分析确定故障的可能范围，查找故障点。电气线路与设备的电路总是由主电路和控制电路两部分构成的，主电

路故障一般较简单、直观、易于查找，其复杂性主要表现在控制电路上。

通常，一个复杂的控制电路又总是由若干个基本控制单元或环节组成的。它们就像积木块一样，根据电气线路与设备的功能、生产工艺和控制要求，通过设计有机地组合在一起来完成控制任务。

进行故障检修时，应根据故障现象结合电气原理图和控制关系，确定故障可能的单元或环节，再根据主电路的连线特征，如正反转的换相连线、降压启动的星形—三角形连线、调速电阻或变频器连线、晶体管的触发极连线等找到相应的控制电器或控制单元，还可根据电器辅助点的连锁连线查找相应的电器或单元，在此基础上进一步即可确定出准确的故障点，以便找出问题所在。

（3）逐渐缩小故障范围。

经过直观检查未找到故障点时，可通过电试验控制电路的动作关系逐块排除故障以查找故障点。例如，按工艺要求操作某（些）按钮、开关、操作杆时，线路中相应的交流接触器、继电器应按规定的动作关系工作。否则，就是与不动作的电器或动作关系有问题的电器相关联的电路有故障，或该电器本身有问题。应先检查不动作的电器是否有问题，如线圈损坏、触点磨损、变速手柄经常受冲击磨损等。其次再对相关的电路进行逐项分析与检查，故障通常即可被查出。

上述方法一般适用于维修人员较熟悉待修的电气线路与设备的电气控制关系的情况。试验时，应断开电动机等运行电器的电源线，以免发生事故。

电气线路与设备的功能越多，电气控制关系就越复杂。对于一些隐性故障，往往是故障虽小，但分析、查找故障点麻烦，常常需要使用各类测量工具才能找出故障。因此，在进行故障直观检查以及对故障部位进行分析时，应仔细、认真，不要放过任何一点蛛丝马迹，以免使检修走弯路。

4.4.4　电动机常见故障与维修技术

1. 电动机运行时的常见故障及处理方法

电动机通过长期的运行，会发生各种电气故障和机械故障。主要故障如下：

（1）通电后电动机不能转动，但无异响，也无异味和冒烟。原因可能是：

① 有两相以上电源未通；

② 有两相以上的熔丝熔断；

③ 过电流继电器调得过小；

④ 控制回路接线错误。

针对以上四点，可分别采取对应的处理方法：

① 仔细检查电源回路开关，接线盒是否有松脱、断点，若有，予以修复；

② 检查熔丝情况，若熔断，可更换新熔丝；

③ 调整过电流继电器的整定值，使其与电动机配合；

④ 仔细检查控制回路的接线情况，若错误，则依据原理接线图正确接线。

（2）通电后电动机不转，然后熔丝熔断。原因可能是：

① 缺一相电源；

② 定子绕组发生相间短路或接地故障；

③ 熔丝截面过小；

④ 电源线发生短路或接地故障。

可分别采取下列对策：

① 检查刀开关是否有一相未合好或电源回路有一相断线；

② 检查定子绕组电阻值及绝缘情况，查出短路点，予以修复；

③ 更换截面较大的熔丝；

④ 检查电源线，消除故障点。

（3）通电后电动机不转，但发出低沉的"嗡嗡"声。原因如下：

① 电源电压过低；

② 电源一相失电或定子、转子绕组有断线故障；

③ 绕组引出线始末端接错或绕组内部接反；

④ 电动机负载过大或转子卡住。

针对上述几点，应首先切断电源，然后分别采取下列措施：

① 检查电源接线，是否将规定的△联结误接为丫联结并予以纠正；

② 检查电源和定子、转子绕组，查明断点，予以修复；

③ 检查绕组极性，判断绕组首末端是否正确；

④ 减少负载，消除机械故障。

（4）电动机启动困难，带负载运行时转速低于额定值。原因可能是：

① 电源电压过低；

② 笼型转子断裂或开焊；

③ 转子绕组发生一相断线；

④ 电刷与集电环接触不良；

⑤ 负载过大。

可采取的措施分别是：

① 用万用表检查电动机输入端的电源电压，是否将△联结误为丫联结；

② 检查笼型转子断点，采用正确的方法进行修复或予以更换；

③ 用万用表检查绕组断线处，并予以排除；

④ 调整电刷压力及改善电刷与集电环接触面；

⑤ 选择较大容量的电动机或减轻负载。

（5）电动机空载或负载时，电流表指针来回摆动。原因可能是：

① 绕线式转子发生一相断路或电刷、集电环短路装置接触不良；

② 笼型转子断线或开焊。

针对上述第①点，可以检查转子绕组回路，查到断路点，调整电刷压力与改善电刷状况，修理或更换短路装置。

（6）运行中电动机，回路电流正常，但温升超过规定值。可能原因是电动机的通风散热冷却系统发生故障，如通风道积垢堵塞，周围环境温度过高，空气流通不畅，散热不良等。可检查冷却系统情况，处理上述问题。

（7）电动机运行时响声不正常，有异响。原因可能有：

① 定子与转子相擦；

② 轴承磨损或油内有砂粒等异物；

③ 转子轴承严重缺油；

④ 风道堵塞或风扇碰壳；

⑤ 定子绕组错接或发生短路。

处理方法包括：

① 锉去定转子硅钢片突出部分，或更换轴承、端盖等；

② 清洗轴承或予以更换；

③ 加新油；

④ 清理风道，校正风扇，拧紧螺钉；

⑤ 消除定子绕组故障。

（8）运行中电动机振动较大。原因可能有：

① 由于磨损造成轴承间隙过大；

② 气隙不均匀；

③ 铁芯变形或松动；

④ 风扇不平衡；

⑤ 机壳或基础强度不够，电动机地脚螺钉松动；

⑥ 定子或转子绕组短路。

处理方法包括：

① 检修轴承，必要时更换；

② 调整气隙，使之均匀；

③ 校正重叠铁芯；

④ 检修风扇，校正平衡，纠正其几何形状；

⑤ 加固基础，紧固地脚螺钉；

⑥ 检查绕组，寻找故障点，并予以修复。

（9）运行中的电动机过热甚至冒烟，有焦臭味。原因可能有：

① 电源电压过高，使铁芯发热大大增加；

② 电源电压过低，电动机又带额定负载运行，电流过大使绕组发热；

③ 电动机过载或频繁启动；

④ 周围环境温度高，电动机表面污垢多，或通风道堵塞；

⑤ 定子绕组发生相间、匝间短路或内部连接错误。

处理方法包括：

① 调整供电变压器分接头，降低电源电压；

② 减少负载，按规定次数控制电动机启动；

③ 清洗电动机，改善环境温度，采取降温措施；

④ 检修定子绕组，消除故障。

2. 电动机维修技术

（1）电动机的拆装。在检查、清洗、修理电动机内部，或换润滑油、轴承时，均需把电动机拆开。掌握正确的拆卸和装配技术，可以避免电动机各零部件遭受不应有的损坏，也可以避免将装配位置弄错，保证修理质量。下面介绍三相笼型转子异步电动机的拆卸工艺。

① 拆卸前的准备。拆卸前作好以下工作：

a. 准备好各种拆卸工具，清洁现场；

b. 在线头、轴承盖、螺钉、端盖等部件上做好记号；

c. 拆除电源线和保护接地线；

d. 拧下地脚螺母，将电动机搬离基础，移至解体现场。

② 拆卸。电动机的拆卸按以下步骤进行：

a. 拆卸皮带轮。将皮带轮上的固定螺栓或销子松脱，用拉具将皮带轮慢慢拉出来；

b. 拆下电动机尾部风罩和尾部扇叶；

c. 拆下前后轴承外盖，松开两侧端盖紧固螺栓，使端盖与机壳分离；

d. 抽出转子。在抽出转子前，应在转子下面气隙和绕组端部垫上厚纸板，以免碰伤铁芯和绕组。小型电动机的转子可以直接用手抽出，大型电动机需用起重设备吊出；

e. 拆下前后轴盖和轴承内盖。

③ 装配。电动机的装配工序大体与拆卸顺序相反。装配时应注意下列事项：

a. 装配电动机前应彻底清扫定子、转子内间表面的尘垢；

b. 装配端盖时，先要查看轴承是否清洁，并加入适量的润滑脂。端盖的固定螺栓应均匀地交替拧紧。

装配过程中，应保持各零件的清洁，正确地将各处原先拆下的零件原封不动地装回。

（2）转轴的修理。转轴是电动机向工作机械输出动力的部件，同时它还要支持转子铁芯旋转，保持定子、转子之间有适当的、均匀的气隙，所以它除了必须具备足够的机械强度和刚度外，还要求它的几何中心线平直，横截面保持正圆，表面平滑，无穴坑、波纹、刮痕。

转轴常见的故障有：轴弯曲、轴颈磨损、轴裂纹或断裂等。轴的这些损坏，往往导致转子和定子相擦，或轴与轴承内圈配合松动。若轴与轴承内圈配合不紧，它们会在转子转动时发生相对滑动，造成轴承过热。

转轴故障的检修方法如下：

① 轴弯曲。把需要检查的电动机转子放在平整的工作台上，用两个 V 形架支住轴承，慢慢转动转子，或将转子放在车床上，让其旋转，用划线针或千分表检查出弯曲部分和弯曲程度。如图 4 - 21、图 4 - 22 所示。

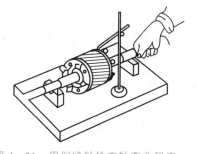

图 4 - 21 用划线针检查轴弯曲程度

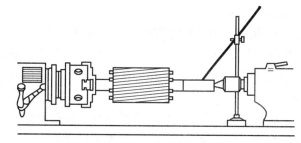

图 4 - 22 在车床上检查轴弯曲程度

转轴弯曲不允许超过 0.2 mm。超过允许范围时，则需要用压力机进行校直，或将轴加热后用空气锤校直，再进行车削或磨削。如果弯曲过大，最好另换新轴。

② 轴颈磨损。多次拆装轴承，会使轴颈磨损，导致转子偏移，严重时造成转子与铁芯

相擦。如果轴颈磨损不太严重，可在轴颈处镀一层金属铬，再磨削至所需的尺寸。如果磨损较多，可用电焊在轴颈处堆焊一层，然后放在车床上加工至所需的尺寸。如果磨损过大，可采用加轴套的方法进行修理，其修理方法是：将轴颈切削 2～3 mm，除掉磨损部分，再用 45 号钢车一个合适的套筒，将其加热后乘热套入轴颈，最后精车至所需尺寸。

③ 轴裂纹或断裂。若转轴有裂纹或已断裂，最好是更换一根新轴。新轴的材料应与旧轴相同。若只是出现裂纹，可打出坡口，用电焊机补焊，然后车至合适的尺寸。

（3）轴承的修理。中小型电动机的轴承大量使用的是滚动轴承。其装配方便，维护简单，不易造成定子与转子相擦。

轴承的损坏，可以从下面两方面检查：

① 听声音。使电动机通电运行，正常时，只听见轻微均匀的嗡嗡声，不应有杂音。滚动轴承缺油时，会发出"咕噜咕噜"的声音。若听到不连续的"梗梗"声，则可能是轴承钢圈破裂或滚珠有疤痕。轴承内若混有砂土等杂物或轴承零件有轻度磨损时，则会发出轻微的杂音。

② 看摇动。电动机拆卸后，用手抓住轴承外圈上下摇动，正常的轴承是觉察不出有松动的，当轴承磨损后，摇动轴承外圈就能觉察到了。

当检查出轴承故障之后，必须针对故障特性采取相应的修理方法。

轴承清洗方法是：先将轴承中的旧油除去，然后用毛刷或布块蘸汽油等溶剂来清洗，至少要洗两次，正在刷扫时轴承不要转动，以避免有毛、线等杂物轧入轴承滚道。

洗净并干燥后的轴承要按照规定重新加入纯净的润滑脂，润滑脂的充填量约为轴承室的 1/2～2/3 为宜。

轴承外表上的锈斑，可以用 0 号砂纸擦除后，再放在汽油中清洗。若有裂纹或内、外圈碎裂，则须更换新的，且应选用与原来型号相同的轴承。

（4）定子绕组的局部修理工艺。绕组是三相异步电动机的"心脏"，而定子三相绕组出现故障的机会最大，其局部故障表现为：绕组绝缘电阻下降、绕组接地、绕组断路和绕组相间或绕组匝间短路等故障，只要故障不太严重，一般情况下，可通过局部修理将其修复。

① 绕组绝缘电阻下降的检修。绕组绝缘电阻下降的直接原因，除一部分是绝缘老化外，主要是受潮，通常采用干燥处理后即可修复。干燥绕组的方法很多，但其本质是相同的，就是对绕组加热，使潮气随热气流移动和散发出去，达到干燥的目的。常用的干燥方法有烘房干燥法和热风干。

② 绕组接地故障的检修。所谓接地，是指绕组与机壳直接接通，俗称碰壳。造成绕组接地故障的原因很多，如电动机运行中因发热、振动、受潮使绝缘性能劣化，在绕组通电时击穿；或因定子与转子相擦，使铁芯过热，烧伤槽楔和槽绝缘；或因绕组端部过长，与端盖相碰等。

绕组接地时，电动机启动不正常，机壳带电，接地点产生电弧，局部过热，会很快发展成为短路，烧断熔断器甚至烧坏电动机绕组。

绕组接地故障的检查方法很多，下面介绍用兆欧表检测的方法。

对于 500 V 以下的电动机，可采用 500 V 的兆欧表；500～3 000 V 的电动机采用 1 000 V 的兆欧表；3 000 V 以上的采用 2 500 V 的兆欧表。测量方法如下：测量前，应先校验兆欧表，然后正确接线，将 L 接线柱接至主绕组的一端，E 接线柱接至电动机外壳上无绝缘漆的部位，然后转动手柄至额定转速，指针稳定后所指的数值即为被测绕组的对地绝缘电阻。若指针到零，则表示绕组接地。有时指针摇摆不定，则说明绝缘已被击穿，只不过尚存着某个电阻值而已。

③ 绕组短路故障的检修。定子绕组的短路分为相间短路和匝间短路两种。造成绕组短路故障的原因通常是由于电动机电流过大、电源电压偏高或波动太大、机械力损伤、绝缘老化等。绕组发生短路后，使各相绕组串联匝数不等、磁场分布不匀，造成电动机运行时振动加剧、噪声增大、温升偏高甚至烧毁。

常用的短路故障检查方法有下面几种：

a. 外观检查法。短路较严重时，在故障点有明显的过热痕迹，绝缘漆焦脆变色，甚至能闻到焦煳味。如果故障点不明显，可使电动机通电，运行 20 分左右停车，迅速拆开电动机，用手摸绕组端部，凡是发生短路的部分，温度比其他地方都高。

b. 电流平衡法。使电动机空载运转，用钳形电流表或其他交流电流表测三相绕组中的电流。若三相空载电流平衡，则绕组完好；若测得某相绕组电流大，再改变相序重测，如该相绕组电流仍大，则证明该相有短路存在。

无论发生哪些短路故障，只要短路绕组的导线还未严重烧坏，就可以局部修补，方法如下：

a. 绕组相间短路的修补。绕相相间短路多由于各相引出线套管处理不当或绕组两个端部相间绝缘纸破裂或未嵌到槽口造成，此时只需处理好引线绝缘或相间绝缘，故障即可排除。

b. 绕组匝间短路修补。匝间短路往往是由于导线绝缘破裂或在焊接断线时因温度太高造成几匝导线短路。

若损坏不严重，可先对绕组加热，使绝缘物软化，用划线板撬开坏导线，垫入好的绝缘材料，并趁热浇上绝缘漆，烘干即可。若损坏严重，可将短路的几匝导线在端部剪开，将绕组烘干后，用钳子将已坏的导线抽出，换上同规格的新导线，并处理好接头。

④ 笼型转子断条的修理。笼型转子是由铜条或铸铝条构成，断条是指笼条中一根或多根铜（铝）条断裂，使其不成通路的故障。造成断条的原因往往是锯条或铝条质量不良、焊接或浇铸工艺不佳，或由于运行起动频繁、操作不当、急促的正反转及超载造成强烈冲击所致。

发生断条故障后，电动机输出力会减小，转速下降，定子电流时大时小，电流表指针呈周期性摆动，有时还伴有异常的噪声。

常用的检验方法有：

a. 外观检查法。抽出转子，仔细观察铁芯表面，若出现裂痕或烧焦变色的现象，则该处可能发生断条。

b. 铁粉显示法。在转子绕组中通入低压交流电，电流在 $150 \sim 200$ A 左右，这样每根笼条周围形成磁场，当将铁粉均匀地撒在转子表面时，利用磁场能吸引铁屑的原理，若笼条完好，铁粉就能整齐均匀地按铁芯槽排列；若某一条周围铁粉很少甚至没有铁粉，而其他笼条周围有铁粉，则表明无铁粉的笼条已断。

转子断条常用以下几种方法予以修复。

a. 补焊法。若断裂发生在转子外表面，可用喷灯将转子加热到 450 ℃ 左右，用 $\omega_{Sn} =$

63%、$\omega_{Zn}=33\%$、$\omega_{Al}=4\%$的焊料予以补焊，最后将修补处多余的焊料铲平或车平。

b. 冷接法。在断裂处用与槽宽相近的钻头钻孔并攻螺纹，然后拧上一根与其相配的螺钉，再车掉或铲掉螺钉多余的部分，使转子表面的圆柱体保持平滑为止。

c. 换条法。若断裂严重，用前两种方法无法修复，可以用换条法换上新的笼条。即用长钻头将废笼条钻通，除去多余屑渣，打入与孔径相同的新笼条，然后将两端焊在端环上形成整体。

当铸铝转子断条较多，无法补焊或更换铝条作修理时，可将铝条全部熔掉后改为铜条笼结构。

4.4.5 开关电器常见故障与维修技术

开关电器用于电路的接通和开断。当电路中通过电流，尤其通过很大的短路电流时，在开关触点之间会产生电弧。电弧的存在说明电路还没有真正断开，所有开关电器必须具备足够的灭弧能力，以免高温电弧烧坏触点，影响开断质量。

按作用及结构，开关电器分为以下两类：

① 高压开关，包括高压断路器、隔离开关、熔断器和负荷开关等。

② 低压开关，包括自动空气开关、接触器、磁力启动器、熔断器、刀开关、组合开关和负荷开关等。

下面介绍其中几种开关电器的常见故障及维修技术。

1. 高压断路器

高压断路器在电路中担负十分重要的任务，它不仅能接通和开断正常的负荷电流，而且当发生短路故障时，它可以和继电保护装置配合，迅速跳闸以切断故障，从而起到保护设备、减少停电范围、防止事故扩大的作用。高压断路器的类型很多，其中油断路器是我国目前应用最普遍的一类。

（1）油断路器的常见故障和处理。

① 断路器拒绝合闸。断路器发生拒绝合闸故障时，应先检查操作电源的电压值，如与规定不符合，应先予以调整，然后再进行合闸。如果操作电源的电压值满足规定，则应尽可能根据其外部异常现象去发现故障的原因。

a. 当把操作手柄置于合闸位置而信号灯却不发生变化，则可能合闸回路中没有电压，应仔细检查回路是否断线或熔断器是否熔断。

b. 指示"跳闸"位置的信号消失而"合闸"信号不亮，此时应检查"合闸"信号灯泡是否已损坏。

c. "跳闸"信号消失，然后又重新点亮，可能是由于直流回路中电压不够，导致操作机构未能将油断路器合闸铁芯正常吸起，或是操作机构机械部分有毛病或调整不正确。

d. "跳闸"信号消失，"合闸"信号点亮，但旋即熄灭，"跳闸"信号复亮，油断路器虽曾合上过，但因某种机械上的故障，挂钩未能合上。应仔细检查机械部分，予以排除。

② 断路器拒绝跳闸。当电力系统或设备发生故障，断路器应该自动跳闸而不跳闸时，可能会引起严重的事故，因为这种拒绝动作的结果是引起全部电源跳闸。

其机械方面的原因是：跳闸铁芯卡涩，或顶杆套上的上部螺纹松动，或由于连锁装置故障造成断路器的辅助触点接触不好，导致跳闸回路不通。

其电气方面的原因是：

a. 操作回路断线（如熔断器熔断）或跳闸线圈两端电压过低造成断路器无法跳闸等，这种情况下，当断路器合闸时，指示灯不亮；

b. 继电保护回路出现故障，如继电器线圈损坏或接点不通等。为了防止以上情况发生，应定期进行继电保护校验。

③ 断路器误跳闸。如果断路器跳闸而其继电保护装置未动作，且在跳闸时未发现短路故障或接地故障，则为误跳闸，必须查明原因。

检查断路器时，应将其两侧的隔离开关拉开以隔离电源。在排除人为误操作之后，应检查断路器的操作机构及操作回路的绝缘状况，如果还查不出来，则应检查继电保护装置。

④ 断路器着火。断路器着火的原因有油断路器开断时动作缓慢或开断容量不足；油断路器油面上的缓冲空间不足，使电弧燃烧时压力过大；油不洁或受潮而引起油断路器内部的闪络；外部套管污秽或受潮而造成对地闪络或相间闪络。

断路器着火时，如果断路器未自动切断，应立即手动拉开断路器，并拉开两侧隔离开关，与电源完全脱离，不使火灾有蔓延的危险，然后用干式灭火器扑灭，如不能扑灭时再用泡沫灭火器扑灭。

（2）油断路器的维修。

① 用合格的变压器油清洗灭弧片及绝缘筒，检查有无烧伤、断裂、受潮等情况。

② 检查动、静触点表面是否光滑，有无变形、烧伤等情况，轻者可用锉刀或砂纸打光，重者则予以更换。

③ 检查支持绝缘子有无破损，如有轻微掉块可用环氧树脂修补，严重时应更换。

2. 隔离开关

隔离开关主要用于设备或电路检修时隔离电源，形成一个明显可见的、具有足够间距的断口。隔离开关没有专门的灭弧装置，不能开断负荷电流，只可开断开一些小电流回路（如电压互感器、避雷器回路等）。隔离开关一般与断路器配合使用，严禁带负荷进行分、合闸操作。

（1）隔离开关的常见故障和处理。

① 触点过热。触点是电器的重要组成部分，一些严重的故障往往开始表现为触点过热，若未及时发现和处理，很容易发展成触点烧毁、拉出电弧和飞弧短路，使故障扩大。

引起触点发热的原因很多，如触点压紧弹簧松弛及接触部分表面氧化，使接触电阻增加，而触点在运行中的发热就是电流在接触电阻上的功率损耗，致使触点温度升高，氧化随温度上升而明显加快，形成恶性循环，最终导致触点的烧毁，并进而引发电弧和短路。另外，隔离开关在拉合过程中引起电弧而烧伤触点，或者用力不当使接触位置不正，引起触点压力降低，致使隔离开关接触不良而导致发热。

隔离开关发生触点过热时，应将其退出运行或减少负荷。停电检修时，应仔细检查压紧弹簧，必要时可更换新的。用 0 号砂纸打磨触点表面，并涂凡士林。

② 绝缘子表面闪络和松动。绝缘子是用来支持隔离开关并使带电部分与地绝缘。发生表面闪络的原因往往是由于表面受潮或脏污，检修时可冲洗绝缘子使其干净，而平时应定期用干燥及干净的布将其擦拭。当由于胶合剂发生膨胀或收缩引起绝缘子松动时，应更换新的

绝缘子，将换下来的重新胶合处理。

③ 隔离开关拉不开。隔离开关拉不开的原因可能是传动机构和刀口处生锈等造成的，此时不得用蛮力强行拉开，应该用手把慢慢摇晃，注意绝缘子及机构的每一部分，根据它们的变形和变位，找出故障地点。

④ 隔离开关合不上。隔离开关合不上的原因可能是轴销脱落，楔栓退出铸铁断裂等造成刀杆与操动机构脱节，遇到这种情况时，应停电进行处理。若不能停电，应用绝缘棒进行合闸操作，或用扳手转动每相隔离开关的转轴。

⑤ 隔离开关误动作。误合隔离开关后，不论发生任何情况，也不论合上了几相，都不许立即拉开，必须用断路器将这一回路断开或查明确无负荷后，方允许拉开。误拉隔离开关引起电弧时，若刀片刚离开刀嘴，应立即合上，停止操作；若刀片离开刀嘴有一定距离时，应拉开到底，不许立即重合。

（2）隔离开关的维修。

① 检查有无损坏的零件，用90°角尺检查刀闸的垂直度，有否缺块、烧伤、变形、弯曲，若有，则应及时更换。

② 检查母线连接处或接地线有无松动、脱离现象，若有，则应立即拧紧螺母。

③ 检查绝缘子有无裂纹、放电痕迹，软铜片有否破裂、折断，若有，则应进行更换。

④ 用0.05 mm的塞尺检查动静触点之间的紧密程度，其塞入深度不应大于6 mm。若接触不紧，对于户内型隔离开关可以调整刀片双侧弹簧的压力，对于户外型隔离开关则可将弹簧片与触点结合的铆钉钉死。

⑤ 检查触点接触面是否聚积氧化物及斑点，若有，可用钢丝擦、砂布、浸油的抹布消除。如发现难于消除或有凹陷及烧损痕迹，应换上新的。

⑥ 检查触点弹簧及其压力，压力不够则应重新更换触点弹簧。

⑦ 用凡士林油或其他润滑油润滑传动机械部分，若有失效、损坏的，进行更换。

3. 熔断器

熔断器是开关电器中的一种纯保护电器，当电路中发生短路或严重过载时，直接利用熔断器中的熔体产生的热量引起本身熔断，从而使故障电气设备免受损坏，以维持电力系统其余部分的正常工作。

熔断器的额定电流值应与线路相适应。可根据电路中电流的变化或熔断指示器的动作情况，判断熔断器是否熔断。当熔体熔断时，应先拉开开关，检查线路是否发生短路或严重过载，并排除故障。有些熔断器可只换上新的熔体，有的则必须整体更换。

更换熔体时，必须避免熔体受到机械损伤。安装前，应检查熔体外观有无损伤、变形、截面变小等，瓷绝缘部分有无破损或闪络放电痕迹。安装时，必须保证接触良好，如果接触不良会使接触部位过热，热量传至熔体，引起熔体熔断而误动作。

运行中，发现熔体氧化或有闪络放电现象，应及时更换。如接触处有过热现象，应及时处理。

4. 负荷开关

（1）高压负荷开关的维修。高压负荷开关与隔离开关很相似，所不同的是它多了一套简单的灭弧装置，故它可以开断负荷电流，但不能切断短路电流，不能用作过载短路保护元件。

高压负荷开关在投入运行前，应将绝缘子擦干净；给各转动部分涂上润滑油接地处的接触表面要处理打光，保持接触良好；母线固定螺栓应拧紧，同时负荷开关的连接母线要配置合适，不应使负荷开关受到来自母线的机械应力。

　　高压负荷开关的操作比较频繁，其主闸刀和灭弧闸刀的动作顺序是：合闸时，灭弧闸刀先闭合，主闸刀后闭合；分闸时，主闸刀先断开，灭弧闸刀后断开。多次操作后，应检查紧固件是否松动，当操作次数达到规定值时，必须检修。

　　负荷开关分闸后，闸刀张开的距离应符合制造厂的规定要求。若达不到要求时，可改变操作拉杆到扇形板上的位置，或改变拉杆的长度。

　　合闸操作时，灭弧闸刀上的弧动触点不应剧烈碰撞喷口，以免将喷口碰坏。

　　当负荷开关与熔断器组合使用时，可进行短路保护。高压熔断器的选择应考虑在短路电流大于负荷开关的开断能力时，必须保证熔断器先熔断，然后负荷开关才能分闸。

　　负荷开关的触点受电弧的影响损坏时，必须进行检修，损坏严重的要予以更换。

　　（2）低压负荷开关的维修。低压负荷开关又称铁壳开关，它是由刀开关和低压熔断器结合的组合电器，常用于电动机、照明等配电电路中，可开断负荷电流及短路电流。

　　负荷开关安装时，电源进线应接静触点一方，用电设备接在动触点一方。合闸时，手柄应向上，不能倒装或平装。其铁壳外壳应可靠接地。

　　负荷开关的检修内容如下：

　　① 清除污垢，检查外部及其紧固情况，检查操作机构是否灵活，必要时加以调整。

　　② 清除触点烧损痕迹，检查与调整动、静触点的接触紧密程度，并检查三相是否同时接触。

　　③ 更换有裂纹的、损坏的绝缘子。

　　④ 检查接地是否良好。

5. 自动空气开关

　　自动空气开关广泛应用于低压配电装置中，它是一种既能手动又能自动接通和分断电路，当电路有过载、短路及失压时能自动分断电路的电器。

　　自动空气开关以空气作灭弧介质，主要由灭弧装置、导电系统、操作机构和脱扣装置等组成。自动空气开关在安装及运行前应作一般常规检查。内容包括：

　　① 检查外观有无损伤破裂。

　　② 检查触点系统和导线连接处有无过热现象。

　　③ 检查灭弧栅片是否完好，灭弧罩是否完整，有无喷弧痕迹和受潮情况。如果灭弧罩受损，应停止使用，进行修配或更换，以免在开断电路时发生飞弧现象，造成相间短路。

　　④ 检查传动机构有无变形、锈蚀、销钉松脱现象。

　　⑤ 检查相间绝缘主轴有无裂痕、表层剥落和放电现象。

　　⑥ 检查过流脱扣器、失压脱扣器、分励脱扣器的工作状态。如整定值指示位置是否与被保护负荷相符，电磁铁表面及间隙是否清洁、正常，弹簧的外观有无锈蚀，线圈有无过热及异常响声等。

　　自动空气开关运行一段时间后，要定期维护检修，内容包括：

　　（1）触点的检修。首先应清除触点表面的氧化膜和杂质，可用小刀轻轻刮，也可用砂布擦拭。注意镀银的接触表面只能用干净的抹布擦拭，以免损坏银层。

若触点表面积聚了灰尘，可用吹风机吹掉或用刷子刷掉。触点表面若积聚了油垢，可用汽油清洗干净。

被电弧烧出毛刺的触点表面，可用细锉仔细锉平凸出麻点，并要注意保持接触表面的形状和原来一样。

然后检查触点的压力，若压力不符合制造厂的规定，可更换失效或损坏的弹簧。

调整三相触点位置，保证三相同时闭合。

（2）操作机构的检修。自动空气开关在操作过程中，经常会出现合不上或断不开的毛病，遇到这种情况时，可检查操作机构各部件有无卡涩、磨损，持勾和弹簧有无损坏，各部分间隙是否符合规定的数值。

注意，各机构的转动部分应定期涂上润滑油。每次检修之后，应做几次传动试验，看是否正常。

6. 接触器

接触器是利用电磁吸力和弹簧反作用力配合动作而使触点闭合或分断的一种电器。根据触点通过的电流性质不同，分为交流接触器和直流接触器。

接触器动作频繁，特别要注意定期检查，看可动部分零件是否灵活、紧固件是否牢靠、触点表面是否清洁。

接触器在使用时不得去掉灭弧罩。灭弧罩易碎，装拆时必须十分小心。

接触器的常见故障及处理如下：

（1）触点过热甚至熔焊。当触点压力不够、触点表面接触不良或接触电阻增大、通过触点的电流过大时，会使触点严重发热，甚至发展到动、静触点焊在一起的熔焊现象。

处理方法有调整触点压力，用小刀或细锉处理触点因电弧而形成的蚀坑或熔粒，调换开断容量更大的接触器。若触点不能修复，则予以更换。

（2）衔铁振动和吸合噪声大。其主要原因有衔铁歪斜；铁芯与衔铁的接触面接触不良，表面有锈蚀、油污、尘垢；反作用弹簧力太小；衔铁受卡，不能完全吸合；短路环损坏或脱落。

处理方法有：调正衔铁位置；清洁衔铁表面，用汽油或四氯化碳清洗；更换反作用弹簧；消除衔铁受阻因素；更换短路环。

（3）线圈过热或烧毁。其主要原因有流过线圈的电流过大；线圈技术参数符合要求、衔铁运动受卡等。

处理方法有：寻找引起线圈电流过大的因素，更换符合要求的线圈，使衔铁运动顺畅。

（4）触点磨损。一种原因是电气磨损，由触点电弧温度使触点材料汽化或蒸发，三相接触不同步；另一种原因是机械磨损，由于触点闭合撞击、相对滑动摩擦造成的。

处理方法有：调换合适容量的接触器，调整三相触点使其同步，排除短路故障等。

4.5　实验实训课题

4.5.1　基本实训

1. 钳工修配
2. 华中数控故障诊断系统的使用

4.5.2　选做实训

1. 简单钢件的焊补
2. 机床导轨的修复

思　考　题

4-1　减速机漏油的原因有哪些?

4-2　如何防止减速机漏油?

4-3　数控机床如何维修保养?

4-4　数控机床故障诊断有哪些步骤? 常用哪些方法?

4-5　起重机桥架变形的原因是什么, 起重机桥架变形对起重机使用性能有什么影响?

4-6　对起重机桥架变形检查时的主要测量内容有哪些?

4-7　起重机桥架变形的修理方法有哪些? 简述火焰矫直电焊加固法的原理。

4-8　当变压器着火时, 应如何处理?

4-9　当发现运行中的电动机有冒烟现象时, 应如何处理?

4-10　高压熔断器在电路中起什么作用? 若其拒绝跳闸, 试分析电气方面的原因有哪些?

第 5 章

设备维修制度

5.1 概　述

设备维修制度，是指对设备进行维护、检查和修理所规定的制度，其内容是随着生产和技术的发展而不断更新的。

5.1.1 计划预修制

计划预修制，又称计划修理制，是指我国工业企业 50 年代从苏联引进后开始普遍推行的一种设备维修方式。这种维修是进行有计划的维护、检查和修理，以保证设备经常处于完好状态。其特点在于预防性与计划性，即在设备未曾发生故障时就有计划地进行预防性的维修。这种按事先规定计划进行的设备维修是一种比较科学的设备维修制度，有利于事先安排维修力量，同生产进度安排相衔接，减少了生产的意外中断和停工损失。运用这种维修制度，要求了解和掌握设备的故障理论和规律，充分掌握企业设备及其组成部分的磨损与破坏的各种具体资料与数据。在设备众多、资料有限的情况下，可以在重点设备以及设备的关键部件上应用。计划预修制的内容主要有日常维护、定期检查、清洗换油和计划修理。

5.1.2 计划保修制

计划保修制是 60 年代在总结计划预修制的基础上，建立起来的一种设备维修制度。它的主要内容是三级保养和计划大修。这是一种有计划地进行保养和大修的制度和方法。它体现了我国设备维修管理的重心由修理向保养的转变，反映了我国设备维修管理的进步和以预防为主的维修管理方针。三级保养是以操作者为主对设备进行以保为主、保修并重的强制性维修制度，依据工作量大小和难易程度，分为日常保养、一级保养和二级保养。

1. 日常保养

日常保养是操作工人每班必须进行的设备保养工作，其内容包括清扫、加油、调整、更换个别零件、检查润滑、异音、漏油、安全以及损伤等情况。日常保养配合日常点检进行，是一种不单独占据工时的设备保养方式。

2. 一级保养

一级保养是以定期检查为主，辅以维护性检修的一种间接预防性维修形式。其主要工作内容是检查、清扫、调整各操作、传动机构的零部件；检查油泵、疏通油路，检查油箱油质、油量；清洗或更换渍毡、油线，清除各活动面毛刺；检查、调节各指示仪表与安全防护装置；发现故障隐患和异常要予以排除，并排除泄漏现象等。设备经一级保养后要求达到外观清洁、明亮；油路畅通、油窗明、净、亮；操作灵活，运转正常；安全防护、指示仪表齐全、可靠。保养人员应将保养的主要内容、保养过程中发现和排除的隐患、异常、试运转结果、试生产件精度、运行性能，以及存在的问题做好记录。一级保养以操作工为主，专业维修人员（钳工、电工、润滑工）配合并指导。

3. 二级保养

二级保养是以维持设备的技术状况为主的检修形式。二级保养的工作有大修理和小修理的部分工作，又要完成中修理工作的一部分，主要针对设备易损零部件的磨损与损坏进行修复或更换。二级保养要完成一级保养的全部工作，还要求润滑部位全部清洗，结合换油周期检查润滑油质，进行清洗换油。检查设备的动态技术状况（噪声、振动、温升、油压等）与主要精度，调整安装水平，更换或修复零部件，刮研磨损的活动导轨面，修复调整精度已劣化部位，校验机装仪表，修复安全装置，清洗或更换电机轴承，测量绝缘电阻等。经二级保养后要求精度和性能达到工艺要求，无漏油、漏气、漏电现象，声响、振动、压力、温升等符合标准。二级保养前后应对设备进行动、静技术状况测定，并认真做好保养记录。二级保养以专业维修人员（钳工、电工、润滑工）为主，操作工参加。

5.1.3 全员生产维修制（TPM）

全员生产维修制 TPM（Total Productive Maintenance），又称预防维修制，是日本在学习美国预防维修的基础上，吸收设备综合工程学的理论和以往设备维修制度中的成就逐步发展起来的一种制度。我国是 80 年代开始，引进研究和推行这种维修制度的。全员生产维修制的核心是全系统、全效率、全员。

5.2 机械设备的巡回检查计划修理

5.2.1 设备检查制度

设备检查包括日常检查、定期检查和专项检查。

1. 日常检查

日常检查的内容有振动、异音、松动、温升、压力、流量、腐蚀、泄露等可以从设备的外表进行监测的现象，主要凭感官进行，对于设备的重要部位，也可以使用简单的仪器，如测振仪、测温计等。日常检查主要由操作工人负责，使用检查仪器时则需由专业人员进行，所以也称在线检查。对一些可靠性要求很高的自动化设备，如流程设备、自动化生产线等，需要用精密仪器和计算机进行连续监测和预报的作业方法，称为状态监测。每种机型设备都要根据结构特点制订日常检查标准，包括检查项目、方法、判断标准等，并将检查结果填入记录表中。经验证明，只要把设备的日常检查做好了，80％以上的隐患是可以早期察觉、排除的。表 5 - 1 为某机床设备日常检查内容表。

表 5-1 设备日常检查内容

序号	名 称	执行人	检查对象	检查内容或依据
1	每班检查	操作工	所有开动设备	1. 开车前检查 (1) 检查操作手柄，变速手柄的位置是否正确 (2) 检查刀具、卡具、模具等位置有无变动及固定情况 (3) 检查油标油位，并按各润滑点加油 (4) 检查安全、防护装置是否完好、可靠 (5) 开空车检查自动润滑来油情况，运转声音，液压、气压系统的动作、压力是否正常 (6) 检查各指示灯，信号是否正常 (7) 确认一切正常后，方可开始工作； 2. 开车中检查 (1) 夹紧部分是否正常 (2) 有无异声、温升、振动 (3) 润滑是否正常，导轨及滑动面是否来油 (4) 安全限位开关是否正常； 3. 停车后检查 (1) 电源是否切断 (2) 各手柄、开关是否置于空位 (3) 铁屑是否清除，设备是否清扫干净 (4) 导轨、台面是否涂油 (5) 工作地是否清理
2	巡回检查	维修钳工、维修电工、润滑工	维护区内分管的设备	1. 听取操作工人对设备问题的反映，复查后及时排除缺陷； 2. 通过五官感觉及便携式仪器对重要部位进行监视； 3. 查看油位，补充油量，检查油质； 4. 监督正确使用设备
3	重点设备点检	操作工、维修工	重点设备、质控点设备、特殊安全要求设备	依据设备动力部门编制的设备日常点检卡进行周期控制点检

2. 定期检查

设备的定期检查是指维修工人按照计划和规定的检查间隔期，根据检查标准，凭人的感官和检测仪器对设备状态进行的比较全面的检查与测定。作为一项保障设备技术状态的基础工作，它可以用于周期性的定期预防性维修，特别适用于精密、大型、稀有及关键设备和重点设备的预防性维修，也可以用于状态监测的维修，对某些特种设备如动力、动能发生设备，起重设备，锅炉及压力容器，高压电器设备等更是不可缺少的保障。为此定期检查主要针对下列设备的检查：

（1）精密、大型、稀有、关键设备；

（2）重点设备、质控点设备；

（3）起重设备；

（4）动力动能发生设备；

（5）锅炉、压力容器及压力管道；

（6）高压电器设备。

其目的是查找设备是否有异常变化，掌握零部件的实际状况，确定有无维修或更换的必要，并对检查中发现的问题及时调整，做好预防维修的相关准备工作。设备定期性能检查是针对主要生产设备，包括重点设备、质控点设备的性能测定，检查设备有无异常征兆，以便及时采取措施消除隐患，保持设备的规定性能。

3. 专项检查

设备专项检查一般包括设备精度检查和可靠性试验。

设备定期精度检查是针对设备的几何精度、运转精度进行检查，同时根据定期检查标准的规定和生产、质量的需要，对设备的安装精度进行检查和调整，作好记录并计算设备的精度指数，以了解设备精度的劣化速度，掌握设备在运动状态下某些精度、性能变化的规律。

机床的精度指数是反映机床精度高低的参数值，对精密机床每年至少要进行一次测定，以了解其精度变化情况。在检查机床精度时，主要是与机床出厂时的检验精度值进行比较和计算精度指数 T，确定其变化，以便对机床进行调整或检修。在进行精度检查确定检测项目时要根据其加工产品特点和机床的动、静态状态来衡量，从而选定主要精度项目进行查验。

设备精度指数的计算式如下：

$$T = \sqrt{\frac{(T_p/T_s)^2}{n}} \tag{5-1}$$

式中　T——设备精度指数；

T_s——精度项目允差值；

T_p——精度项目实测误差值；

n——精度项目数。

综合精度指数反映了设备对加工质量和生产效率的影响，也为判别这种影响的程度能否继续使用该设备或对之该作何种处理提供了一个概要的依据。其大致判别依据如下：$T \leqslant 0.5$ 为新机床验收条件之一；$T \leqslant 1$ 为大修理后机床验收条件之一；$1 < T < 2$ 仍可继续使用，但需注意调整；$2 < T \leqslant 3$ 设备需进行重点修理；$T > 3$ 设备需进行大修理或更新。

企业可根据本身的生产特点、设备构成、技术性能及质量状况，结合生产实际的需要，合理地制订各种设备的 T 值，作为评定设备综合精度的标准。

精度指数值只是反映机床技术状态的条件之一，不能全面反映其性能劣化程度，因此，在应用时还需与其他指标相结合应用。

可靠性试验是对特种设备如起重设备、动力设备、高压容器、动能发生设备及高压电器等有特殊要求的设备，定期进行的预防性安全可靠性试验，由指定的检查试验人员和持证检验人员负责执行，并做好检查鉴定记录。

设备定期检查对象、目的及内容如表 5-2 所示。

表 5-2　设备定期检查的对象、目的及内容

序号	名称	执行人	检查对象	主要检查内容和目的	检查时间
1	性能检查	维修工，设备检查员与操作员参加	主要生产设备（包括重点设备及质控点设备）	掌握设备的故障征兆及缺陷，消除在一般维修中可以解决的问题，保持设备正常性能并提供为下次计划修理的准备工作意见	按定检计划规定时间

续表

序号	名称	执行人	检查对象	主要检查内容和目的	检查时间
2	精度检查	专职设备检查员，维修工人	精密机床、大型、重型稀有及关键设备	按照设备精度要求，检测设备全部精度项目或有关的主要精度项目，检查安装水平精度，据以调整设备精度和安装水平精度，或安排计划修理	每6～12月进行一次
3	可靠性试验	指定试验检查人员，持证检验人员	起重设备、动能动力设备、高压容器、高压电器等有特殊试验要求的设备	按安全规程要求进行负荷试验，耐压试验、绝缘试验等，以确保安全运行	以安全要求为准

5.2.2　计划修理制度

计划预修既可做到防患于未然，又可节省维修时间，有利于提高机械的利用率和经济效率。但是，它的优越程度与其修理时机的选择有很大关系。比较传统的选择原则是以机械的有效使用时间作为指标，当机械达到规定的使用期限时，即对其进行预防维修。因此，确定修理周期成为首要问题。

1. 确定修理周期

（1）修理工作的种类。根据设备的使用寿命、修复工作量和工期，传统的分类方法将修理分为小修、项修（中修）、大修三类。

① 小修。设备小修是工作量最小的计划维修。对于实行状态监测维修的设备，小修的内容是针对日常检查、定期检查和状态监测诊断发现的问题，拆卸有关部件、进行检查、调整、更换或修复失效的零件，以恢复设备的正常功能。对于实行定期维修的设备，小修的主要内容是根据掌握的磨损规律，更换或修复在维修间隔期内即将失效的零件，以保证设备的正常功能。

② 项修。项修是项目维修的简称。它是根据设备的实际情况，对状态劣化已难以达到生产工艺要求的部件进行针对性维修。项修时，一般要进行部分拆卸、检查、更换或修复失效的零件，必要时对基准件进行局部维修和调整精度，从而恢复所修部分的精度和性能。项修的工作量视实际情况而定。项修具有安排灵活；针对性强；停机时间短；维修费用低；能及时配合生产需要；避免过剩维修等特点。对于大型设备；组合机床；流水线或单一关键设备，可根据日常检查、监测中发现的问题，利用生产间隙时间（节假）安排项修，从而保证生产的正常进行。目前中国许多企业已较广泛地开展了项修工作，并取得了良好的效益。

项修是中国设备维修实践中，不断总结完善的一种维修类别。

③ 大修。设备的大修是工作量最大的计划维修。大修时，对设备的全部或大部分部件解体；修复基准件，更换或修复全部不合格的零件；修复和调整设备的电气及液、气动系统；修复设备的附件以及翻新外观等；达到全面消除修前存在的缺陷，恢复设备的规定功能和精度。

（2）修理周期结构。修理周期是指机械设备到达大修理的时间，通常用运转时数来表示。

修理周期的结构是指一个修理周期内修理次数、类别和排列方式。对于各种不同类型的机械设备，修理周期结构是不同的，但都是按照共同规律来构成的，都反映了整机的可靠性指标与构成机械的各零部件潜在寿命之间的关系。如图 5 - 1 所示为某一机械设备在一个修理周期内，大修、中修（项修）、小修（有时也包括定期检查）的次数和排列顺序。修理间隔期是指相邻两次修理（不论大、中、小修）之间的机械设备的工作时间。它有大修间隔期、中修间隔期、小修间隔期。

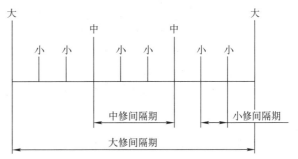

图 5 - 1　修理周期结构示意图

（3）确定修理周期。在正常生产和遵章使用的前提下，设备各部件的受力状态符合原设计的要求，所产生的自然磨损和材料疲劳现象都有一定的规律，因此可找出一定的周期。这种周期一般是根据实践经验制订的，主要的依据是定期检查中的原始记录。设备各部位的损耗程度不同，使用周期各异，因而修复工作量也不一样，有的需要停产时间长些，有的则短些。根据设备使用寿命、修复工作量和工期，构成修理周期结构。例如，初轧机每月要进行 2～3 次小修，每次 8～16 h；每年进行一次中修，工期一般不超过 10 天；每 3～5 年进行一次大修，工期为 12～15 天。又如，高炉每 3 个月进行一次小修，3 年左右进行一次中修（炉壳不动），10～12 年进行一次大修（更换炉壳）等。各企业对各类主要生产设备的检修周期都做了规定，并在一定时间内予以固定。但是，这种固定的检修周期是相对的，要随着生产操作的熟练程度、维护工作质量的提高，备品备件使用寿命的延长而增长。

2. 计划修理的技术组织方法

（1）强制修理法。强制修理法是对设备的修理日期、类别和内容预先制订具体计划，并严格按计划进行，而不管设备的技术状况如何。其优点是便于在修理前做好充分准备，并且能够最有效地保证设备正常运转。这种方法一般用于那些必须严格保证安全运转和特别重要、复杂的设备，如重要的动力设备、自动流水线的设备等。

（2）定期修理法。定期修理法是根据设备实际使用情况，参考有关检修周期，制订设备修理工作的计划日期和大致的修理工作量。确切的修理日期和工作内容，是根据每次修理前的检查加以详细规定。这种方法有利于做好修理前的准备，缩短修理时间。目前，中国设备修理工作基础比较好的企业，已采用这种方法。

（3）检查后修理法。检后修理法是事先规定设备的检修计划，根据检查结果和以前的修理资料，确定修理日期和内容。这种方法简便易行，但掌握不好，就会影响修理前的准备工作。

（4）部件修理法。部件修理法是将需要修理的设备部件卸下来，换上事先准备好的同样部件，也就是用简单的插入、拉出的方法更换部件。这种方法的优点是可以节省部件拆卸、装配的时间，缩短修理停歇时间，其缺点是需要一定数量的部件做周转，占用资金较多。

（5）部分修理法。部分修理法的特点是设备的各个部分不在同一时间内修理，而是按照设备独立部分，按顺序分别进行修理，每次只修理其中一部分。使用这种方法，由于把修理工作量分散开来，化整为零，因而可以利用节假日或非生产时间进行修理，可增加设备的生产时间，提高设备的利用率。

（6）同步修理法。同步修理法是指生产过程中在工艺上相互紧密联系的数台设备，安排在同一时间内进行修理，实现修理同步化，以减少分步修理所占的停机时间。

以上六种方法，前三种是由高级到低级，在同一企业中，可以针对不同设备采取不同的修理方法。后面三种是比较先进的组织方法，各企业可根据自己的实际情况抉择使用。

3. 修理计划的编制

设备修理计划包括大、中、小修计划。编制设备修理计划要符合国家的政策、方针，要有充分的设备运行数据，可靠的资金来源，还要同生产、设计以及施工条件等相平衡。具体编制时，要注意以下几个问题：

（1）计划的形成要有牢固的实践基础。即由生产厂（车间）根据设备检查记录，列出设备缺陷表，提出大修项目申请表并报主管领导审查，最后形成计划。

（2）严格区分设备大、中、小修理的界限。分别编制计划，并逐步制定设备的检修规程和通用修理规范。

（3）要处理好"三结合"的关系。即年度计划与长远计划相结合；设备检修计划与革新改造计划相结合；设备长远规划与生产发展规划相结合。

（4）编制设备修理计划应考虑多部门的协调平衡。设备修理计划的实施，必须依靠设计、施工、制造、物资供应等部门的配合，这是实现设备修理计划的技术物资基础。

（5）编制计划要有科学依据。如要依据科学先进的检修周期、施工定额、修理复杂系数、备件更换和检修质量标准等。

5.3 机械设备的点检定修制

设备点检定修制就是以设备点检为核心的设备维修管理体制，是实现设备可靠性、维护性、经济性，并使上述三方面达到最佳化管理的体制。点检定修制从过去传统的以"修"为主的管理思路转变到以"管"为主的思路上来，变过去设备坏了再修或周期到了才修为设备的预知检修。通过点检基础上的定修（即根据设备状态安排检修），有效防止设备过维修和欠维修，从而保证设备的正常运行，提高设备利用率。

这种体制，点检人员既负责设备点检，又负责设备管理。点检、运行、检修三方之间，点检人员处于核心地位，是设备维修的责任者、组织者和管理者。点检人员是其所管辖设备的责任主体，严格按标准进行点检，并承担制定和修改维修标准、编制和修订点检计划、编制检修计划、做好检修工程管理、编制材料计划及维修费用预算等工作。这种体制的最终目标是以最低的费用实现设备的预防维修。

这种体制提出了对设备进行动态管理的要求，要求运行方、检修方和管理方都要参与围绕设备的 PDCA（计划、执行、检查、行动）管理，使设备的各项技术标准日趋完善，设备的寿命周期不断延长，达到故障为零、设备受控的目的。

这种体制强调以人为本的理念，通过员工发挥主观能动性的自主管理活动，极大地调动了员工的积极性。这是设备持续改进、管理日趋完善的内在动力。

5.3.1　点检的概念

1. 点检

所谓点检，即指预防性检查。它是利用人的"五感"（视、听、嗅、味、触）和简单的工具仪器，按照预先设定的方法标准，定点定周期地对指定部位进行检查，找出设备的隐患和潜在缺陷，掌握故障的初期信息及时采取对策将故障消灭于萌芽状态的一种设备检查方法。点检的目的就是防事故于未然，保持设备性能的高度稳定，延长设备使用寿命，提高设备效率。

2. 点检制

全称为设备点检管理制度，是设备管理工作中的一项基本责任制度。通过点检人员对设备进行点检（预防性检查）准确掌握设备技术状况，实行有效的计划维修，维持和改善设备工作性能，预防发生事故，延长机件寿命，减少停机时间，提高设备工作效率，保障正常生产，降低维修费用。

在该体制下，点检、运行、维修三方按照分工协议共同对设备的正常使用负责。但在点检、运行、维修三者之间，点检制明确点检员处于核心地位，是设备维修的责任者、组织者和管理者。负有设备点检和设备管理职能。点检员应对辖区内的设备负有全权责任。

点检制推行操作者日常点检、专业点检员的定期点检和专业技术人员的精密点检，三者对同一台设备进行维护、诊断、修理"三位一体"的点检制度。

设备点检是一种科学的管理方法，是在引进日本"全员生产维修"（TPM）设备维修制度的基础上按照中国国情建立的一套行之有效的设备管理制度。设备管理的基础源于点检，点检是预防维修的基础，是现代化设备管理体制的核心。

5.3.2　点检的内容、种类、周期

1. 传统设备的检查形式

（1）事后检查。设备突发故障后为恢复设备性能，以及为了确定修复方案所采取的对应性检查。无固定的检查周期、检查内容、检查人员。

（2）巡回检查。按照预先设定的部位、主要内容进行的设备检查，以保证设备正常运转，消除运行中的缺陷和隐患，适合设备分散布置。

（3）计划检查。有预先设定的检查周期和项目，广泛应用于设备检修，一般有技术人员提出计划，检修人员实施，它包括事前检查和部件的解体检查。

（4）特殊检查。指对于有特殊要求的设备进行的检查，如设备精度的定期检查，液压油的品质检查等。

（5）法定检查。以国家法规规定的检查。

2. 点检与传统设备检查的区别

区别在于设备点检是一种管理方法，而传统的设备检查只是一种检查方法。具体区别如下：

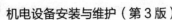
（1）定人。点检作业的核心是，在事先划分点检作业区并且确定专职点检员对点检作业区内的设备进行点检。即定区定人定设备，同时保持人员的相对固定。一般在一个点检作业区安排2~4人，实行常白班工作制。专职点检员纳入岗位编制，对于人员的素质要求既不同于检修人员也不同于设备技术人员，其具体要求如下：

① 具备一定的设备管理知识，有实践经验，会使用简易诊断仪器；

② 有必要的办公条件和通信交通工具；

③ 点检作业和管理、协调业务相结合；

④ 具有一定的维修技术、组织协调和管理技能。

（2）定点。明确点检部位。

（3）定量。在点检中把设备故障诊断和倾向性管理结合起来，将能够量化的设备运行数据进行劣化倾向的定量化管理，为设备预知维修提供依据。

（4）定周期。对于点检部位预先设定点检周期，在点检员经验积累的基础上不断修改完善补充，以寻求最佳点检项目及点检周期。

（5）定标准。衡量和判断点检部位是否正常的依据。也是判断点检部位是否劣化的尺度。

（6）定点检计划表。按照点检部位和点检周期编制点检计划表并作为指导点检员日常点检工作的依据。

（7）定记录。点检信息记录有固定的格式，为点检业务的信息传递提供原始数据。

（8）定点检业务流程。点检作业和点检结果的处理对策称为点检业务流程。它明确规定点检结果的处理程序。急需处理的故障隐患由点检员通知检修人员进场立即处理，不需紧急处理的隐患作好记录并纳入计划检修在定修中加以解决。它简化了设备维修管理的手续，作到了应急反应快，计划项目落实早。

3. 点检的12个环节

（1）定点。科学的确定设备的维护点的数量，一般包括六个部位：滑动，转动，传动，与原材料接触部位，负荷支承部位，易腐蚀部位，有计划地对每个维护点进行点检可以及时发现故障。

（2）定标。针对每个维护点制定点检标准，尽可能采用量化标准，如间隙，温度，压力，流量等。

（3）定期。确定检查周期，即多长时间检查一次。

（4）定项。明确维护点的检查项目。

（5）定人。明确运行方、点检方点检部位。

（6）定法。明确检查方法，如人工观察还是用工具测量。

（7）检查。指检查环境，明确点检时是否停机检查，是否解体检查。

（8）记录。按照规定格式详细记录，包括检查数据、判定、处理意见、签名及检查时间。

（9）处理。分为及时处理或调整和延期处理。

（10）分析。定期对检查记录、处理记录进行系统分析，针对故障率高的维护点提出处理意见。

（11）改进。根据分析结果及处理意见修订点检标准。

（12）评价。根据设备管理指标的变化趋势判定点检绩效。

4. 点检的六点要求

点检在担负检查设备的同时还承担了设备管理的管理职能，其工作态度、责任心、规范化程度直接影响了设备的运行质量，因此，有必要对点检工作提出明确要求。

（1）要定点记录。重要性在于数据积累和发现规律性的系统性的故障。

（2）要定标处理。对维护点要按照标准进行维护，达不到标准的维护点要标出明显记号并加以重点关注。

（3）要定期分析。点检记录要逐月分析，重点设备每一个定修周期分析一次。每季对检查和处理结果汇总整理以备查。每年要系统地总结分析依次找出规律性、系统性故障，分析其原因提出技改计划。同时根据维护点年发生故障频率修订点检周期以提高工作效率。

（4）要定项设计。系统性因素导致的故障不是简单修理能够避免的，需要通过技术改造予以排除。推出课题集思广益、发动全体职工积极参与。

（5）要定人改进。从课题推出直至评价和再改进的全过程要有专人负责，保证工作的连续性和系统性。

（6）要系统总结。系统地总结上一阶段的点检工作，找出经验和不足，以利于下一阶段的工作展开。

5. 点检的种类

（1）按目的分倾向点检（包括劣化倾向、突发故障、更换周期）和劣化点检（包括劣化程度、性能降低和修理判断）。

（2）按是否解体分解体点检和非解体点检。

（3）按周期和业务范围分日常点检、定期点检和精密点检。日常点检在设备运行中由运行方完成，定期点检和精密点检有专职点检员完成。三者在维护保养和点检内容上的分工应按照事先制定的协议执行以消除盲区。

6. 点检周期

点检项目周期的确定由操作和点检两方面根据经验及故障发生状况来适当调整检查周期和时间，并需适时修改。

5.3.3 点检定修制

1. 点检定修制概念

点检定修制是一套以预防为主的设备维修管理方式，即全员参与的生产维修制度。所谓点检定修制就是一套加以制度化的比较完善的科学管理方法，它的实质是以预防维修为基础，以点检为核心的全员维修制。其以追求设备的综合效率最高为目标。其定义为点检定修制是实现设备可靠性、维修性、经济性并使"三性"达到最佳化，实行全员设备管理（TPM）的一种综合性设备管理制度。

2. 点检定修制内涵

（1）设备点检管理是确定设备状态的有效途径。为了从计划检修逐步向优化检修和状态检修过渡，管理者必须做到对设备心中有数，只有当设备管理者真正有效的掌握了设备的状态以后，实现优化检修和状态检修才有了扎实的基础。因此加强设备的点检管理是点检定修制的首要任务。点检定修制确定了设备管理的全员参与原则，因此点检管理也是一个全员参与的管理体系，一般称之为设备的五层防护体系，即运行人员的巡回检查为第一层防线；专业点检人员的点检为第二层防线；技术人员和专业点检员共同参与的精密点检和技术监督为第三层防线；在上述三种点检的基础上的技术诊断和劣化倾向管理是设备点检管理的第四层防线；设备的性能和精度测试则是设备点检管理的最后一道防线。设备点检是通过全员参与的对设备进行检查和检测工作的总和，其目的是掌握设备的状态和性能，为设备检修、改进提供决策依据。

（2）设备定修是指在设备推行点检管理的基础上，根据设备状态而安排的检修工作。严格地说每一台设备都有自己的特点，即使是同一厂家、同一型号的设备，由于系统设计、制造、安装、辅机配套等方面的原因，设备都有所差异，因此，设备检修标准的完善并最后形成，则是通过点检加定修的 PDCA 循环来获得。

以发电厂为例来说，设备定修的任务是通过合理的定修安排，根据年修模型定期消除劣化，使年修周期内的参与连续生产系统工作的设备能保持连续无故障运行，对于可独立检修的辅助设备，则按点检结果安排检修或根据设备寿命周期轮换检修。

3. 点检定修制的特点

（1）生产工人负责日常设备管理。生产操作工人参与日常点检是点检定修制的特征，这对于生产操作工人的技能素质提出了更高的要求。

（2）设备管理职能重心下移到点检员。

点检员是管理者也是点检活动的主体。点检制的核心是把对设备管理的全部职能按照区域分工的原则落实到专职点检员，其内容如下：

① 点检实施；

② 设备状况情报收集整理及问题分析；

③ 日、定修计划编制；

④ 备件、资材计划制定、准备；

⑤ 日、定修工程委托及管理；

⑥ 工程验收、试运转；

⑦ 点检、日、定修数据汇总、实绩分析。

（3）有一套科学的点检标准和业务流程，相应的权责关系和组织体系。点检管理是一项系统工程，日常点检活动的依据建立在一系列技术标准和管理标准体系的基础之上。

（4）有完善的检测手段和维修设施。点检制把传统的静态管理方法和设备故障的现场维修有机地结合。通过日常的点检活动，辅之以有效的管理措施，在配备有完善的检测手段和维修设施的基础上，建立一支快速应变的专业检修队伍，把检查和修理有机地结合起来。这样，适应了大生产的节奏，解决了生产和检修之间的矛盾，避免了大中小修的盲目性，又能满足现场抢修的需求。

5.4　设备故障管理

设备故障管理是设备管理的一个重要组成部分，如何充分利用设备在运行中出现的故障信息，从不同角度进行数理分析和故障预测，并采取积极措施，降低设备故障损失，对设备管理工作具有重要意义。

5.4.1　设备故障的概念及分类

1. 设备故障的概念

在《设备管理维修术语》一书中，将故障定义为"设备丧失规定的功能"。这一概念可包括如下内容。

（1）引起系统立即丧失其功能的破坏性故障。

（2）与设备性能降低有关的性能上的故障。

（3）即使设备当时正在生产规定的产品，而当操作者无意或蓄意使设备脱离正常的运转时。

显然，这里故障不仅仅是一个状态的问题，而且直接与我们的认识方法有关。一个确实处于故障状态的设备，但如果它不是处于工作状态或未经检测，故障就仍然可以潜伏下来，从而，也就不可能被人们发现。

故障这一术语，在实际使用时常常与异常、事故等词语混淆。对故障来说，必须明确对象设备应该保持的规定性能是什么，以及规定的性能现在达到什么程度，否则，就不能明确故障的具体内容。假如某对象设备的状态和所规定的性能范围不相同，则认为该设备的异常即为故障。反之，假如对象设备的状态，在规定性能的许可水平以内，此时，即使出现异常现象，也还不能算作是故障。总之，设备管理人员必须把设备的正常状态、规定性能范围，明确地制订出来。只有这样，才能明确异常和故障现象之间的相互关系，从而，明确什么是异常，什么是故障。

事故也是一种故障，是侧重安全与费用上的考虑而建立的术语，通常是指设备失去了安全的状态或设备受到非正常损坏等。

2. 设备故障的分类

设备故障按技术性原因，可分为四大类，即磨损性故障、腐蚀性故障、断裂性故障及老化性故障。

（1）磨损性故障。由于运动部件磨损，在某一时刻超过极限值所引起的故障。所谓磨损是指机械在工作过程中，互相接触做相互运动的对偶表面，在摩擦作用下发生尺寸、形状和表面质量变化的现象。按其形成机理又分为黏附磨损、表面疲劳磨损、腐蚀磨损、微振磨损等四种类型。

（2）腐蚀性故障。按腐蚀机理不同又可分化学腐蚀、电化学腐蚀和物理腐蚀三类。

① 化学腐蚀。金属和周围介质直接发生化学反应所造成的腐蚀。反应过程中没有电流产生。

② 电化学腐蚀。金属与电介质溶液发生电化学反应所造成的腐蚀。反应过程中有电流产生。

③ 物理腐蚀。金属与熔融盐、熔碱、液态金属相接触，使金属某一区域不断熔解，另一区域不断形成的物质转移现象，即物理腐蚀。

（3）断裂性故障。可分为脆性断裂、疲劳断裂、应力腐蚀断裂、塑性断裂等。

① 脆性断裂。可由于材料性质不均匀引起；或由于加工工艺处理不当所引起（如在锻、铸、焊、磨、热处理等工艺过程中处理不当，就容易产生脆性断裂）；也可由于恶劣环境所引起；如温度过低，使材料的机械性能降低，主要是指冲击韧性降低，因此低温容器（-20 ℃以下）必须选用冲击值大于一定值的材料。再如放射线辐射也能引起材料脆化，从而引起脆性断裂。

② 疲劳断裂。由于热疲劳（如高温疲劳等）、机械疲劳（又分为弯曲疲劳、扭转疲劳、接触疲劳、复合载荷疲劳等）以及复杂环境下的疲劳等各种综合因素共同作用所引起的断裂。

③ 应力腐蚀断裂。一个有热应力、焊接应力、残余应力或其他外加拉应力的设备，如果同时存在与金属材料相匹配的腐蚀介质，则将使材料产生裂纹，并以显著速度发展的一种开裂。如不锈钢在氯化物介质中的开裂，黄铜在含氨介质中的开裂，都是应力腐蚀断裂。又如所谓氢脆和碱脆现象造成的破坏，也是应力腐蚀断裂。

④ 塑性断裂。塑性断裂是由过载断裂和撞击断裂所引起。

（4）老化性故障。上述综合因素作用于设备，使其性能老化所引起的故障。

5.4.2 设备故障管理及其重要性

设备故障的产生，受多种因素的影响，如设计制造的质量、安装调试水平、使用的环境条件、维护保养、操作人员的素质，以及设备的老化、腐蚀和磨损等。为了减少甚至消灭故障，必须了解、研究故障发生的宏观规律，分析故障形成的微观机理，采取有效的措施和方法，控制故障的发生，这就是设备的故障管理。故障管理，特别是对生产效率极高的大型连续自动化设备的故障管理，在管理工作中，占有非常重要的地位。

高度现代化的设备的特点是高速、大型、连续、自动化。面对生产率极高的设备，故障停机会带来很大的损失。在大批量生产的机械流程工厂，如汽车制造厂等，防止故障、减少故障停机次数、保持生产均衡是非常重要的。它不仅能减少维修工作的人力、物力费用和时间，更重要的是保持较高的生产率，创造出每小时几万甚至几十万产值的经济效益。对石化、石油、冶金等流程工业，设备的局部异常会导致整机停转或整个自动生产线停产，甚至由局部的机械、电气故障或泄漏导致重大事故的发生，以至污染环境，破坏生态平衡，造成不可挽回的损失。因此，随着设备现代化水平的提高，加强设备故障管理，防止故障的发生，保持设备高效的正常运转，有着重要的意义。

1. 设备故障分析与管理

在故障管理工作中，不但要对每一项具体的设备故障进行分析，查明发生的原因和机理，采取预防措施，防止故障重复出现。同时，还必须对本系统、企业全部设备的故障基本状况、主要问题、发展趋势等有全面的了解，找出管理中的薄弱环节，并从本企业设备着眼，采取针对性措施，预防或减少故障，改善技术状态。因此，对故障的统计分析是故障管理中必不可少的内容，是制订管理目标的主要依据。

（1）故障信息数据收集与统计。

① 故障信息的主要内容：

a. 故障对象的有关数据有系统、设备的种类、编号、生产厂家、使用经历等；

b. 故障识别数据有故障类型、故障现场的形态表述、故障时间等；

c. 故障鉴定数据有故障现象、故障原因、测试数据等；

d. 有关故障设备的历史资料。

② 故障信息的来源：

a. 故障现场调查资料；

b. 故障专题分析报告；

c. 故障修理单；

d. 设备使用情况报告（运行日志）；

e. 定期检查记录；

f. 状态监测和故障诊断记录；

g. 产品说明书，出厂检验、试验数据；

h. 设备安装、调试记录；

i. 修理检验记录。

（2）故障分析内容。

故障原因分类。开展故障原因分析时，对故障原因种类的划分应有统一的原则。因此，首先应将本企业的故障原因种类规范化，明确每种故障所包含的内容。划分故障原因种类时，要结合本企业拥有的设备种类和故障管理的实际需要。其准则应是根据划分的故障原因种类，容易看出每种故障的主要原因或存在的问题。当设备发生故障后进行鉴定时，要按同一规定确定故障的原因（种类）。当每种故障所包含的内容已有明确规定时，便不难根据故障原因的统计资料发现本企业产生设备故障的主要原因或问题。

表 5-3 为某厂故障原因的分类。

表 5-3　故障原因的分类

序号	原因类别	包含的主要内容
1	设计问题	原设计结构、尺寸、配合、材料选择不合理等
2	制造问题	原制造的机加工、铸锻、热处理、装配、标准元器件等存在问题
3	安装问题	基础、垫铁、地脚螺栓、水平度、防振等问题
4	操作保养不良	不清洁，调整不当，未及时清洗换油，操作不当等
5	超负荷，使用不合理	加工件超规格，加工件不符合要求，超切削规范，加工件超重，设备超负荷等
6	润滑不良	不及时润滑，油质不合格，油量不足或超量，油的牌号种类错误。加油点堵塞，自动润滑系统工作不正常等
7	修理质量问题	修理、调整、装配不合格，备件、配件不合格，局部改进不合理等
8	自然磨损劣化	正常磨损，老化等

续表

序号	原因类别	包含的主要内容
9	自然灾害	由雷击、洪水、暴雨、塌方、地震等引起的故障
10	操作者马虎大意	由于操作者工作时精神不集中引起的故障
11	操作者技术不熟练	一般指刚开始操作一种新设备，或工人的技术等级偏低
12	违章操作	有意不按规章操作
13	原因不明	

（3）典型故障分析。在原因分类分析时，由于各种原因造成的故障后果不同，所以，通过这种分析方法来改善管理与提高经济性的效果并不明显。

典型故障分析则从故障造成的后果出发，抓住影响经济效果的主要因素进行分析，并采取针对性的措施，有重点地改进管理，以求取得较好的经济效果。这样不断循环，效果就更显著。

影响经济性的三个主要因素是故障频率、故障停机时间和修理费用。故障频率是指某一系统或单台设备在统计期内（如一年）发生故障的次数；故障停机时间是指每次故障发生后系统或单机停止生产运行的时间（如小时）。以上两个因素都直接影响产品输出，降低经济效益。修理费用是指修复故障的直接费用损失，包括工时费和材料费。

典型故障分析就是将一个时期内（如一年）企业（或车间）所发生的故障情况，根据上述三个因素的记录数据进行排列，提出三组最高数据，每一组的数量可以根据企业的管理力量和发生故障的实际情况来定，如定10个数，则分别将三个因素中最高的10个数据的原始凭证提取出来，根据记录的情况进一步分析和提出改进措施。

2. 设备故障管理的程序

建立企业设备故障管理的程序是企业建立事故预警机制的第一步，正确的制订设备故障管理的程序意义重大。要做好设备故障管理，必须认真掌握发生故障的原因，积累常发故障和典型故障资料和数据，开展故障分析，重视故障规律和故障机理的研究，加强日常维护、检查和预修。

设备故障管理的目的是在故障发生前通过设备状态的监测与诊断，掌握设备有无劣化情况，以期发现故障的征兆和隐患，及时进行预防维修，以控制故障的发生；在故障发生后，及时分析原因，研究对策，采取措施排除故障或改善设备，以防止故障的再发生。

要做好设备故障管理，必须认真掌握发生故障的原因，积累常发故障和典型故障资料和数据，开展故障分析，重视故障规律和故障机理的研究，加强日常维护、检查和预修。这样就可避免突发性故障和控制渐发性故障。

设备故障管理的程序如下：

（1）做好宣传教育工作，使操作工人和维修工人自觉地遵守有关操作、维护、检查等规章制度，正确使用和精心维护设备，对设备故障进行认真地记录、统计、分析。

（2）结合本企业生产实际和设备状况及特点，确定设备故障管理的重点。采用监测仪器和诊断技术对重点设备进行有计划的监测，及时发现故障的征兆和劣化的信息。一般设备可通过人的感官及一般检测工具进行日常点检、巡回检查、定期检查（包括精度检查）、完好状态检查等，着重掌握容易引起故障的部位、机构及零件的技术状态和异常现象的信息。同时要建立检查标准，确定设备正常、异常、故障的界限。

为了迅速查找故障的部位和原因，除了通过培训使维修、操作工人掌握一定的电气、液压技术知识外，还应把设备常见的故障现象、分析步骤、排除方法汇编成故障查找逻辑程序图表，以便在故障发生后能迅速找出故障部位与原因，及时进行故障排除和修复。

（3）完善故障记录制度。故障记录是实现故障管理的基础资料，又是进行故障分析、处理的原始依据。记录必须完整正确。维修工人在现场检查和故障修理后，应按照"设备故障修理单"的内容认真填写，车间机械员（技师）与动力员按月统计分析报送设备动力管理部门。

（4）及时进行故障的统计与分析。车间设备机械员（技师）、动力员除日常掌握故障情况外，应按月汇集"故障修理单"和维修记录。通过对故障数据的统计、整理、分析，计算出各类设备的故障频率、平均故障间隔期，分析单台设备的故障动态和重点故障原因，找出故障的发生规律，以便突出重点采取对策，将故障信息整理分析资料反馈到计划部门，以便安排预防修理或改善措施计划，还可以作为修改定期检查间隔期、检查内容和标准的依据。

根据统计整理的资料，可以绘出统计分析图表，例如单台设备故障动态统计分析表是维修班组对故障及其他进行目视管理的有效方法，既便于管理人员和维修工人及时掌握各类型设备发生故障的情况，又能在确定维修对策时有明确目标。

（5）针对故障原因、故障类型及设备特点的不同采取不同的对策。对新购置的设备应加强使用初期管理，注意观察、掌握设备的精度、性能与缺陷，做好原始记录。在使用中加强日常维护、巡回检查与定期检查，及时发现异常征兆，采取调整与排除措施。重点设备进行状态监测与诊断。建立灵活机动的具有较高技术水平的维修组织，采用分部修复、成组更换的快速修理技术与方法，及时供应合格备件。利用生产间隙整修设备，对已掌握磨损规律的零部件采用改装更换等措施。

（6）做好控制故障的日常维修工作。通过区域维修工人的日常巡回检查和按计划进行的设备状态检查所取得的状态信息和故障征兆，以及有关记录、分析资料，由车间设备机械员（技师）或修理组长针对各类型设备的特点和已发现的一般缺陷，及时安排日常维修，便于利用生产空隙时间或周末，做到预防在前，以控制和减少故障发生。对某些故障征兆、隐患，日常维修无力承担的，则反馈给计划部门另行安排计划修理。

（7）建立故障信息管理流程图。

3. 设备事故类别与性质

（1）设备事故类别确定。设备因非正常损坏造成停产或效能降低，停机时间和经济损失超过规定限额的称为设备事故。

设备事故会给企业生产带来不同程度的经济损失，甚至危及职工生命安全。因此，要积极采取预防措施，对在用设备认真做好安全评价，以防止事故的发生。

《全民所有制工业交通企业设备管理条例》第三十二条规定，设备事故分为一般事故、重大事故和特大事故三类。设备事故分类标准由国务院工业交通各部门确定。

原国家机械委颁发的机委生（1988）43 号《机械工业企业设备管理规定》第十九条"设备故障与事故"规定：设备或零部件失去原有精度性能，不能正常运行，技术性能降低等，造成停产或经济损失者为设备故障。设备故障造成停产时间或修理费用达到下列规定数额者为设备事故。

① 一般事故。修复费用一般设备 500～10 000 元；精、大、稀及机械工业关键设备 1 000～30 000 元者；或因设备事故造成全厂供电中断 10～30 min 为一般事故。

② 重大事故。修复费用一般设备达 10 000 元以上；机械工业关键设备及精、大、稀设备达 30 000 元以上者；或因设备事故而使全厂电力供应中断 30 min 以上为重大事故。

③ 特大事故。修复费用达 50 万元以上，或由于设备事故造成全厂停产 2 天以上，车间停产一周以上为特大事故。

(2) 设备事故性质确定。设备事故按其发生的性质可以分为以下三类。

① 责任事故。凡属于人为原因，如违反操作维护规程、擅离工作岗位、超负荷运转、加工工艺不合理以及维护修理不良等，致使设备损坏停产或效能降低，称为责任事故。

② 质量事故。凡因设备原设计、制造、安装等原因，致使设备损坏停产或效能降低，称为质量事故。

③ 自然事故。凡因遭受自然灾害，致使设备损坏停产或效能降低，称为自然事故。

不同性质的事故应采取不同的处理方法。自然事故比较容易判断，责任事故与质量事故直接决定着事故责任者承担事故损失的经济责任，为此一定要进行认真分析，必要时邀请制造厂家一起来对事故设备进行技术鉴定，做出准确的判断。一般情况下企业发生的设备事故多为责任事故。

4. 设备事故的分析及处理

(1) 设备事故分析。设备发生事故后，要立即切断电源，保持现场，采取应急措施，防止损失扩大。按设备分级管理的有关规定上报，并及时组织有关人员根据"三不放过"的原则（设备事故原因分析不清不放过、设备事故责任者与群众未受到教育不放过、没有防范措施不放过），进行调查分析，严肃处理，从中吸取经验教训。一般设备事故由设备事故单位负责人组织有关人员，在设备管理部门参加下分析事故原因。如设备事故性质具有典型教育意义，由设备管理部门组织全厂设备人员、安全员和有关人员参加的现场会共同分析，使大家都受教育。重大及特大设备事故由企业主管设备副厂长（总工程师）主持，组织设备、安全、技术部门和事故有关人员进行分析。必要时还可组织设备事故调查组，吸收相近专业的技术人员参加，分析设备事故原因，制订防范措施，提出处理意见。

① 设备事故分析的基本要求。

a. 要重视并及时进行分析。分析工作进行得越早、原始数据越多，分析设备事故原因和提出防范措施的根据就越充分，要保存好分析的原始数据。

b. 不要破坏发生设备事故的现场，不移动或接触事故部位的表面，以免发生其他情况。

c. 要严格查看设备事故现场，进行详细记录和照相。

d. 如需拆卸发生设备事故部件时，要避免使零件再产生新的伤痕或变形等。

e. 分析设备事故时，除注意发生事故部位外，还要详细了解周围环境，多走访有关人员，以便掌握真实情况。

f. 分析设备事故不能凭主观臆测做出结论，要根据调查情况与测定数据进行仔细分析、判断。

② 认真做好设备事故的抢修工作,把损失控制在最低程度。

a. 在分析出设备事故原因的前提下,积极组织抢修,减少换件,尽可能地减少修复费用。

b. 设备事故抢修需外车间协作加工的,必须优先安排,不得拖延修期,物资部门应优先供应检修事故用料。尽可能地减少停修天数。

③ 做好设备事故的上报工作。

a. 发生设备事故单位,应在事故发生后 3 天内认真填写设备事故报告单,报送设备管理部门。一般设备事故报告单由设备管理部门签署处理意见,重大设备事故及特大设备事故由厂主管领导批示后报上级主管部门。

b. 设备事故经过分析、处理并将设备修复后,应按规定填写维修记录,由车间设备技师(机械员)负责计算实际损失填入设备事故报告损失栏内,报送设备管理部门。

c. 企业发生的各种设备事故,设备管理部门每季应统计上报。重大、特大事故应在季报表内附上事故概况与处理结果。

④ 认真做好设备事故的原始记录。设备事故报告记录应包括以下内容:

a. 设备编号、名称、型号、规格及设备事故概况;

b. 设备事故发生的前后经过及责任者;

c. 设备损坏情况及发生原因,分析处理结果。重大、特大事故应有现场照片;

d. 发生事故的设备进行修复前后,均应对其主要精度、性能进行测试;设备事故的一切原始记录和有关资料,均应存入设备档案。凡属设备设计、制造质量的事故,应将出现的问题反馈到原设计、制造单位。

(2)设备事故处理。国务院发布的《全民所有制工业交通企业设备管理条例》第三十八条规定"对玩忽职守,违章指挥,违反设备操作、使用、维护、检修规程,造成设备事故和经济损失的职工,由其所在单位根据情节轻重,分别追究经济责任和行政责任;构成犯罪的,由司法机关依法追究刑事责任"。

设备事故发生后,必须遵循"三不放过"原则进行处理,任何设备事故都要查清原因和责任,对事故责任者按情节轻重、责任大小、认错态度分别给予批评教育、行政处分或经济处罚,触犯刑律的要依法制裁,并制订防范措施。

对设备事故隐瞒不报或弄虚作假的单位和个人,应加重处罚,并追究领导责任。

对于设备和动能供应过程中发生的未遂事故应同样给予高度重视,本着"三不放过"的原则,分析原因和危害,从中吸取教训,采取必要措施,防止类似事故的发生。

5.5 实验实训课题

卧式车床点检卡的制定

1. 实训目的

通过卧式车床点检卡的设计,进一步理解掌握点检的概念。

2. 实训条件

卧式车床一台,设备说明书及相关技术资料。

3. 实训要求

（1）点检卡应反应点检的内涵。

（2）点检记录卡要反应设备各部分的性能状态。

4. 点检卡包括内容

（1）设备

名称、型号、设备编号、使用车间、点检操作者。

（2）点检部位和内容

运动及传动部分、床身及导轨部分、操纵部分、润滑和冷却部分、照明和电气控制部分、附件部分。

（3）点检日期及结果记录

记录结果分为完好（√）、异常（△）、已修好（○）、待修（×）四种。

思 考 题

5-1 设备的三级保养的内容是什么？

5-2 传统的分类方法将修理分为哪三类？

5-3 什么是修理周期、修理间隔期、修理周期结构？

5-4 点检定修制概念的定义是什么？

5-5 设备故障与事故的概念是什么？

5-6 设备事故按其发生的性质可以分为哪三类？

第 6 章

机械的装配与安装

6.1 概　述

6.1.1 机械装配的概念

一部复杂的机械设备都是由许多零件和部件所组成。按照规定的技术要求，由若干个零件组合成组件，由若干个组件和零件组合成部件，最后由所有的部件和零件组合成整台机械设备的过程，称为机械装配。

机械装配是机器制造和修理的重要环节。机械装配的质量对于机械设备的正常运转、使用性能和使用寿命都有较大的影响。若装配工艺不当，即使有高质量的零件，机械设备的性能也很难达到要求，严重时还可造成机械设备破坏或人身事故。因此，机械装配必须根据机械设备的性能指标，严肃认真地按照技术规范进行。

机械装配是一项非常重要而又十分细致的工作。

6.1.2 机械装配的工艺过程

机械装配的工艺过程一般包括：机械装配前的准备工作、装配、检验和调整。

1. 机械装配前的准备工作

熟悉机械设备及各部件总成装配图和用有关技术文件，了解各零部件的结构特点、作用、相互连接关系及连接方式。

根据零、部件的结构特点和技术要求，制订合适的装配工艺规程、选择装配方法、确定装配顺序；准备装配时所用的工具、夹具、量具和材料。

按清单检测各备装零件的尺寸精度，核查技术要求，凡有不合格者一律不得装配。

零件装配前须进行清洗。对于经过钻孔、铰削、镗削等机械加工的零件，要将其表面的金属屑末清除干净；润滑油道要用高压空气或高压油吹洗干净；有相对运动的配合表面更要保持清洁，以免因脏物或尘粒等混杂其间而加速配合件表面的磨损。

2. 装配

装配要按照工艺过程认真、细致地进行。装配的一般步骤是：先将零件装成组件，再将零件、组件装成部件，最后将零件、组件和部件总装成机器。装配应从里到外，从上到下，以不影响下道工序的原则进行。

每装配完一个部件，应严格仔细地检查和清理，防止有遗漏或错装的零件，严防将工具、多余零件及杂物留存在箱体之中。

3. 检验和调整

机械设备装配后需对设备进行检验和调整。检查零、部件的装配工艺是否正确，装配是否符合设计图样的规定。凡检查出不符合规定的部位，都需要进行调整，以保证设备达到规定的技术要求和使用性能。

6.1.3 保证装配精度的工艺方法

机器的性能和精度是在机械零件质量合格的基础上，通过良好的装配工艺来实现的。如果装配不正确，即使零件的加工质量很高，机器也达不到设计的使用要求。因此，保证装配精度是机械装配工作的根本任务。装配精度包括配合精度和尺寸链精度两种。

1. 配合精度

在机械装配过程中大部分工作是保证零、部件之间的正常配合。目前常采用的保证配合精度的装配方法有以下几种：

（1）完全互换法。就是机器在装配过程中每个待装配零件不需要挑选、修配和调整，装配后就能达到装配精度。它是通过控制零件加工误差来保证装配精度的一种方法，该方法操作简单、方便，装配生产率高，便于组织流水线及自动化装配，但对零件的加工精度要求较高。适用于配合零件数较少、批量较大的场合。

（2）分组选配法。这种方法是将被加工零件的制造公差放宽若干倍，对加工后的零件进行测量分组，并按对应组进行装配，同组零件可以互换。这种方法，零件可按经济加工精度制造而能获得很高的装配精度，但增加了测量分组工作。适用于成批或大量生产、装配精度较高的场合。

（3）调整法。此方法是选定配合副中的一个零件制造成多种尺寸作为调整件，装配时通过更换不同尺寸的调整件或改变调整件的位置来保证装配精度。零件按经济加工精度制造而能获得较高的装配精度。但装配质量在一定程度上依赖操作者的技术水平。

（4）修配法。在装配副中某零件预留修配量，装配时通过手工锉、刮、磨修配，以达到要求的配合精度。这种方法，零件按经济加工精度加工而能获得较高的装配精度。但修配劳动量较大，且装配质量很大程度上依赖工人的技术水平。适用于单件小批量生产的场合。

2. 尺寸链精度

机械设备或部件在装配过程中，零件或部件间有关尺寸构成了互相有联系的封闭尺寸组合称为装配尺寸链。这些尺寸关联在一起，就会相互影响并产生累积误差。机械装配过程中，有时虽然各配合件的配合精度满足了要求，但是累积误差所造成的尺寸链误差可能超出设计范围，影响机器的使用性能，因此，装配后必须对尺寸链中的重要尺寸进行检验。

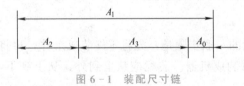

图 6 - 1　装配尺寸链

如图 6 - 1 所示为某装配尺寸链，四个尺寸 A_1、A_2、A_3、A_0 构成了装配尺寸链。其中为装配过程中最后形成的环，是尺寸链的封闭环，当 A_1 为最大，A_2、A_3 为最小时，A_0 最大；反之当 A_1 为最小时，A_2、A_3 为最小时，A_0 最小。A_0

值可能超出设计要求范围，因此在装配后进行检验，使 A_0 符合规定。

6.1.4　装配的一般工艺原则

装配时要根据零部件的结构特点，采用合适的工具或设备，严格仔细按顺序装配，注意零部件之间的方位和配合精度要求。

（1）对于过渡配合和过盈配合零件的装配，如滚动轴承的内、外圈等，必须采用相应的铜棒、铜套等专门工具和工艺措施进行手工装配，或按技术条件借助设备进行加温、加压装配。如果遇到装配困难，应先分析原因，排除故障，提出有效的改进方法，再继续装配，千万不可乱敲乱打、鲁莽行事。

（2）运动零件的摩擦表面，装配前均应涂上适量的润滑油，如轴颈、轴承、轴套、活塞、活塞销和缸壁等。油脂的盛装必须清洁加盖，不使尘沙进入，盛具应定期清洗。

（3）对于配合件装配时，也应先涂润滑油脂，以利于装配和减少配合表面的初磨损。

（4）装配时应核对零件的各种安装记号，防止装错。

（5）对某些装配技术要求，如装配间隙、过盈量、啮合印痕等，应边安装边检查，并随时进行调整，以避免装配后返工。

（6）每一部件装配完毕，必须严格仔细地检查和清理，防止有遗漏或错装的零件，防止将工具、多余零件及杂物留存在箱体之中造成事故。

6.2　过盈配合的装配方法

过盈配合的装配是将较大尺寸的被包容件（轴件）装入较小尺寸的包容件（孔件）中。过盈配合能承受较大的轴向力、扭矩及动载荷，应用十分广泛，如滚动轴承的外圈与轴承座孔的连接，大型齿轮的齿圈与轮毂的连接等。过盈配合是一种固定连接，因此装配时要求有正确的相互位置和紧固性，还要求装配时不损伤机件的强度和精度。

常用的装配方法有压装法、热装法和冷装法等。

6.2.1　压装法

根据施力的方式不同，压装法分为锤击法和压入法两种。锤击法主要用于配合面要求较低、长度较短，采用过渡配合的连接件；压入法使用压力机压入，装配加力均匀、生产效率高，主要用于过盈配合。总的来说压装法操作方法简单，动作迅速，是最为常用的一种装配方法，尤其是过盈量较小的场合。

压装法的装配工艺为验收装配件、计算压入力、装入。

1. 验收装配件

装配件的验收主要应注意其尺寸和几何形状偏差、表面粗糙度、倒角和圆角是否符合图样的要求，是否刮掉了毛刺等。

如果尺寸和几何形状偏差超出了允许的范围，可能造成机件胀裂、配合松动等后果。表面粗糙度不符合要求会影响配合质量。倒角不符合要求，没刮掉毛刺，装配时不易导正、可能损伤配合表面。

装配件尺寸和几何形状的检查，一般用千分尺或游标卡尺，其他内容一般采用检视法，即靠样板和目视进行检查。

在验收的同时，也得到了配合机件实际的过盈数据，它是计算压入力、选择装配方法等的主要依据。

2. 计算压入力

压装时压入力必须克服压入时的摩擦力，其大小与轴的直径、有效压入长度和零件表面粗糙度等因素有关。在实际装配中，压入力常采用经验公式来计算，即

$$P = \frac{a \cdot \left(\dfrac{D}{d} + 0.3\right) \cdot i \cdot l}{\dfrac{D}{d} + 6.35} \qquad (6-1)$$

式中　a——系数，当孔、轴件均为钢时，$a = 73.5$，当轴件为钢、孔件为铸铁时，$a = 42$；

　　　P——压入力（kN）；

　　　D——孔件内径（mm）；

　　　i——实际过盈量（mm）；

　　　l——配合面的长度（mm）；

　　　d——轴件外径（mm）。

可根据上式计算出压入力，再增加 20%～30% 来选用压力机为宜。

3. 装入

为了减少装入时的阻力和防止装配过程中损伤配合面，应使装配表面保持清洁，并涂上润滑脂；另外应注意加力要均匀，并注意控制压入的速度，压入速度一般为 2～4 mm/s，不宜超过 10 mm/s，否则不易顺利装入，而且可能损伤配合表面。用锤击法压入时，不允许使用铁锤直接敲击零部件，以防损坏零部件。

6.2.2　热装法

若过盈量较大，可利用热胀冷缩的原理来装配。即对孔件进行加热，使其膨胀后，再将与之配合的轴件装入包容件中。其装配工艺如下。

1. 验收装配件

热装时装配件的验收与压入法相同。

2. 确定加热温度

热装时孔件的加热温度用下式计算：

$$t = \frac{(2 \sim 3)\, i}{k_a \cdot d} + t_0 \qquad (6-2)$$

式中　t——加热温度（℃）；

　　　t_0——室温（℃）；

　　　i——实测过盈量（mm）；

　　　k_a——孔件材料的线膨胀系数（℃$^{-1}$）；

　　　d——孔的公称直径（mm）。

3. 选择加热方法

常用的加热方法有以下几种。

（1）热浸加热法。将机油放在铁盒内加热，再将需加热的零件放入油内。这种方法加热均匀、操作方便，常用于尺寸及过盈量较小的连接件。

（2）氧—乙炔焰加热法。这种加热方法操作简单，但易于过烧，因此要求具有熟练的操作技术，常用于较小零件的加热。

（3）电阻加热法。用镍—铬电阻丝绕在耐热瓷管上，放入被加热零件的孔里，将电阻丝通电便可加热。这种方法适用于精密设备或有易爆易燃的场合。

（4）电磁感应加热法。利用交变电流通过铁芯（被加热零件可视为铁芯）外的线圈，使铁芯产生交变磁场，在铁芯内与磁力线垂直方向产生感应电动势，此感应电动势以铁芯为导体产生电流，在铁芯内电能转化为热能，使铁芯变热。这种加热方法操作简单，加热均匀，也无炉灰，无火灾危险，适用于装有数精密设备或有易燃易爆的场所，以用特大零件的加热。

4. 测定加热温度

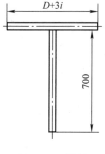

图 6 - 2　样杆

在加热过程中，可采用半导体点接触测温计测温。在现场常用油类或有色金属作为测温材料。如机油的闪点是 200 ℃～300 ℃，锡的熔点是 232 ℃，纯铅的熔点是 327 ℃。也可以用测温蜡笔及用测温纸片测量。

由于测温材料的局限性，一般很难测准加热温度，故现场常用样杆进行检测，如图 6-2 所示。样杆尺寸按实际过盈量的 3 倍制作，当样杆刚能放入孔时，则加热温度正合适。

5. 装入

装入时应去掉孔表面的灰尘、污物；必须将零件装到预定位置，并将装入件压装在轴肩上，直到机件完全冷却为止。不允许用水冷却机件，避免造成内应力，降低机件的强度。

6.2.3　冷装法

当孔件较大而压入的零件较小时，采用热装法既不方便又不经济，甚至无法加热，这种情况可采用冷装法。即采用干冰、液氮和液氧等介质将轴件进行低温冷却，缩小尺寸，然后迅速将其装入到孔件中去。

冷装时零件的冷却温度用下

$$t = \frac{(2\sim3)i}{k_a \cdot d} - t_0 \tag{6-3}$$

式中　t——加热温度（℃）；

　　　t_0——室温（℃）；

　　　i——实测过盈量（mm）；

　　　k_a——被冷却件材料的线膨胀系数（℃$^{-1}$）；

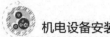

d—— 轴的公称直径（mm）。

常用冷却剂及冷却温度：

固体二氧化碳加酒精或丙酮——－75 ℃

液氨——－120 ℃

液氧——－180 ℃

液氮——－190 ℃

冷却装配要特别注意操作安全，以防冻伤操作者。

6.3　齿轮、联轴节的装配

6.3.1　齿轮的装配

齿轮传动是机械设备中应用最广的一种传动装置，它主要用来传递动力和改变速度。常用的齿轮传动装置有圆柱齿轮、圆锥齿轮和蜗杆传动三种。

齿轮装配的内容包括将齿轮装配和固定在传动轴上，再将传动轴装进齿轮箱体。齿轮装配后的基本要求是保证两啮合齿轮具有准确的相对位置，以达到规定的运动精度和接触精度，齿轮副齿轮之间的啮合侧隙，以及保证轮齿的工作面能良好的接触。装配正确的齿轮传动装置在运转时，应该是速度均匀、没有振动和噪声。

三种齿轮传动装置的装配方法和步骤基本相同，只是装配质量要求各异。下面仅就最常见的圆柱齿轮的装配工艺作简单介绍。

圆柱齿轮传动的装配过程，一般是先将齿轮装在轴上，再把齿轮轴组件装入齿轮箱，然后检查齿轮的接触质量。

1. 齿轮与轴的装配

齿轮与轴的配合面在压入前应涂润滑油。齿轮与轴的配合多为过渡配合，过盈量不大的齿轮与轴在装配时，可用锤子敲击装入；当过盈量较大时可用热装或专用工具进行压装。在装配过程中，要尽量避免齿轮出现偏心、歪斜和齿轮端面未贴紧轴肩等情况。

对于精度要求较高的齿轮传动机构，装配好后的齿轮—轴应检查齿轮齿圈的径向跳动和端面跳动。

2. 齿轮轴组件装入箱体

齿轮轴组件装入箱体是保证齿轮啮合质量的关键工序。因此在齿轮轴装入齿轮箱之前，应对箱体的相关表面和尺寸进行检查，主要检查各轴线的平行度、中心距偏差是否在公差范围之内。

齿轮箱轴承座孔的中心距的检查，可在齿轮轴未装入齿轮箱以前，用特制游标卡尺来测量。也可利用内径千分尺和检验心轴进行测量，如图 6-3 所示。

轴线平行度的检查方法如图 6-4 所示。检查前，先将齿轮轴或检验心轴放置在齿轮箱的轴承座孔内，然后分别用内径千分尺和水平仪来测量两个方向上的轴线的平行度。

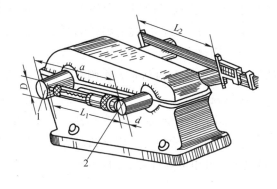

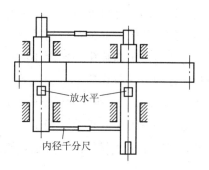

放水平

内径千分尺

图 6 - 3　测量齿轮箱轴承座孔的中心距　　　　图 6 - 4　检查齿轮轴线的平行度

1，2—检验心轴

3. 装配质量的检查

齿轮组件装入箱体后，应对齿面啮合情况和齿侧间隙进行检查。

（1）齿面啮合检查。齿面啮合情况常用涂色法检查。将主动齿轮侧面涂上一薄层红丹粉，使齿轮按工作方向转动齿轮 2～3 转，则在从动轮轮侧面上会留下色迹。根据色迹可以判定齿轮啮合接触面是否正确。

正确的齿轮啮合接触面应该均匀分布在节线附近，接触面积应符合表 6 - 1 的要求。装配后齿轮啮合接触面常有如图 6 - 5 所示的几种情况。

表 6 - 1　圆柱齿轮齿面接触斑点规范　　　　　　　　　　　　　　%

精度等级	7	8	9
接触斑点没齿高不少于	45	40	30
接触斑点没齿长不少于	60	50	40

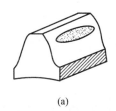　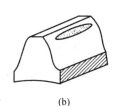　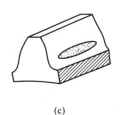　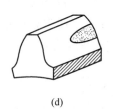

（a）　　　　　　（b）　　　　　　（c）　　　　　　（d）

图 6 - 5　圆柱齿轮啮合印痕

（a）正确；（b）中心距太大；（c）中心距太小；（d）轴线不平行

为了纠正不正确的啮合接触，可采用改变齿轮中心线的位置、研刮轴瓦或加工齿形等方法来修正。

（2）齿侧间隙检查。齿侧间隙的功用是储存润滑油、补偿齿轮尺寸的加工误差，以及补偿齿轮和齿轮箱在工作时的热变形。它是指相互啮合的一对齿轮在非工作面之间沿法线方向的距离。齿轮副的最小法向侧隙可查相关手册。

齿侧间隙的检查，可用塞尺、百分表或压铅丝等方法来实现。

① 压铅法。如图6-6所示，在小齿轮齿宽方向上，放置两根以上的铅丝，并用油黏在轮齿上，铅丝的长度以能压上三个齿为宜。齿轮啮合滚压后，压扁后铅丝的厚度，就相当于顶隙和侧隙的数值，其值可以用千分尺或游标卡尺测量。

在每条铅丝的压痕中，厚度小的是工作侧隙，厚度较大的是非工作侧隙，而最厚的是齿顶间隙。这种方法操作简单，测量较为准确，应用较广。

② 千分表法。这种方法用于较精确的测量。如图6-7所示，将千分表安放在平板或箱体上，把检验杆2装在千分表架1上，千分表触头3顶住检验杆。将下齿轮固定，然后转动上齿轮，记下千分表指针的变化值，则齿侧间隙δ_0可用下式计算，即：

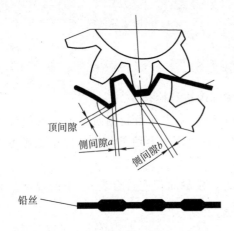

图6-6 压铅法测量齿侧间隙

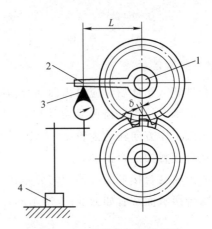

图6-7 千分表法测量间隙

1—千分表架；2—检验杆；3—千分表触头；4—表座

$$\delta_0 = \delta \times \frac{r}{L} \tag{6-4}$$

式中　δ——千分表上的读数值；

　　　r——转动齿轮节圆半径（mm）；

　　　L——两齿轮中心线到千分表触测头间距离（mm）。

当测量的齿侧间隙超出规定值时，可通过改变齿轮轴位置和修配齿轮面来调整。

6.3.2 联轴节的装配

联轴节是用于连接主动轴和从动轴，实现运动和动力传递的一种特殊装置。联轴器分为固定式联轴器和可移式联轴器两大类。

固定式联轴器所连接的两根轴的轴线应严格同轴。所以联轴器在安装时必须很精确的找正对中，否则将会产生附加载荷，引起机器产生振动，并将严重影响轴、轴承和轴上其他零件的正常工作。

可移式联轴器则允许两轴的轴线有一定程度的偏移和偏斜，其安装则要容易得多。

联轴节装配的内容主要包括：轮毂在轴上的装配，以及联轴节的找正和调整。轮毂与轴的配合大多为过盈配合，装配方法有压入法、热装法和冷装法等，相关这些装配工艺在前面已作介绍，因此下面仅对联轴节的找正和调整进行讨论。

1. 联轴节在装配中偏差情况的分析

在找正联轴器时一般可能遇到如图 6-8 所示的四种情况。

（1）两半联轴节既平行又同心。如图 6-8（a）所示，这时 $S_1 = S_3$，$a_1 = a_3$，此处 S_1、S_3 和 a_1、a_3 表示联轴节上、下两个位置上的轴向和径向间隙。

（2）两半联轴节平行但不同心。如图 6-8（b）所示，这时 $S_1 = S_3$，$a_1 \neq a_3$，即两轴中心线之间有平行的径向偏移。

（3）两半联轴节同心但不平行。如图 6-8（c）所示，这时 $S_1 \neq S_3$，$a_1 = a_3$，即两轴中心线之间有角位移 α。

（4）两联轴节既不同心也不平行。如图 6-8（d）所示，这时 $S_1 \neq S_3$，$a_1 \neq a_3$，即两轴中心线之间既有径向偏移也有角偏移。

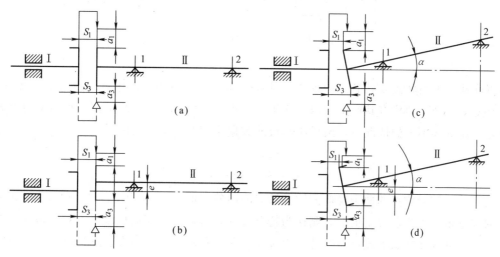

图 6-8　联轴节找正时可能遇到的四种情况

联轴器处于后三种情况都是不正确的，均需要进行找正和调整，直到获得第一种正确的情况为止。一般在安装机器时，首先把从动轴安装好，使其轴处于水平，然后安装主动轴，所以，找正时只需调整主动轴，即在主动轴的支脚下面用加减垫片的方法进行调整。

2. 联轴节的找正时的测量方法

常用联轴节找正时的测量方法主要有以下几种。

（1）直尺塞规法。直尺塞规法是利用角尺和塞尺测量联轴器外圆各方位上的径向偏差，用塞尺测量两半联轴器端面间的轴向间隙偏差。这种测量方法操作简单，但误差较大，一般只能用于精度要求不高的低速机器。

（2）千分表测量法。把专用的夹具或磁力表座装在作基准的（常是装在主机转轴上的）半联轴器上，用千分表测量联轴器的径向间隙和轴向间隙。因为用了精度较高的千分表来测量，故此法的测量精度较高，且操作方便，应用极广。

利用千分表来测量时，常用一点法来测量，如图 6-9（a）所示。一点法是指在测量一个位置上的径向间隙时，同时测量同一个位置上的轴向间隙。两个千分表分别装在同一磁性座中的两根滑杆上，千分表 1 测出的是径向间隙 a，千分表 2 测出的是轴向间隙 S，磁性座装在基准轴（从动轴）上。测量时，连上联轴节螺栓，先测出上方（0°）的 a_1、S_1，然后将两半联轴节向同一方向一起转动，顺次转到 90°、180°、270° 三个位置上，分别测出 a_2、S_2；a_3、S_3；a_4、S_4。将测得的数值记录在图中，如图 6-9（b）所示。

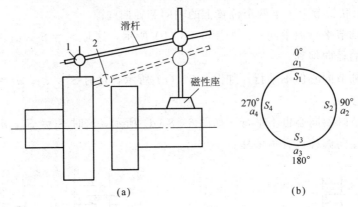

图 6-9　千分表找正

将联轴节重新转到 0° 位置，再次测量其径向间隙和轴向间隙，核对测量数值有无变动。如果有变动，则必须检查其产生原因，并予以纠正，然后继续进行测量，直到测量的数据正确为止。在偏移不大的情况下，最后所测得的数据应该符合下列条件：

$$a_1 + a_3 = a_2 + a_4$$

$$S_1 + S_3 = S_2 + S_4$$

然后，比较对称点的两个径向间隙和轴向间隙的数值（如 a_1 和 a_3，S_1 和 S_3），如果对称点的数值相差不超过规定值时，则认为符合要求，否则就需要进行调整。对于精度不高或小型机器，可以逐次试加或试减垫片，以及左右敲打移动主轴机的方法进行调整；对于精密或大型机器，则应通过计算来确定增减垫片的厚度和沿水平方向的移动量。

3. 联轴节找正时的调整

联轴器的径向间隙和轴向间隙测量完毕后，就可根据偏移情况进行调整。在调整时，一般先调整轴向间隙，使两半联轴节平行，然后再调整径向间隙，使两半联轴节同轴。

在安装机械设备时，一般先装好从动轴，再装主动轴，这样只需调整主动轴即可。现以两半联轴节既有径向偏移也有角偏移的情况为例，说明联轴节找正时的计算和调整方法。

如图 6-10 所示，Ⅰ 为从动轴，Ⅱ 为主动轴。根据找正测量的结果，$a_1 > a_3$，$S_1 > S_3$。

（1）先使两半联轴节平行。由图 6-10（a）可知，欲使两半联轴节平行，应在主动轴的支点 2 下增加厚度为 x（mm）的垫片，x 值可利用图中画有剖面线的两个相似三角形的比例关系算出，即

$$x = \frac{b}{D} \times L \tag{6-5}$$

式中　D——联轴节的计算直径（mm）；

　　　L——主动机轴两支点的距离（mm）；

　　　b——在 0° 和 180° 两个位置上测得的轴向间隙之差（$b = S_1 - S_3$）（mm）。

由于支点 2 垫高了，因此轴 Ⅱ 将以支点 1 为支点而转动，这时两半联轴节的端面虽然平

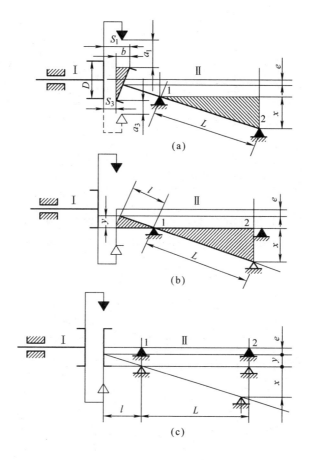

图 6 - 10　联轴节的调整方法

行了，但轴Ⅱ的半联轴节的中心却下降了 y（mm），如图 6 - 10（b）所示。y 值同样可以利用画有剖面线的两个相似三角形的比例关系算出，即

$$y = \frac{x \cdot l}{L} = \frac{b \cdot l}{D} \qquad (6 - 6)$$

式中　l——支点 1 到联轴节测量平面的距离（mm）。

（2）再将两半联轴节同轴。由于 $a_1 > a_3$，原有径向位移量 $e = (a_1 - a_3)/2$，两半联轴节的全部位移量为 $e + y$。为了使两半联轴节同心，应在轴Ⅱ的支点 1 和支点 2 下面同时增加厚度为 $e + y$ 的垫片。

由此可见，为了使轴Ⅰ、轴Ⅱ支点 1 下面加厚度为 $e + y$ 的垫片，在支点 2 下面加厚度为 $x + e + y$ 的垫片，如图 6 - 10（c）所示。

在水平方向找正的计算、调整与垂直方向相同。将联轴节在垂直方向和水平方向调整完毕后，其径向偏移和角位移应在规定的偏差范围内。

4. 联轴节找正计算实例

如图 6 - 11（a）所示，主动机纵向两支脚之间的距离 $L = 3\,000$ mm，支脚 1 到联轴器测量平面之间的距离 $l = 500$ mm，联轴器的计算直径 $D = 400$ mm，找正时所测得的径向间隙和轴向间隙数值如图 6 - 11（b）所示。试求支脚 1 和支脚 2 底下应加或应减的垫片厚度。

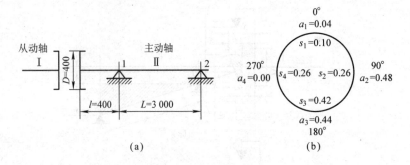

图 6-11 联轴器找正计算加减垫片实例

由图 6-11 可知，联轴器在 0°与 180°两个位置上的轴向间隙 $s_1 < s_3$，径向间隙 $a_1 < a_3$，这表示两个半联轴器既有径向位移又有角位移。根据这些条件可作出联轴器偏移情况的示意图，如图 6-12 所示。

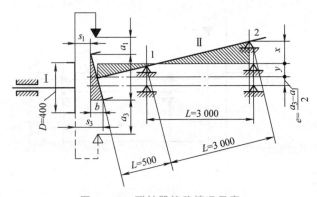

图 6-12 联轴器偏移情况示意

（1）先使两半联轴器平行。由于 $s_1 < s_3$，故 $b = s_3 - s_1 = 0.42 - 0.10 = 0.32$ mm。所以，为了要使两半联轴器平行必须从主动机的支脚 2 下减去厚度为 x（mm）的垫片，x 值可同下式计算。

$$x = \frac{b}{d}L = \frac{0.32}{400} \times 3\,000 = 2.4 \text{ mm}$$

但是，这时主动机轴上的半联轴器中心却被抬高了 y（mm），y 值可由下式计算。

$$y = \frac{l}{L}x = \frac{500}{300} \times 2.4 = 0.4 \text{ mm}$$

（2）再使两半联轴器同轴。由于 $a_1 < a_3$，故原有的径向位移量为

$$e = \frac{a_3 - a_1}{2} = \frac{0.44 - 0.04}{2} = 0.2 \text{ m}$$

所以，为了要使两个半联轴器同轴，必须从支脚 1 和支脚 2 同时减去厚度为 $(y + e) = 0.4 + 0.2 = 0.6$ mm 的垫片。

由此可见，为了要使两半联轴器，则必须在主动机的支脚 1 下减去厚度为 $y + e = 0.6$ mm 的垫片，在支脚 2 下减去厚度为 $x + y + e = 2.4 + 0.4 + 0.2 = 3.0$ mm 的垫片。

垂直方向调整完毕后，再调整水平方向的偏差。以同样方法计算出主动机在水平方向上的偏移量。然后，用手锤敲击的方法或者用千斤顶推的方法来进行调整。

6.4　轴承的装配

6.4.1　滚动轴承的装配

滚动轴承在各种机械中使用非常广泛，它一般由内圈、外圈、滚动体和保持架组成。滚动轴承的种类很多，在装配过程中应根据轴承的类型和配合确定装配方法和装配顺序。

滚动轴承的装配工艺包括装配前的准备、装配和间隙调整等。

1. 装配前的准备

滚动轴承装配前的准备包括装配工具的准备、零件的清洗和检查。

（1）装配工具的准备。按照所装配的轴承准备好所需的量具及工具，同时准备好拆卸工具，以便在装配不当时能及时拆卸，重新装配。

（2）检查。检查轴承是否转动灵活、有无卡住的现象，轴承内外圈、滚动体和保持架是否有锈蚀、毛刺、碰伤和裂纹；与轴承相配合的表面是否有凹陷、毛刺和锈蚀等。

（3）清洗。对于用防锈油封存的新轴承，可用汽油或煤油清洗；对于用防锈脂封存的新轴承，应先将轴承中的油脂挖出，然后将轴承放入热机油中使残脂融化，将轴承从油中取出冷却后，再用汽油或煤油洗净，并用干净的白布擦干；对于维修时拆下的可用旧轴承，可用碱水和清水清洗；装配前的清洗最好采用金属清洗剂；两面带防尘盖或密封圈的轴承，在轴承出厂前已涂加了润滑脂，装配时不需要再清洗；涂有防锈润滑两用油脂的轴承，在装配时不需要清洗。

轴承清洗后应立即添加润滑剂。涂油时应使轴承缓慢转动，使油脂进入滚动体和滚道之间。

另外，还应清洗与轴承配合的零件，如轴、轴承座、端盖、衬套和密封圈等。

2. 典型滚动轴承的装配

滚动轴承装配注意事项：

（1）套装前，要仔细检查轴颈、轴承、轴承座之间的配合公差，以及配合表面的光洁度；

（2）套装前，应在轴承及与轴承相配合的零件表面薄薄涂上一层机械油，以利于装配；

（3）装配轴承时，无论采用什么方法，压力只能施加在过盈配合的套圈上，不允许通过滚动体传递压力，否则会引起滚道损伤，从而影响轴承的正常运转；

（4）装配轴承时，应将轴承上带有标记的一端朝外，以方便检修和更换。

若轴承内圈与轴为紧配合，外圈与轴承座孔为较松配合，可先将轴承压装在轴上，然后将轴连同轴承一起装入轴承座孔中。压装时应在轴承端面垫一个装配套管，装配套管的内径应比轴颈直径大，外径应小于轴承内圈的挡边直径，以免压在保持架上，如图 6 - 13 所示。

若轴承外圈与轴承座孔为紧配合，内圈与轴为较松配合，可先将轴承先压入轴承座孔，然后再装轴。轴承压装时采用的套筒的外径应略小于轴承座孔直径，如图 6 - 14 所示。

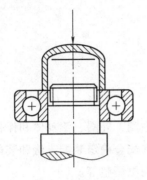

图 6－13　轴承在轴上的压装

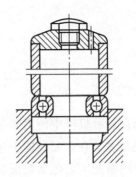

图 6－14　轴承压装到轴承座孔

对于配合过盈量较大的轴承或大型轴承可采用温差法装配，即热装法或冷装法。采用温差法安装时，轴承的加热温度为 80 ℃～100 ℃；冷却温度不得低于－80 ℃，以免材料冷脆。

其中热装轴承的方法最为普遍。轴承的加热的方法有多种，通常采用油槽加热，如图 6－15所示。将轴承放在油槽的网架上，小型轴承可悬挂在吊钩上在油中加热，不得使轴承接触油槽底板，以免发生过热现象。当轴承加热取出时，应立即用干净的布擦去附在轴承表面的油渍和附着物，一次推到顶住轴肩的位置。在冷却过程中应始终顶紧，或用小锤通过装配套管轻敲轴承，使轴承紧靠轴肩。为了防止安装倾斜或卡死，安装时应略微转动轴承。

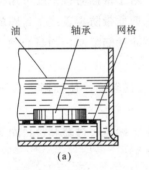

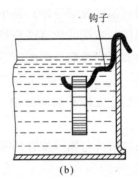

图 6－15　轴承的加热方法

滚动轴承采用冷装法装配时，先将轴颈放在冷却装置中，用干冰或液氮冷却到一定温度，迅速取出，插装在轴承内座圈中。

对于内部充满润滑脂的带防尘盖或密封圈的轴承，不得采用温差法安装。

3. 滚动轴承游隙的调整

轴承游隙是指将内圈或外圈中的一个固定，使另一个套圈在径向或轴向方向的移动量。根据移动方向，可分为径向游隙和轴向游隙。轴承运转时工作游隙的大小对机械运转精度、轴承寿命、摩擦阻力、温升、振动与噪声等都有很大的影响。

按轴承结构和游隙调整方式的不同，轴承可分为非调整式和可调整式两类。向心轴承（深沟球轴承、圆柱滚子轴承、调心轴承）属于非调整式轴承，这一类轴承在制造时已按不同组级留出有规定范围的径向游隙，可根据使用条件选用，装配时一般不再调整。圆锥滚子轴承、角接触球轴承和推力轴承等则属于可调整式轴承，在装配中需根据工作情况对其轴向游隙进行调整。

（1）可调整式滚动轴承。由于滚动轴承的径向游隙和轴向游隙存在着正比的关系，所以调整时只需调整其轴向间隙就可以了。各种需调整的轴承的轴向间隙见表 6-2。

表 6-2　可调式滚动轴承的轴向间隙　　　　　　　　　　　　　　　　　　mm

轴承内径/mm	轴承系列	轴向间隙/mm			
		角接触球轴承	单列圆锥滚子轴承	双列圆锥滚子轴承	推力轴承
≤30	轻型	0.02~0.06	0.03~0.10	0.03~0.08	0.03~0.08
	轻宽和中宽型		0.04~0.11		
	中型和重型	0.03~0.09	0.04~0.11	0.05~0.11	0.05~0.11
30~50	轻型	0.03~0.09	0.04~0.11	0.04~0.10	0.04~0.10
	轻宽和中宽型		0.05~0.13		
	中型和重型	0.04~0.10	0.05~0.13	0.06~0.12	0.06~0.12
50~80	轻型	0.04~0.10	0.05~0.13	0.05~0.12	0.05~0.12
	轻宽和中宽型		0.06~0.15		
	中型和重型	0.05~0.12	0.06~0.15	0.07~0.14	0.07~0.14
80~120	轻型	0.05~0.12	0.06~0.15	0.08~0.15	0.06~0.15
	轻宽和中宽型		0.07~0.18		
	中型和重型	0.06~0.15	0.07~0.18	0.10~0.18	0.10~0.18

轴承间隙确定后，即可进行调整。下面以圆锥滚子轴承为例，介绍轴承游隙的调整方法。

① 垫片调整法。如图 6-16 所示，是靠增减端盖 1 与箱体结合面间垫片 2 的厚度进行调整。调整时，首先把轴承压盖原有的垫片全部拆去，然后慢慢地拧紧轴承压盖上的螺栓，同时使轴缓慢地转动，当轴不能转动时，表明轴承内已无间隙，用塞尺测量轴承压盖与箱体端面间的间隙 K，将所有测得的间隙 K 再加上所要求的轴向游隙 C，$K+C$ 即是所应垫的垫片厚度。

一套垫片应由多种不同厚度的垫片组成，垫片应平滑光洁，其内外边缘不得有毛刺。间隙测量除用塞尽法外，也可用压铅法和千分表法。

② 螺钉调整法。如图 6-17 所示，是利用端盖 1 上的螺钉 3 控制轴承外圈可调压盖的位置来实现调整。首先把调整螺钉上的锁紧螺母松开，然后拧紧调整螺钉，使可调压盖压向轴承外圈，直到轴不能转动时为止。最后根据轴向游隙的大小将调整螺钉倒转一定的角度 α。调整完毕，拧紧锁紧螺母 4 防松。

调整螺钉倒转的角度 α 可按下式计算，即

$$\alpha=\frac{c}{p}\times360°\qquad\qquad(6-7)$$

式中　c——规定的轴向游隙；

　　　p——螺栓的螺距。

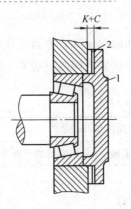

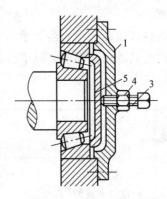

图6-16　垫片调整法　　　　　　图6-17　螺钉调整法

③ 止推环调整法。如图6-18所示，它是把具有外螺纹的止推环拧紧，直到轴不能转动是为止，然后根据游隙的数值，将止推环倒转一定的角度，最后用止动垫片7予以固定。

④ 内外套调整法。当轴承成对安装时，两轴承间多利用隔套隔开，并利用两轴承之间的内套1和外套2的长度来调整轴承间隙，如图6-19所示。内外套的长度关系是根据轴承的轴向间隙确定的，具体算法如下。

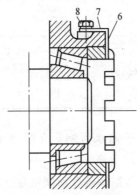

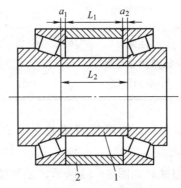

图6-18　内外套调整法　　　　　　图6-19　内外套调整法

当两个轴承的轴向间隙为零时，如图6-19所示，内外套长度差为

$$\Delta L = L_2 - L_1 = (a_1 + a_2)$$

若两个轴承的轴向间隙分别为c，则内外套的长度差为

$$\Delta L = L_2 - L_1 = (a_1 + a_2) + 2c \tag{6-8}$$

式中　L_1——外套的长度（mm）；

　　　L_2——内套的长度（mm）；

a_1、a_2——轴承内外圈的轴向位移值（mm）。

（2）不可调整式滚动轴承。游隙不可调整的滚动轴承，在运转时受热膨胀的影响，轴承的内外圈发生轴向移动，会使轴承的径向游隙减小。为避免这种现象，在装配两端固定式的滚动轴承时，应将其中一个轴承和其端盖间留出轴向间隙ΔL，如图6-20所示。ΔL值可按下式计算，即

$$\Delta L = L \cdot k_a \cdot \Delta t \tag{6-9}$$

式中　ΔL ——轴承与端盖之间的间隙（mm）；

L——两轴承的中心距（mm）；

k_a——轴材料的线膨胀系数（℃$^{-1}$）；

Δt——轴的温度变化值（℃）。

在一般情况下，轴向间隙 ΔL 常在 0.25～0.50 mm 范围内选取。

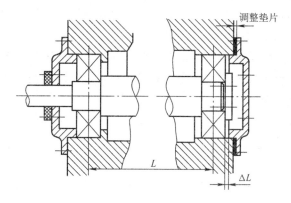

图 6 - 20　考虑热膨胀的间隙

6.4.2　滑动轴承的装配

滑动轴承的类型很多，常见的主要有剖分式径向滑动轴承、整体式径向滑动轴承。

1. 剖分式滑动轴承的装配

剖分式滑动轴承的装配过程是清洗、检查、刮研、装配和间隙的调整等。

（1）轴瓦的清洗与检查。先用煤油、汽油或其他清洗剂将轴瓦清洗干净。然后检查轴瓦有无裂纹、砂眼及孔洞等缺陷。检查方法可用小铜锤沿轴瓦表面顺次轻轻地敲打，若发出清脆的叮当声音，则表示轴瓦衬里与底瓦黏合较好，轴瓦质量好；若发出浊音或哑音，则表示轴瓦质量不好。若发现缺陷，应采取补焊的方法消除或更换新轴瓦。

（2）轴瓦瓦背的刮研。为将轴上的载荷均匀地传给轴承座，要求轴瓦背与轴承座内孔应有良好接触，配合紧密。下轴瓦与轴承座的接触面积不得小于 60%，上轴瓦与轴承盖的接触面积不得小于 50%。装配过程中可用涂色法检查，如达不到上述要求，应用刮削轴承座与轴承盖的内表面或用细锉锉削瓦背进行修研，直到达到要求为止。

（3）轴瓦的装配。装配轴瓦时，可在轴瓦的接合面上垫以软垫（木板或铅板），用手锤将它轻轻地打入轴承座或轴承盖内，然后用螺钉或销钉固定。

装配轴瓦时，必须注意两个问题，即轴瓦与轴颈间的接触角和接触点。

轴瓦与轴颈之间的接触表面所对的圆心角称为接触角，此角度过大，不利润滑油膜的形成，影响润滑效果；若此角度过小，会增加轴瓦的压力，也会加剧轴瓦的磨损。故一般接触角应在 60°～90°之间。当载荷大、转速低时，取较大的角；当载荷小、转速高时，取较小的角。在刮研轴瓦时应将大于接触角的轴瓦部分刮去，使其不与轴接触。

轴瓦和轴颈之间的接触点与机器的特点有关：

低速及间歇运行的机器 ——1～1.5 点/cm^2

中等负荷及连续运转的机器——2～3 点/cm^2

重负荷及高速运行的机器——3~4 点/cm²

用涂色法检查轴颈与轴瓦的接触，应注意将轴上的所有零件都装上。首先在轴颈上涂一层红铅油，然后使轴在轴瓦内正、反方向各转一周，在轴瓦面较高的地方则会呈现出色斑，用刮刀刮去色斑。刮研时，每刮一遍应改变一次刮研方向，继续刮研数次，使色斑分布均匀，直到接触角和接触点符合要求为止。

（4）轴承间隙的调整。轴瓦与轴颈的配合间隙有径向间隙和轴向间隙两种，径向间隙包括顶间隙和侧间隙，如图 6-21 所示。

顶间隙的主要作用是保持液体摩擦，以利形成油膜。侧间隙的主要作用是为了积聚和冷却润滑油，以利形成油楔。在侧间隙处开油沟或冷却带，可增加油的效果，并保证连续地将润滑油吸到轴承的受载部分。

顶间隙可通过计算确定，也可根据经验确定。对采用润滑油润滑的轴承，顶间隙为轴颈直径的 0.01% ~ 0.15%；对于采用润滑脂润滑的轴承，顶间隙为轴颈直径的 0.15%~0.20%。

在调整间隙之前，应先检查和测量间隙。一般采用压铅测量法和塞尺测量法。

① 压铅测量法。测量时，先将轴承盖打开，用直径为顶间隙 1.5~3 倍、长度为 10~40 mm 的软铅丝或软铅条，分别放在轴颈上和轴瓦的接合面上。因轴颈表面光滑，为了防止滑落，可用润滑脂黏住。然后放上轴承盖，对称而均匀地拧紧连接螺栓，再用塞尺检查轴瓦剖分面间的间隙是否均匀相等。最后打开轴承盖，用千分尺测量被压扁的软铅丝的厚度，如图 6-22 所示，并按下列公式计算顶间隙，即

$$S_1 = b_1 - \frac{a_1 + a_2}{2} \tag{6-10}$$

$$S_2 = b_2 - \frac{a_3 + a_4}{2} \tag{6-11}$$

式中　S_1 —— 一端顶间隙（mm）；

　　　S_2 —— 另一端顶间隙（mm）；

　　　b_1、b_2 ——轴颈上各段铅丝压扁后的厚度（mm）；

　　　a_1、a_2、a_3、a_4 ——轴瓦接合面上各铅丝压扁后的厚度（mm）。

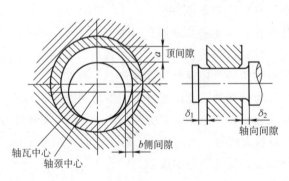

图 6-21　滑动轴承的配合间隙

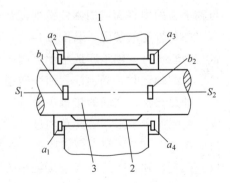

图 6-22　压铅法测量轴承顶间隙

1—轴承座；2—轴瓦；3—轴

按上述方法测得的顶间隙值如小于规定数值时，应在上下瓦接合面间加垫片来重新调整。如大于规定数值时，则应减去垫片或刮削轴瓦接合面来调整。

轴瓦和轴颈之间的侧间隙不能用压铅法来进行测量时，通常是采用塞尺来测量。

② 塞尺测量法。对于轴径较大的轴承间隙，可用宽度较窄的塞尺直接塞入间隙内，测出轴承顶间隙和侧间隙。对于轴径较小的轴承，因间隙小，测量的相对误差大，故不宜采用。

对于受轴向负荷的轴承还应检查和调整轴向间隙。测量轴向间隙时，可将轴推移至轴承一端的极限位置，然后用塞尺或千分表测量。轴向间隙值 c 一般要求为 $0.1 \sim 0.8$ mm。当轴向间隙不符合要求时，可以通过刮削轴瓦端面或调整止推螺钉来调整。

2. 整体式滑动轴承的装配

整体式滑动轴承主要由整体式轴承座和整体式轴瓦组成。这种轴承与机壳连为一体或用螺栓固定在机架上，轴套一般由铸造青铜等材料制成。为了防止轴套的转动，通常设有止动螺钉。整体式滑动轴承结构简单，成本低，但轴套磨损后，轴颈与轴套之间的间隙无法调整。另外，轴颈只能从轴套端装入，装拆不方便。因而整体式滑动轴承只适用于低速、轻载而且装拆场所允许的机械。

整体式滑动轴承的装配过程主要包括轴套与轴承孔的清洗、检查、轴套安装等。

（1）轴套与轴承孔的清洗检查。轴套与轴承孔用煤油或清洗剂清洗干净后，应检查轴套与轴承孔的表面情况以及配合过盈量是否符合要求。

（2）轴套安装。轴套的安装可根据轴套与轴承孔的尺寸以及过盈量的大小选用压入法或温差法。

压入法一般是用压力机压装或用人工压装。为了减少摩擦阻力，使装配方便，在轴套表面应涂上一层薄的润滑油。用人工安装时，必须防止轴套损坏。不得用用锤头直接敲打轴套，应在轴套上端面垫上软质金属垫 2，并使用导向轴 5 或导向套 4，如图 6 - 23 所示。

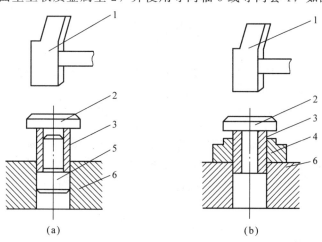

图 6 - 23　轴套的装配方法

（a）利用导向轴装配；（b）利用导向套装配

1—手锤；2—金属垫；3—轴套；4—导向套；5—导向轴；6—轴承孔

对于较薄且长的轴套，不宜采用压入法装配，而应采用温差法装配，这样可以避免轴套损坏。

由于轴套与轴承座孔是过盈配合，所以轴套装入后其内径或能会减小，因此在未装轴颈之前，应对轴颈与轴套的配合尺寸进行测量。通常在离轴套端部 10～20 mm 和中间三处按互相垂直的方向用千分尺测量，检查其圆度、圆柱度和间隙。如轴套内径减小，可用刮研的方法进行修正。

6.5 密封装置的装配

密封装置的作用是防止润滑油脂从机器设备接合面的间隙中泄露出来，并阻止外界的脏物、尘土和水分的侵入。泄漏会造成浪费、污染环境，影响机器设备正常的维护条件，严重时还可能造成重大事故。因此，密封性能的优劣是评价机械设备的一个重要指标。

机器设备的密封主要包括固定连接的密封（如箱体结合面、连接盘等的密封）和活动连接的密封（如填料密封、轴头油封等）。

6.5.1 固定连接密封

1. 密封胶密封

为保证机件正确配合，在结合面处不允许有间隙时，一般不允许只加衬垫，这时一般用密封胶进行密封。密封胶密封具有成本低、操作简便、耐温、耐压等优点，因此应用广泛。

密封胶的装配工艺如下。

（1）密封面的处理。各密封面上的油污、水分、铁锈及其他污物应清理干净，并保证其应有的光洁度，以便达到紧密封结合的目的。

（2）涂敷。一般用毛刷涂敷密封胶。若黏度太大时，可用溶剂稀释，涂敷要均匀，厚度要合适。

（3）干燥。涂敷后要进行一定时间的干燥，干燥时间可按照密封胶的说明进行，一般为 3～7 min。

（4）连接。紧固时施力要均匀。由于胶膜越薄，凝附力越大，密封性能越好，所以紧固后间隙为 0.06～0.1 mm 比较适宜。

2. 密合密封

由于配合的要求，在结合面之间不允许加垫料或密封胶时，常依靠提高结合面的加工精度和降低表面粗糙度进行密封。结合面除了需要在磨床上精密加工外，还要进行研磨或刮研使其达到密合，其技术要求是有良好的接触精度和做不泄漏试验。在装配时注意不要损伤其配合表面。

3. 衬垫密封

承受较大工作负荷的螺纹连接零件，为了保证连接的紧密性，一般要在结合面之间加刚性较小的垫片，如纸垫、橡胶垫、石棉橡胶垫、紫铜垫等。垫片的材料根据密封介质和工作条件选择。衬垫装配时，要注意密封面的平整和清洁，装配位置要正确，应进行正确的预紧。维修时，拆开后如发现垫片失去了弹性或已破裂，应及时更换。

6.5.2　活动连接密封

1. 填料密封

如图 6 – 24 所示，填料密封是通过预紧作用使填料与转动件及固定件之间产生压紧力的动密封装置。常用的填料材料有石棉织物、碳纤维、橡胶、柔性石墨和工程塑料等。

填料密封的装配工艺要点如下。

（1）软填料可以是一圈圈分开的多环结构，安装时相邻两圈的切口应错开 180°。软填料有做成整条的，在轴上缠绕成螺旋形的多层结构。

（2）当壳体为整体圆筒时，可用专用工具把软填料推入孔内。

（3）软填料由压盖 5 压紧。为了使压力沿轴向分布均匀，装配时，应由左到右逐步压紧。

（4）压盖螺钉 4 至少有两只，必须轮流逐步拧紧，以保证圆周力均匀。同时用手转动主轴，检查其接触的松紧程度，要避免压紧后再行松出。软填料密封在负荷运转时，允许有少量泄漏。运转后继续观察，如泄漏增加，应再缓慢均匀拧紧压盖螺钉。但不应为争取完全不漏而压得太紧，以免摩擦功率消耗太大或发热烧坏。

2. 油封密封

油封是广泛用于旋转轴上的一种密封装置，如图 6 – 25 所示。其装配要点如下。

（1）检查油封孔、壳体孔和轴的尺寸，壳体孔和轴的表面粗糙度是否符合要求，密封唇部是否损伤，并在唇部各主轴上涂以润滑油脂。

（2）压入油封要以壳体孔为准，不可偏斜，并应采用专门工具压入，绝对禁止棒打锤敲等做法。油封外圈及壳体孔内涂以少量润滑油脂。

（3）油封装配方向，应该使介质工作压力把密封唇部紧压在主轴上，而不可装反。如用作防尘时，则应使唇部背向轴承。如需同进解决防漏和防尘，应采用双面油封。

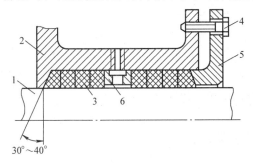

图 6 – 24　填料密封

1—主轴；2—壳体；3—填料；4—螺钉；5—压盖；6—孔环

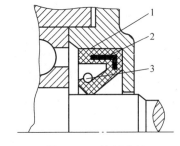

图 6 – 25　油封密封

1—油封体；2—金属骨架；3—压紧弹簧

3. 密封圈密封

密封元件中最常用的就是密封圈，密封圈的断面形状有圆形（O 型）和唇形。

O 型密封圈的截面为圆形，其结构简单、安装尺寸小，价格低廉、使用方便，应用十分广泛。

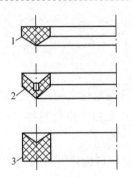

图 6-26　V 型密封圈
1—支承环；2—密封环；3—压环

唇形密封圈工作时唇口对着有压力的一边，当工作介质压力等于零或很低时，靠预压缩密封，压力高时由介质压力的作用将唇边紧贴在密封面密封。按其断面形状不同，又分为 V 型、Y 型、U 型、L 型等多种。如图 6-26 所示为 V 型密封圈，它是唇形密封圈中应用最广泛的一种。它是由压环 3、密封环 2 和支承环 1 组成，其中密封环起密封作用，而压环和支承环只起支承作用。

（1）O 型密封圈的装配。O 型密封圈装配时应注意以下几点。

① 为了减小装配阻力，在装配前应将密封圈装配部位涂润滑油。

② 当工作压力超过一定值（一般 10 MPa）时，应安放挡圈，需特别注意挡圈的安装方向，单边受压，装于反侧。

③ 装配时不得过分拉伸 O 型圈，也不得使密封圈产生扭曲。

④ 为防止报废 O 型圈的误用，装配时换下来的或装配过程中弄废的密封圈，一定立即剪断收回。

（2）唇形密封圈及装配。唇形密封圈的装配应按下列要求进行。

① 唇形圈在装配前，首先要仔细检查密封圈是否符合质量要求，特别是唇口处不应有损伤、缺陷等。

② 为减小装配阻力，在装配时，应将唇形圈与装入部位涂敷润滑脂。

③ 在装配中，应尽量避免使其有过大的拉伸，以免引起塑性变形。当装配现场温度较低时，为便于装配，可将唇形圈放入 60 ℃左右的热油中加热后装配。注意不可超过唇形圈的使用温度。

④ 当工作压力超过 20 MPa 时，除复合唇形圈外，均须加挡圈，以防唇形圈挤出。挡圈均应装在唇形圈的根部一侧，当其随同唇形圈向缸筒里装入，为防止挡圈斜切口被切断，放入槽沟后，用润滑脂将斜切口黏接固定，再行装入。

⑤ 在装配唇形圈时，如需通过螺纹表面或退刀槽，必须在通过部位套上专用套筒，或在设计时，使螺纹和退刀槽的直径小于唇形圈内径。反之，在装配时如需通过内螺纹表面和孔口时，必须使通过部位的内径大于唇形圈的外径或加工出倒角。

6.6　机械设备的安装

机械设备的安装是按照一定的安装技术要求，将机械设备正确、牢固地固定在基础上。机械设备的安装是机械设备从制造到投入使用的必要过程，机械设备安装质量的好坏对设备的使用性能将产生直接的影响。

机械设备的安装首先要保证机械设备的安装质量，机械设备安装之后，应进行试车，按验收项目逐项检测，对检查不合格的项目，应及时予以调整，直至检测项目全部符合验收标准，使机械设备在投入生产后能达到设计要求；其次，必须采用科学的施工方法，最大限度地加快施工速度，缩短安装的周期，提高经济效益。此外，必须重视施工的安全问题，坚决杜绝人身和设备安全事故发生。

6.6.1 机械安装前的准备工作

设备安装前的准备工作主要包括技术准备、机器检查、清洗、预装配和预调整、设备吊装的准备等。

1. 技术准备

（1）机械安装前，主持和从事安装工作的工程技术人员，应充分研究机械设备的图纸、说明书，熟悉设备的结构特点和工作原理，掌握机械的主要技术数据、技术参数、性能和安装特点等。

（2）在施工之前，必须对施工图进行会审，对工艺布置进行讨论审查，注意发现和解决问题。例如，施工图与设备本身以及安装现场有无尺寸不符、工艺管线与厂房原有管线有无发生冲突等。

（3）了解与本次安装有关的国家和部委颁发的施工、验收规范，研究制定达到这些规范的技术要求所必需的技术措施，并据此制定对施工的各个环节、安装的各个部位的技术要求。

（4）对安装工人进行本次安装有关的针对性技术培训。

（5）编制安装工程施工作业计划。安装工程施工作业计划应包括安装工程技术要求、施工程序、施工所需机具，以及试车的方法和步骤。

2. 机具准备

机具准备是根据设备的安装要求准备各种规格和精度的安装检测机具和起重运输机具。在准备过程中，要认真地进行检查，以免在安装过程中不能使用或发生安全事故。

常用的安装检测机具包括水平仪、经纬仪、水准仪、准直仪、拉线架、平板、弯管机、电焊机、气焊及气割工具、扳手、万能角度尺、塞尺、千分尺、千分表及其他检测设备等。

起重运输机具分为索具、吊具和水平运输工具等几类，应根据设备安装的施工方案进行选择和准备。

吊装使用的索具有麻绳和钢丝绳。麻绳轻软、价廉，但承载能力低、易受潮腐烂，不能承受冲击载荷，用于手工起吊 1 吨以下的物件。钢强是设备吊装时的常用索具，其强度高、工作可靠，广泛用于起重、捆扎、牵引和张紧。

吊具包括双梁、单梁桥式起重机、汽车吊、坦克吊、卷扬机等；手工起重用的吊具还有滑轮、手拉葫芦、起重杆、千斤顶等。

水平运输最常用的方法是滚杆运输，其用具主要有滚杠、铰磨或电动卷扬机。运输时一般以钢管或圆钢作为滚杠，运输时，首先用千斤顶将设备连同其底座下的方木肢架顶起（或用撬杠撬起），将滚杠放到脚架下面，落下千斤顶，使设备重量全部压到滚杠上，这样就可以把平移的滑动摩擦变为滚动摩擦。

3. 机械的开箱检查与清洗

机械设备到货以后应立即进行开箱检查，根据设备装箱清单逐一核对零部件、备品配件、专用工具等是否齐全，运输中是否造成变形、锈蚀或损坏，并做记录。

开箱检查后，为了清除机器、设备部件加式面上的防锈剂及残存在部件内的欠缺屑、锈斑及运输保管过程中的灰尘、杂质，必须对机械设备的部件进行清洗。常用的清洗剂有碱性清洗剂、含非离子型表面活性剂的清洗剂、石油清洗剂三类，其中前两类成本低、清洗效果较好，使用较广。对一些在储运过程中有特殊保护的零件，需采用特别的方法清洗。

4. 设备的预装配与预调整

为了缩短安装工期，减少安装时的组装、调整工作量，常常要在安装前预先对设备的若干零部件进行预装和预调整，把若干零部件组装成大部件。用这些组合好的大部件进行安装，可以大大加快安装进度。此外，预装和调整常常可以提前发现设备所存在的问题，及时加以处理，确保安装的进度和质量。

大部件的整体安装是一项先进的快速施工方法，预装的目的就是为了进行大部件整体安装。大部件组合的程度应视场地运输和超重的能力而定，如果设备在出厂前已经调试完毕并已组装成大部件，且包装良好，就可以不进行拆卸清洗、检查和预装，而直接整体吊装。

6.6.2 机械设备的安装基础

1. 安装基础概述

安装基础的作用，不仅要把机器牢固地紧固在要求的位置上，而且要能承受机器的全部重量和机器运转过程中产生的各种力与力矩，并能将它们均匀地传递到土壤中去，吸收或隔离自身和其他动力作用产生的振动。因此如果安装基础的设计与施工不正确，不但会影响机器设备本身的精度、寿命和产品的质量，甚至使周围厂房和设备结构受到损害。

（1）对安装基础的要求。根据安装基础的功用，对基础的基本要求如下。

① 基础应具有足够的强度、刚度和良好的稳定性。

② 能耐地面上、下各种气体、液体等腐蚀介质的腐蚀。

③ 基础不会发生过度的沉陷和变形，确保机器的正常工作。

④ 不会因机床本身运转时的振动对其他设备、建筑物产生影响。

⑤ 在满足上述条件的前提下，能最大限度地节省材料及施工费用。

因此，在进行设备安装、调试之前，应弄清其工作运转中的各种动力、负载产生的原因和大小及其产生的振动频率，周围其他设施、厂房的振动频率，安装位置的地质状况等问题，为基础的设计与施工提供必要的技术参数。

（2）安装基础的形式。按基础的结构和外形可分为大块式和构架式两种。

大块式基础是将各台设备的基础连接在一起，建成连续的大块或板状结构，其中开有机器、辅助设备和管道安装所必需的以及在使用过程中供管理用的坑、沟和孔。这种基础的整体结构尺寸大，固有频率较高，因此具有刚性好、抗震性好的优点。但不利于企业产品调整时，相应设备变化的要求。

构架式基础是按设备的安装要求单独建造，不与其他设备的基础或车间厂房基础相连，一般用于安装高频率的机器设备。

（3）地脚螺栓与基础的连接。地脚螺栓与基础的连接方式有固定式和锚定式两种。

① 固定式。固定式的地脚螺栓的根部弯曲成一定的形状再用砂浆浇注在基础里，如图 6-27所示，它分为一次灌浆和二次灌浆两种结构。

一次灌浆法的地脚螺栓用固定架固定后，连同基础一起浇注，如图 6-27（a）所示。

其优点是地脚螺栓与基础连接可靠，稳定性和抗震性较好，但调整不方便。

二次灌浇法是在浇注基础时，预先留出地脚螺栓的紧固孔，待机器安装在基础上并找正后再进行地脚螺栓的浇注，如图 6 - 27（b）、图 6 - 27（c）所示。这种结构最大的优点是安装调整方便，但连接强度不高。若拧紧地脚螺栓的力过大，会将二次灌浆的混凝土从基础中拔出。

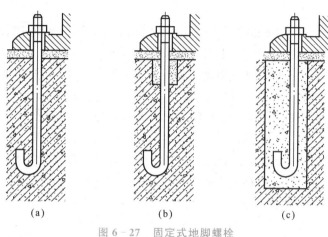

(a)　　　　　　　(b)　　　　　　　(c)

图 6 - 27　固定式地脚螺栓

② 锚定式。锚定式的地脚螺栓与基础不浇注在一起，基础内预留出螺栓孔，在孔的下部埋入锚坂。安装时将螺栓从基础的预留也从垫板穿过，再插入锚板后用螺母紧固，如图 6 - 28所示。这种结构固定方法简单、拆卸方便，但在使用中容易松动。

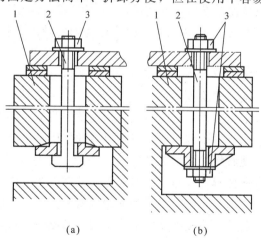

(a)　　　　　　(b)

图 6 - 28　锚定式地脚螺栓

1—基础；2—地脚螺栓；3—螺母

2. 基础的施工

安装基础的施工是由企业的基建部门来完成的，但是生产和安装部门也必须了解基础施工过程，以便进行必要的技术监督和基础验收工作。

（1）基础施工的一般过程。基础的施工过程大致如下。

① 放线、挖基坑、基坑土壤夯实。基坑挖好后，要将基坑底面夯实，以防基础在使用中下沉。

② 装设模板。

③ 安放钢筋，固定地脚螺栓和预留二次灌浆孔模板。

④ 浇灌混凝土。

⑤ 洒水维护保养。为了保证基础的质量，基础浇灌后，不允许立即进行机器的安装，应该至少对基础洒水保养 7～14 天。在冬季施工和为缩短工期，常采用蒸汽保养和电热保养的方法。

当基础强度达到设计强度的 70% 以上时，才能进行设备的就位安装作业。机器在基础上安装完毕后，应至少 15～30 天之后才能进行机器试车。

⑥ 拆除模板。拆模一般在基础强度达到设计强度的 50% 时可进行。

（2）基础常用材料。

① 水泥。水泥标号有 300 号、400 号、500 号、600 号等几种。机器基础常用的水泥为 300 号和 400 号。国产水泥按其特性和用途不同，可分为硅酸盐膨胀水泥、石膏凡土膨胀水泥、塑化硅酸盐水泥、抗硫酸盐硅酸盐水泥等，机器基础常采用硅酸盐膨胀水泥。

② 砂子。砂子有山砂、河砂和海砂三种，其中河砂比较清洁，最为常用。按粗细不同，砂子有粗砂（平均粒径大于 0.5 mm）、中砂（粒径 0.35～0.5 mm）、细砂（粒径 0.2～0.5 mm）之分。

③ 石子。石子分碎石（山上开采的石块）和砾石两种。石子中的杂质不能过多，否则在使用时应用水清洗干净。

3. 基础的验收

（1）基础的验收。机械设备在就位安装前，应对基础进行全面的质量检查。检查的主要内容包括检验基础的强度是否符合设计要求；检查基础的外形和位置尺寸是否符合设计要求；基础的表面质量等。

基础的验收应遵照相关验收规范所规定的质量标准执行。

（2）基础的处理。在基础的验收中，发现不合格的项目，应立即采取相应的处理措施。不得在质量不合格的基础上安装设备，以防止影响设备安装工作的正常进行，或造成不应存在的质量隐患，致使安装质量得不到保证，影响以后的使用。不合格的基础常见的问题是基础各平面高度尺寸超差、地脚螺栓偏埋等。

基础各平面在垂直方向位置尺寸超差，对实体尺寸偏大的基础，可用扁铲将其高出部分铲除，而对实体尺寸偏小的部分，则应将原表面铲成若干高低不平的麻点，然后补灌与基础标号相同的混凝土，并控制在验收标准规定的范围内。基础修正后，应采用同样的维护保养措施，以防补灌的混凝土层产生脱壳现象。

地脚螺栓的偏埋，应根据基础的情况，结合企业的技术装备现状，采用切实可行的措施进行矫正，如补接—焊接矫正法等。

6.6.3 机械设备的安装

机械设备的安装，重点要注意设置垫板、设备吊装、找正找平找标高、二次灌浆、试运行等几个问题。

1. 设置垫板

一次浇灌出来的基础，其表面的标高和水平度很难满足设备安装精度要求，因此常采用垫板来调整设备的安装高度和校正水平；同时通过垫板把机器的重量和工作载荷均匀地传到基础去，使设备具有较好的综合刚度。

（1）垫片的类型。垫板的类型如图 6-29 所示，分为平垫板、斜垫板、开口垫板和可调垫板。

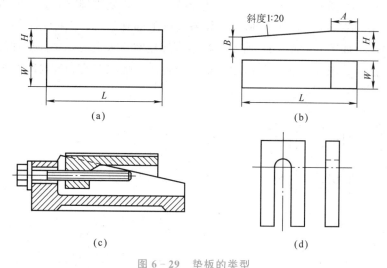

图 6-29　垫板的类型

（a）平垫板；（b）斜垫板；（c）可调垫板；（d）开口垫板

如图 6-29（a）所示为平垫板，每块的高度尺寸是固定的，调节高度时，靠增减垫板数量来实现，使用不太方便，一般不采用。

如图 6-29（b）所示为斜垫片，可成对使用带有斜面的垫板，调整垫板的高度，满足安装要求。

如图 6-29（c）所示为螺杆调节式可调垫板，它利用螺杆带动螺母使升降块在垫板体上移动来调整设备的安装高度，具有调整方便的优点，在设备安装中大量使用。

如图 6-29（d）所示为开口垫板，可方便在槽内插入地脚螺栓。

（2）垫板的面积计算。设备的重量和地脚螺栓的预紧力都是通过垫板作用到基础上的，因此必须使垫板与基础接触的单位面积上的压力小于基础混凝土的抗压强度。其面积可由下式近似计算。

$$A = 10^9 \frac{(Q_1 + Q_2)}{R} \cdot C \qquad (6-12)$$

式中　A——垫板总面积（mm²）；

　　　Q_1——设备自重加在垫板上的负荷（kN）；

　　　Q_2——地脚螺栓的紧固力（kN）；

　　　R——基础的抗压强度（MPa）；

　　　C——安全系数，一般取 1.5～3。

设备安装中往往用多个垫板组成垫板组使用。根据计算出的 A 值和重用的垫板结构就可得出垫板的数量来。

（3）垫板的放置方法。放置垫板时，各垫板组应清洗干净；各垫板组应尽可能靠近地脚螺栓，相邻两垫板组的间距应保持在 500～800 mm 以内，以保证设备具有足够的支承刚度。垫板的放置形式有以下几种。

① 标准垫法。如图 6 - 30（a）所示。它是将垫板放在地脚螺栓的两侧，这也是放置垫板基本原则，一般都采用这种垫法。

② 十字垫法。如图 6 - 30（b）所示。当设备底座小，地脚螺栓间距近时常用这种方法。

③ 筋底垫法。如图 6 - 30（c）所示。设备底座下部有筋时，应把垫板垫在筋底下。

④ 辅助垫法。如图 6 - 30（d）所示。当地脚螺栓间距太大时，中间应加辅助垫板。

⑤ 混合垫法。如图 6 - 30（e）所示。根据设备底座形状和地脚螺栓间距来放置。

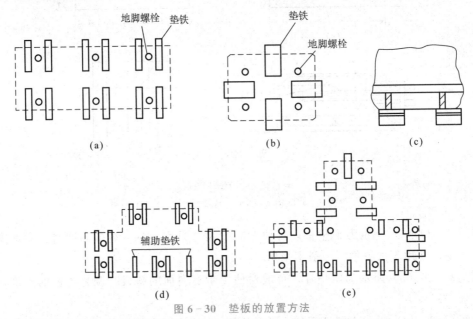

图 6 - 30　垫板的放置方法

（a）标准垫法；（b）十字垫法；（c）筋底垫法；（d）辅助垫法；（e）混合垫法

（4）垫板放置时的注意事项。

① 垫板的高度应在 30～100 mm 内，过高将影响设备的稳定性，过底则二次灌浆层不易牢固。

② 应使各组垫板与基础面接触良好，放置整齐。安装中应经常用锤子敲击，用听声法来检查是否接触正常。

③ 每组垫板的块数以 3 块为宜，宜将夺取垫板放在下面，较薄的垫板放在上面，最薄的放在中间，以免出现垫板翘曲变形，影响调试。

④ 各垫板组在设备底座外要留有足够的调整余量，平垫板应外露 20～30 mm，斜垫板应外露 25～50 mm，以利于调整。而垫板与地脚螺栓边缘的距离应为垫 50～150 mm，以便于螺孔灌浆。

2. 设备吊装、找正、找平、找标高

（1）吊装。用起重设备吊运到安装位置，使机座安装孔套入地脚螺栓或对准预留孔，安放在垫板组上。吊装就位时，如发现安装孔与地脚螺栓的位置不相吻合，应对地脚螺栓予以修正。

设备吊装前应仔细检查起重设备、吊索和吊钩是否安全可靠，零部件的捆绑是否牢靠等。起吊时，要注意控制起吊速度，并保持速度的均匀。在吊运过程中，应时刻注意观察起重机、绳索、吊钩等工作情况，以防止意外现象发生。

（2）找正。找正是为了将设备安装在设计的位置，满足平面布局图的要求。

（3）找标高。为了保证设备准的安装高度，应根据设备使用说明书要求，用准仪或测量标杆来进行测量。若标高不符合要求，应将设备重新起吊，用垫板进行调整。

（4）找平。标高校准后，即可进行设备的找平。将水平仪放在设备水平测定面上进行，检查中发现设备不水平时，用调节垫片调整。被检平面应选择精加工面，如箱体剖分面、导轨面等。

设备的找平、找标高、找正虽然是各不相同的作业，但对一台设备安装来说，它们又是相互关联的。如调整水平时可能使设备偏移而需重新找正，而调整标高时又可能影响水平，调整水平时又可能变动了标高。因此要做综合分析，做到彼此兼顾。通常找平、找标高、找正分两步进行，首先是初找，然后精找。

3. 二次灌浆

由于有垫板，帮在基础表面与机器座下部会形成空洞，这些空洞在机器投产前需用混凝土填满，这一作业称为二次灌浆。

二次灌浆的混凝土配比与基础一样，只不过为了使二次灌浆层充满底座下面高度不大的空间，通常选用的石子块度要比基础的小。

一般二次灌浆作业是由土建单位施工。在灌浆期间，设备安装部门应进行监督，并于灌完后进行检查，在灌浆时要注意以下事项：

① 要清除二次灌浆处的混凝土表面上的油污、杂物及浮灰，要用清水冲洗干净。

② 小心放置模板，以免碰动已找正的设备。

③ 灌浆后要进行洒水保养。

④ 拆除模板时要防止影响已找正的设备的位置。

4. 试运转

试运转是设备安装的最后一道工序，也是对设备安装施工质量的综合检验。在运转过程中，在设计、制造和安装上存在的问题，都会暴露出来，对此必须仔细观察分析，找出问题，加以解决。

（1）试运转前的准备。

① 认真阅读设备技术文件，熟悉设备性能、特点和操作规程。

② 机械设备上不得放有任何工具、材料及其他妨碍机械运转的东西。

③ 机械设备应全部清扫干净。

④ 设备上各个润滑点，应按照产品说明书上的规定，保质保量的加上润滑油。在设备运转前，应先开动液压泵将润滑油循环一次，以检查整个润滑系统是否畅通。

⑤ 检查各种安全设施（如安全罩、栏杆、围绳等）是否都已安设妥当。

⑥ 设备在启动前要做好紧急停车准备，确保试运转时的安全。

（2）试运行的步骤。试运转的步骤一般是先无负荷，后有负荷；先低速，后高速；先单机，后联动。

每台单机要从部件开始，由部件到组件，再由组件到单台设备；对于数台设备联成一套的联动机组，要将每台设备分别试好后，才能进行整个机组的联动试运转；前一步骤未合格，不得进行下一步的试运行。

设备试运转前，电动机应单独试验，以判断电力拖动部分是否良好，并确定其正确的回转方向。

试运转时，能手动的部件先手动后再机动。对于大型设备，可利用盘车器或吊车转动两圈以上，没有卡阻等异常现象时，方可通电运转。

试运转必须由专人负责，严格按程序操作，随时观察设备的运转情况，如有异常情况应立即停车检查，查明原因及时调整，并确认无任何问题后，才能继续进行试运行检查。

试运转程序一般如下。

① 单机试运行。对每一台机器分别单独启动试运转。其步骤是：手动盘车—电动机点动—电动机空转—带减速机点动—带减速机空转—带机构点动—按机构顺序逐步带动。直至带动整个机组空转。

在此期间必须检验润滑是否正常，轴承其他摩擦表面的发热是否在允许范围之内，齿的啮合及其传动装置的工作是否平稳、有无冲击，各种连接是否正确，动作是否正确、灵活，行程、速度、定点、定时是否准确，整个机器有无振动。如果发现异常，应立即停车检查，排除后，再从头开始试车。

② 联合试运转。单机试运转合格后，各机组按生产工艺流程全部启动联合运转，按设计和生产工艺要求，检查各机组相互协调动作是否正确，有无相互干涉现象。

③ 负荷试运转。负荷试运转的目的是为了检验设备能否达到正式生产的要求。此时，设备带上工作负荷，在与生产情况相似条件下进行。除按额定负荷运转外，某些设备还要做超载运转。

6.7　实验实训课题

6.7.1　圆柱齿轮减速器的装配

1. 实训要求：完成减速器的装配，满足技术要求。

2. 实训目的：熟悉圆柱齿轮的装配过程，以及齿轮装配质量的检查方法。

6.7.2　离心泵与电机的联轴节的装配

1. 实训要求：完成联轴节的安装，并进行找正和调整。

2. 实训目的：掌握联轴节在找正时的测量和调整方法。

6.7.3　热装法装配滚动轴承

1. 实训要求：列出装配工艺参数和工具，独立进行安装和拆卸。

2. 实训目的：掌握滚动轴承的拆装工艺和游隙的调整方法。

思　考　题

6-1　简述保证配合精度的装配方法及其适用场合。

6-2　过盈配合的装配方法有哪些？各适用于哪些场合？

6-3　圆柱齿轮副的中心距和轴线的平行度如何检查和测量？

6-4　保证齿轮传动装置正常工作的条件是什么？影响齿轮传动装置工作质量的因素有哪些？

6-5　圆柱齿轮副的啮合间隙和啮合接触斑点如何检查测量？

6-6　联轴器找正时为何要先找平行后找同心？

6-7　如图 6-11 所示，主动轴纵向两支脚之间的距离 $L=2\,000$ mm，支脚 1 到联轴器测量平面之间的距离 $l=500$ mm，联轴器的计算直径 $D=300$ mm，找正时所测得的径参数 $a_1=0.08$，$s_1=0.42$、$a_3=0.38$、$s_3=0.12$。试画出两半联轴器的偏移示意图，并求支脚 1 和支脚 2 底下应加或应减的垫片厚度。

6-8　在装配中，哪些滚动轴承的游隙需要调整？常用的调整方法有哪些？

6-9　轴套、轴瓦装配时为什么要刮研？如何刮研？其质量指标是什么？

6-10　怎样调整滚动轴承的轴向和径向间隙？

6-11　剖分式径向滑动轴承的间隙怎样测量？

6-12　确定滚动轴承的内外圈与轴及轴承座之间的配合应考虑哪些因素？

参 考 文 献

[1] 谷士强，郑重一. 冶金机械维护检修与安装 [M]. 北京：冶金工业出版社，1989.

[2] 胡邦喜. 设备润滑基础 [M]. 北京：冶金工业出版社，2002.

[3] 张翠凤. 机电设备诊断与维修技术 [M]. 北京：机械工业出版社，2006.

[4] 洪清池. 机械设备维修技术 [M]. 南京：河海大学出版社，1991.

[5] 孟建新. 数控设备维修技术 [M]. 西安：中国设备管理培训中心，1991.

[6] 中国机电装备维修与改造技术协会组织编写. 实用设备维修技术 [M]. 长沙：湖南科学技术出版社，1996.

[7] 赵继光. 常用电气设备典型故障分析处理 [M]. 北京：人民邮电出版社，1999.

[8] 李士军. 机械维护修理与安装 [M]. 北京：化学工业出版社，2004.

[9] [美] 林德莱·R·希金斯. 维修工程手册 [M]. 李敏，等，译. 北京：机械工业出版社，1985.

[10] 杨祖孝. 机械维护修理与安装 [M]. 北京：冶金工业出版社，1990.

[11] 张树海. 机械安装与维护 [M]. 北京：冶金工业出版社，2004.

[12] 谷士强. 冶金机械安装与维护 [M]. 北京：冶金工业出版社，2002.

[13] 蔺文友. 冶金机械安装基础知识问答 [M]. 北京：冶金工业出版社，1997.

[14] 陈冠国. 机械设备维护 [M]. 北京：机械工业出版社，1997.

[15] 孙余凯，吴鸣山，项绮明，等. 电气线路和电气设备故障检修技术与实例 [M]. 北京：电子工业出版社，2007.

[16] 中国机械工程学会设备与维修分会《机械设备维修问答丛书》编委会. 起重设备维修问答 [M]. 北京：机械工业出版社，2004.

[17] 朱学敏. 起重机械 [M]. 北京：机械工业出版社，2003.

[18] 王爱玲. 数控机床故障诊断与维修 [M]. 北京：机械工业出版社，2006.

[19] 杨中力. 数控机床故障诊断与维修 [M]. 大连：大连理工大学出版社，2006.

[20] 《数控机床数控系统维修技术与实例》编委会. 数控机床数控系统维修技术与实例 [M]. 北京：机械工业出版社，2002.

[21] 姜秀华. 机械设备修理工艺 [M]. 北京：机械工业出版社，2002.